Einführung in die Statistik für Wirtschafts-wissenschaftler

Von
Universitätsprofessor
Dr. Götz Uebe
und
Dr. Martin Schäfer

R. Oldenbourg Verlag München Wien

Die Deutsche Bibliothek - CIP-Einheitsaufnahme

Uebe, Götz:
Einführung in die Statistik für Wirtschaftswissenschaftler / von Götz Uebe und Martin Schäfer. - München ; Wien : Oldenbourg, 1991
ISBN 3-486-21759-3
NE: Schäfer, Martin:

Gesamtherstellung: R. Oldenbourg Graphische Betriebe GmbH, München

ISBN 3-486-21759-3

Vorwort

Das n-te Statistikbuch

Zum Erscheinen eines weiteren Lehrbuchs der Statistik müssen sich die Autoren selbstverständlich fragen lassen, weshalb nun noch ein solches Werk geschrieben worden ist. Selbst in der Beschränkung auf die Veröffentlichungen der letzten Jahrzehnte strebt ihre Zahl (in Anlehnung an die Gesetze der großen Zahl) über alle überschaubaren Größen. Daß dies im exponentiellen Wachstum des statistischen Wissenstoffs seine Rechtfertigung findet, ist kaum zu behaupten, denn die meisten Werke sind wie diese Einführung auch und nehmen an der Wissensexplosion nur sehr gedämpft teil.
Hauptgrund ist wohl die Schwierigkeit der Übermittlung des statistischen Wissensstoffes, den der amerikanische Mathematiker J.A. Paulos (International Herald Tribune, 'You dolts are wrong about math', 25.4.1991, 7) in schöner Anschaulichkeit wie folgt charakterisiert: "Most students (and most adults) cannot interpret graphs, do not understand statistical notions, are unable to model situations mathematically, seldom estimate or compare magnitudes, are immune to mathematical beauty and, most distressing of all in a democracy, hardly ever develop a critical, skeptical attitude toward numerical, spatial and quantitative data or conclusions."
Aufgrund dieser Erkenntnis ist das Hauptanliegen ein pädagogisches: Zugeschnitten auf den Studiengang des Wirtschaftswissenschaftlers an der Universität der Bundeswehr Hamburg, sei es für einen Volkswirt, Betriebswirt oder Wirtschaftsingenieur, wird Statistik in einer zweitrimestrigen Vorlesung angeboten, nämlich als

(1) eine Einführung in die formale Untersuchung von Massenerscheinungen, für die es keine ausreichende substanzwissenschaftliche Erklärung gibt,
(2) ein Zweig der Mathematik, und vor allem
(3) ein System von Verfahren, Techniken, Vereinbarungen, Erfahrungen und Beispielen.

Statistik, Wissen und Wahrheit

Grundlegend dabei ist die Überzeugung, daß es ein Irrglaube ist, daß Daten, Zahlen oder bloße Tatsachen für sich selbst sprechen. Im Regelfall ist das nicht der Fall, wie z.B. die bekannte Aussage: "das Glas ist halb leer" *oder* "das Glas ist halb voll" illustriert. Fakten müssen aufbereitet und analysiert werden. Dazu kommt, daß über Statistik, Wissen und Wahrheit viel Schwachsinn palavert wird, z.B. "es gibt die einfache Lüge und es gibt die statistische Lüge". Solche flotten Sprüche machen das Fach noch schwieriger, als es dem Studenten ohnehin erscheint.
Der Standpunkt in dieser Vorlesung ist der wie in der Chirurgie: so wie man mit dem Messer heilen kann, so kann man auch damit töten. In allen Anwendungen, bei denen es um materielle Interessen geht, ist es selbstverständlich, daß auch diese Wissenschaft als Streithilfe herangezogen wird.
So wie in der Karikatur von Dr. Tomaschoff sollte unser Fach zumindest

nicht gesehen werden:

Mit einigem Ernst und etwas Fleiß sollte selbst der Student, der in seinem späteren Leben Statistik nicht hauptberuflich nutzt, einigen Gewinn davontragen. Sollte der Leser das nicht glauben, so wollen wir ihm zumindest unsere Überzeugung kundtun:
Für Statistiker gilt zumindest, was für Astrologen gilt "We are not" says Florida astrologer Jan Walsek, "(wo)men who hang onto superstitions and watch soap operas all day. We are professionals with a body of knowledge that enables us to render advice." (Newsweek 22.1.1990).
Dieses zu lernen, soll dieses Buch eine Hilfe sein.

Dank

Bei der Erstellung des Buchmanuskripts sind wir unseren Mitarbeitern Thomas Bradtke, Anke Frier, Günter Köpp, Uta Lieberum, Christian Schnack, Silke Voß und Yanqing Xia zu Dank verpflichtet. Rainer Dyckerhoff verdanken wir das Programm für die t-Verteilungstafel. Herrn M. Weigert vom Verlag Oldenbourg danken wir für die gute und freundliche Zusammenarbeit in der Erstellung des Buches.
Alle Fehler gehen selbstverständlich zu unseren Lasten.

Inhaltsverzeichnis

Deskriptive Statistik

1 Grundbegriffe der deskriptiven Statistik

1.1 Einführende Begriffe

Gegenstand jeder statistischen Untersuchung ist eine Gesamtheit von statistischen Elementen, die **Grundgesamtheit** oder **Population**. Betrachtet man in einer statistischen Erhebung die ganze Population, dann spricht man von einer Gesamterhebung. Ein Beispiel hierfür sind Volkszählungen, z.B. die für die Bundesrepublik vom Mai 1987. Im Regelfall sind solche Gesamterhebungen aber aus Kostengründen zu aufwendig. Damit ist im allgemeinen der Gegenstand einer statistischen Untersuchung nur eine **Teilerhebung** oder **Stichprobe**. Dabei ist besonders zu beachten, wie die Stichprobe gezogen wird, d.h. wie die zu untersuchenden (auszuwählenden) Elemente der Stichprobe aus der Grundgesamtheit ausgewählt werden. Werden die zu betrachtenden Elemente zufällig bestimmt, so spricht man von einer **Zufallsstichprobe**. Was dabei Zufall ist, ist keineswegs selbstverständlich und wird noch erläutert. Im folgenden werden wir stets von einer Zufallsstichprobe ausgehen, wenn wir von einer Stichprobe sprechen. Ein verwandter, jedoch nicht unbedingt übereinstimmender Begriff ist der der **repräsentativen Stichprobe**. Für sie werden die Elemente so ausgewählt, daß sie im Blick auf die untersuchte Frage die Grundgesamtheit getreu widerspiegeln. Dies Erfordernis ist ebenfalls nicht selbstverständlich, obwohl es für zahllose statistische Untersuchungen als unerläßlich oder wünschenswert vorauszusetzen ist. Man denke nur an politische Meinungsumfragen oder Marketingstudien.

Jede statistische Untersuchung bezieht sich auf **Merkmale**. Die Elemente der Erhebung, die **Urliste** (ob Voll- oder Teilerhebung) sind Träger dieser Merkmale, und es wird untersucht, welche **Merkmalsausprägung** bei jedem einzelnen Element, dem **Merkmalsträger**, vorkommt. Dafür ist es besonders wichtig, die verschiedenen Arten von Merkmalen zu unterscheiden.

1.2 Klassifikation von Merkmalen

Die verschiedenen Arten, Typen, Klassen von Merkmalen werden dadurch gekennzeichnet, wie ihre Ausprägungen dargestellt und geordnet werden können.
Beginnend mit dem *schwächsten* Merkmalstyp sind dies die folgenden:

(A) **Nominale Merkmale**
Ein Merkmal heißt **nominal**, wenn seine Ausprägungen nicht in eine angfolge gebracht werden können, z.B. Vornamen (Hilde, Klaus, Peter, Susanne,...); gesellschaftsrechtliche Bezeichnungen (AG, GmbH, KG); Glaubensbekenntnis (katholisch, evangelisch, jüdisch, muslimisch,...); Parteien (CDU, CSU, FDP, GRÜNE, SPD,...); Krankheiten (TB, Krebs, MS, Kinderlähmung,...).

(B) **Qualitative Merkmale**
Ein Merkmal heißt **qualitativ** oder **ordinal**, wenn es zwar in eineRangfolge gebracht werden kann, aber die *Rangunterschiede* nicht gemessen werden können, d.h. das Merkmal läßt sich *nicht natürlich* einer reellen Zahl zuordnen. Beispiele hierfür sind: Lebensstil (auf großem Fuß, mittel, bescheiden, dürftig), charakterliche Eigenschaften (gutherzig, gleichgültiger Typ,..., Charakterschwein), Examensnoten (1.0,1.3, 1.7, 2.0,...), Konjunkturverlauf (auf, gleich, ab), Geburtstage (15.April, 11.Mai, 12.Mai, 22. September), Popularitätsskalen in Punkten (4 Pluspunkte sind *nicht* doppelt so gut wie 2 Pluspunkte!).

(C) **Quantitative Merkmale**
Ein Merkmal heißt **quantitativ** oder **kardinal**, wenn es sich *natürlich* einer reellen Zahl zuordnen läßt, d.h. die Ausprägung ist eine reelle Zahl.

Das heißt insbesondere auch, daß Rangunterschiede gemessen werden können (z.B.Temperaturen, Flutmarken, Erträge, Zeitpunkte u.ä.). Für die folgenden Überlegungen ist dies die wichtigste Klasse. Sie hat die größte Vielfalt der Analyseverfahren und Zahl der Anwendungen und steht im Mittelpunkt der Betrachtung.
Unter den quantitativen Merkmalen ist insbesondere noch die Unterteilung in stetige und diskrete zu sehen:

(C.1) **Diskrete** und **stetige Merkmale**

Ein Merkmal heißt **diskret**, wenn es höchstens abzählbar viele Ausprägungen hat. Dabei sind zwei Fälle zu unterscheiden:
endlich viele Ausprägungen: z.B. Geschlecht (weiblich, männlich); die Anzahl der täglichen Geburten in einer Klinik; die Tage des Jahres (365 im Regelfall), Möglichkeiten einer Lottozahl (49), Examensnoten (1.0, 1.3, 1.7,..., 4.0, 4.3, 4.7, 5.0); die Verkaufszahlen eines bestimmten

Autohändlers.
Abzählbar unendlich viele Ausprägungen sind mehr theoretisch von Interesse, z.B. die Zahl der Sterne im Universum, Anzahl der Mißerfolge bis zum ersten Erfolg bei einem Glücksspiel.

Ein Merkmal heißt **stetig (kontinuierlich)**, wenn es *nicht diskret* ist, d.h. überabzählbar viele Ausprägungen hat, z.B. die Zeit, Einkommens- und Umsatzzahlen.
Bei der Beobachtung stetiger Merkmale erhält man durch entsprechende Maßeinheiten (für die Zeit etwa: Sekunden oder Minuten, für Längen: Meter oder Zentimeter) diskrete Daten. Wegen ihrer Vielfalt faßt man sie dann aber zu Klassen zusammen.

(C.2) **Quantifizierung von qualitativen Merkmalen**
In vielen Situationen werden nominale oder ordinale/qualitative Merkmale **quantifiziert**, z.B. nominalen Skalen werden Zahlen zugeordnet:

nominale Skala:	+++	++	+	0	-	- -	- - -	
quantitative Skala:	3	2	1	0	-1	-2	-3	oder
	100	50	25	0	-25	-50	-100	

Hier ist besondere Vorsicht in den Schlußfolgerungen angebracht.

(C.3) **Diskretisierung von stetigen Merkmalen**
In vielen Situationen werden stetige Merkmale **diskretisiert:**
Stetige Skalen werden in Intervalle eingeteilt, z.B. das Messen von Firmengrößen nach Umsatzhöhe (unter 1 Mio DM, 1 Mio bis unter 2 Mio DM, 2 Mio DM und darüber; monatliche Arbeitnehmereinkommen: unter 1000 DM, von 1000 DM bis 2000 DM, über 2000 DM). In diesem Fall spricht man von **klassierten** oder **gruppierten** Daten.
Umgekehrt werden diskrete Merkmale, die mit *sehr* vielen Ausprägungen auftreten, wie stetige behandelt. Sie werden als **quasistetige** oder **approximativ stetige** Merkmale bezeichnet (z.B. Verkaufszahlen pro Tag von LP's in einem Schallplattengeschäft).

Diagramm zur Merkmalsklassifikation

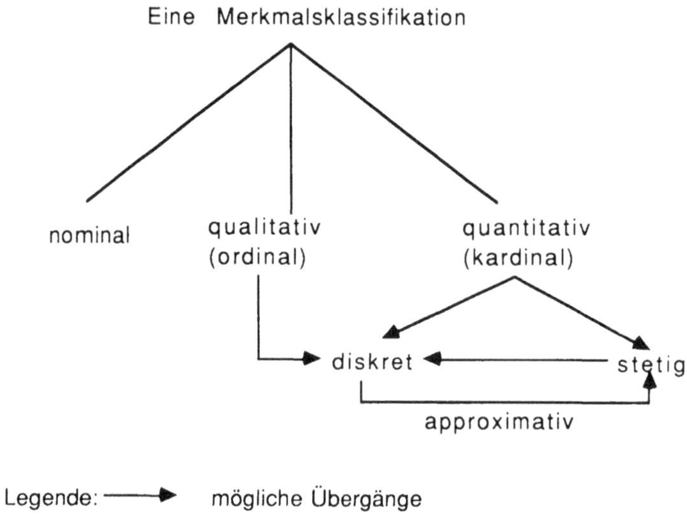

1.3 Aufgaben

Aufgabe 1.3.1
Zur Verbesserung der Personalplanung wird ein Mitarbeiter beauftragt, Daten über alle Beschäftigten zusammenzutragen, die sich unter anderem auf das Alter, das Geschlecht, die Stellung im Unternehmen, die Dauer der Unternehmenszugehörigkeit und das Gehalt beziehen sollen.

a) Was ist die statistische Einheit der Untersuchung?
b) Was ist die statistische Gesamtheit (Masse, Population)?
c) Welcher Art sind die oben erwähnten Merkmale?
   (nominal, qualitativ, quantitativ; diskret, stetig)
d) Welches sind mögliche Ausprägungen dieser Merkmale?

Aufgabe 1.3.2
Um die Auswirkungen der kommenden Tarifabschlüsse auf die eigenen Lohn- und Gehaltszahlungen abschätzen zu können, führt die Firma Nagel, Holz & Co. bei 100 ihrer 500 Beschäftigten eine Erhebung durch, bei der Alter, Tarifklasse, außertarifliche Zahlungen und Geschlecht festgestellt werden.

a) Geben Sie die Grundgesamtheit der Erhebung an.
b) Welcher Art sind die angeführten Merkmale?
c) Geben Sie mögliche Merkmalsausprägungen dieser Merkmale an.

2 Häufigkeitsverteilungen

2.1 Diskrete Merkmale

Nach Durchführung einer statistischen Erhebung - und dies wird im folgenden fast stets als erfolgt angesehen - ist das Datenmaterial (die Urliste) so aufzubereiten, daß man die Fülle der Beobachtungen intellektuell aufnehmen und verarbeiten kann. Als erstes werden einige einfache graphische Darstellungen vorgeführt, die sich in der Praxis bewährt haben. Sie finden sich z.B. in Zeitungen, Firmenberichten, Fernsehnachrichten. Dazu wird der Begriff der Häufigkeitsverteilung eingeführt:

Seien $\{b_1,b_2,\dots,b_n\}$ die beobachteten Ausprägungen eines *beliebigen* Merkmals X aus einer Erhebung der Länge n. Nicht alle b_i ($i\in\{1,2,\dots,n\}$) sind notwendigerweise verschieden, so daß die verschiedenen Ausprägungen $\{x_1,x_2,\dots,x_K\}$, ($K\leq n$) mit den **absoluten Häufigkeiten** $n_k(k=1,2,\dots,K)$ mehrfach beobachtet wurden. Offensichtlich gilt:

$$\sum_{k=1}^{K} n_k = n \,;$$

K=n trifft nur dann zu, falls alle Beobachtungen verschieden sind.

2.1.1 Beispiel

Die Menge der n Beobachtungen $\{b_1,b_2,\dots,b_n\}$ seien die Ergebnisse von n=100 Würfen eines Würfels. Als Merkmalsausprägungen gibt es die sechs verschiedenen Augenzahlen {1,2,3,4,5,6}. Für die der Größe nach sortierten Merkmalsausprägungen seien die folgenden Häufigkeiten n_k (k=1,...,6) beobachtet worden:

$$\{\; x_1,\, x_2,\, x_3,\, x_4,\, x_5,\, x_6 \;\}$$
$$\{\; 15, 20, 20, 10, 15, 20 \;\},\; n=100,\; K=6$$

bzw. als Tabelle:

x_k	1	2	3	4	5	6
n_k	15	20	20	10	15	20

.

2.1.2 Definition

Sei $M = \{x_1, x_2, \ldots, x_K\}$ die Menge von beobachteten verschiedenen Merkmalsausprägungen; sei weiter

$$g: \begin{cases} \mathbf{M} \to \mathbf{R}_+ \\ x \to g(x) := \begin{cases} n_k, \text{ falls } x = x_k \ (k=1,\ldots,K) \\ 0, \text{ sonst} \end{cases} \end{cases}$$

und

$$f: \begin{cases} \mathbf{M} \to [0, 1] \\ x \to f(x) := \frac{1}{n} g(x) \end{cases}$$

Die Funktion f heißt **empirische Häufigkeitsfunktion**.
Der Graph dieser Abbildung heißt **Stabdiagramm.**

Offensichtlich lassen sich solche Stabdiagramme für *alle* Merkmale erstellen. Für das Beispiel 2.1.1 ergibt sich:

Das Schema eines Stabdiagramms

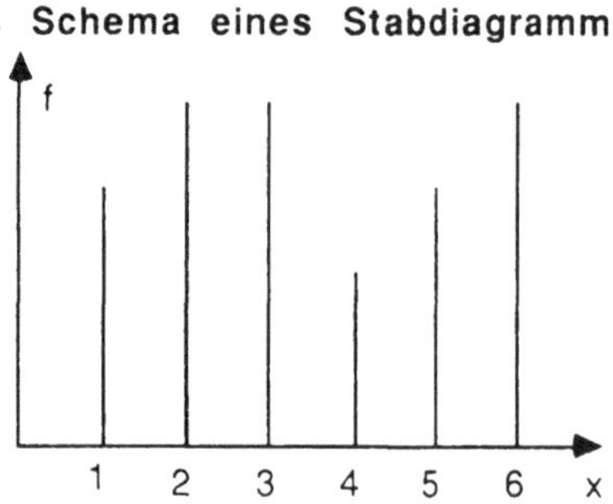

2.1.3 Bemerkung

Es ist

$f: \mathbf{M} \to [0, 1]$ mit sowie $g: \mathbf{M} \to \mathbf{R}_+$ mit

$$f(x) = \begin{cases} 0.15, x=1 \\ 0.20, x=2 \\ 0.20, x=3 \\ 0.10, x=4 \\ 0.15, x=5 \\ 0.20, x=6 \\ 0.00, \text{ sonst} \end{cases} \qquad g(x) = \begin{cases} 15, x=1 \\ 20, x=2 \\ 20, x=3 \\ 10, x=4 \\ 15, x=5 \\ 20, x=6 \\ 0, \text{ sonst} \end{cases}$$

Offensichtlich unterscheidet sich der Graph von g vom Graphen von f nur durch die Skalierung.

Da es sich um *Empirie* (=Beobachtungen aus der Praxis) handelt, spricht man auch von empirischen Häufigkeiten (d.h. empirische absolute Häufigkeiten bzw. empirische relative Häufigkeiten).

Sei X ein quantifiziertes ordinales oder ein kardinales Merkmal mit K verschiedenen Merkmalsausprägungen zu jeweils n_k (k=1,2,...,K) und insgesamt n Beobachtungen. Mit der Definition der **relativen Häufigkeiten**

$$f_k := f(x_k) = \frac{n_k}{n}$$

läßt sich aus den $f_1, f_2, \ldots, f_K$ der Begriff der **kumulierten** (empirischen) **Häufigkeitsverteilung** konstruieren:

$$\begin{aligned}
F_1 &:= f \\
F_2 &:= f_1 + f_2 &&= F_1 + f_2 \\
F_3 &:= f_1 + f_2 + f_3 &&= F_2 + f_3 \\
&\;\;\vdots \\
F_K &:= f_1 + f_2 + \ldots + f_K &&= F_{K-1} + f_K
\end{aligned}$$

Umgekehrt lassen sich die relativen Häufigkeiten aus der kumulierten Häufigkeitsverteilung bestimmen bzw. zurückgewinnen:

$$f_1 = F_1$$

$$f_i = F_i - F_{i-1} \qquad (i=2,3,\ldots,K)$$

2.1.4 Definition

Seien die Ausprägungen $\{x_1, x_2, \ldots, x_k\}$ der Größe nach geordnet, d.h. $x_1 < x_2 < \ldots < x_k$; dann heißt die Funktion

$$F: \begin{cases} \mathbf{M} \to [0,1] \\ x \to F(x) = \begin{cases} 0 & \text{für } x < x_1 \\ \sum\limits_{i: x_i \le x} f_i = F_i & \text{für } x \ge x_1 \end{cases} \end{cases}$$

empirische Verteilungsfunktion.

Der Graph von F sieht typischerweise folgendermaßen aus (Werte aus Beispiel 2.1.1):

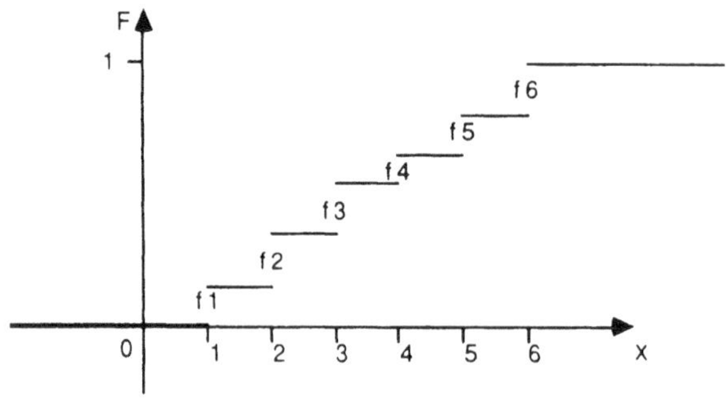

Für die empirische kumulierte Häufigkeitsverteilung (kurz: Verteilung) gilt: Die Verteilung ist eine monoton *nichtfallende Treppenfunktion*.

Ein weiteres, sehr beliebtes Darstellungsverfahren ist das **Kuchendiagramm** (*pie-chart,* das auf die berühmte englische Wohltäterin Florence Nightingale zurückgeht, die es als erste benutzte, um dem britischen Parlament die Häufigkeiten verschiedener Kriegsleiden vor Augen zu führen).
Die relativen Häufigkeiten n_k werden dazu benutzt, eine Kreisscheibe in proportionale Kreissegmente zu zerlegen, d.h. man teilt die 360° des Kreises in Winkel α_k entspreched $f_k = n_k/n = \alpha_k/2\pi$.

Zu Beispiel 2.1.1 ergibt sich:

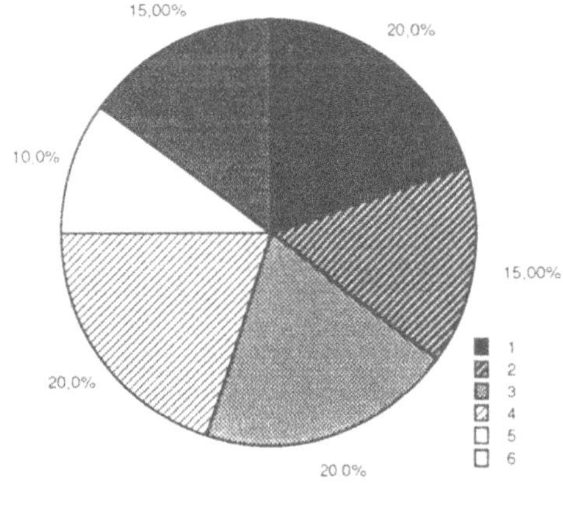

Solche Kuchendiagramme eignen sich insbesondere auch zur Aufbereitung und Darstellung von nominalen Merkmalen.

2.2 Stetige Merkmale

Bei stetigen Merkmalen faßt man die Beobachtungen zu schon vor Beginn der Erhebung festzulegenden Klassen K_i zusammen. Wenn möglich sollten diese Klassen alle die gleiche Breite haben. Oftmals empfiehlt es sich dennoch, dort, wo die meisten Beobachtungen zu erwarten sind, diese Klassenbreiten kleiner zu halten als in den Bereichen, in denen relativ wenige Beobachtungen zu erwarten sind.

2.2.1 Beispiel

Zur Schätzung zukünftiger Kosten führt eine Krankenversicherung bei ihren Mitgliedern eine Umfrage durch, bei der auch das Merkmal *Körpergewicht* (in Kilogramm) betrachtet wird. Unter den männlichen Befragten gab es dazu folgendes Ergebnis:

K_i:	[50,60)	[60,70)	[70,75)	[75,80)	[80,90)	[90,110)
n_i:	5	25	30	25	10	5

Dabei bedeutet n_i die Häufigkeit von Beobachtungen in der Klasse K_i.

2.2.2 Definition

Die Funktion

$$f: \begin{cases} \mathbb{R} \to \mathbb{R}_+ \\ x \to f(x) = \begin{cases} \dfrac{\frac{n_i}{n}}{\Delta K_i}, & \text{falls } x \in K_i \\ 0, & \text{sonst} \end{cases} \end{cases}$$

heißt **empirische Dichtefunktion**. Dabei bedeutet ΔK_i die Breite der Klassen K_i. Der Graph der Dichtefunktion heißt Histogramm.

Für das Beispiel 2.2.1. erhält man für f folgende Funktionswerte:

$$f(x) = \begin{cases} 0.0050, & \text{für } x \in [50,60) \\ 0.0250, & \text{für } x \in [60,70) \\ 0.0600, & \text{für } x \in [70,75) \\ 0.0500, & \text{für } x \in [75,80) \\ 0.0100, & \text{für } x \in [80,90) \\ 0.0025, & \text{für } x \in [90,110) \end{cases}$$

Das zugehörige Histogramm hat dann das folgende Aussehen:

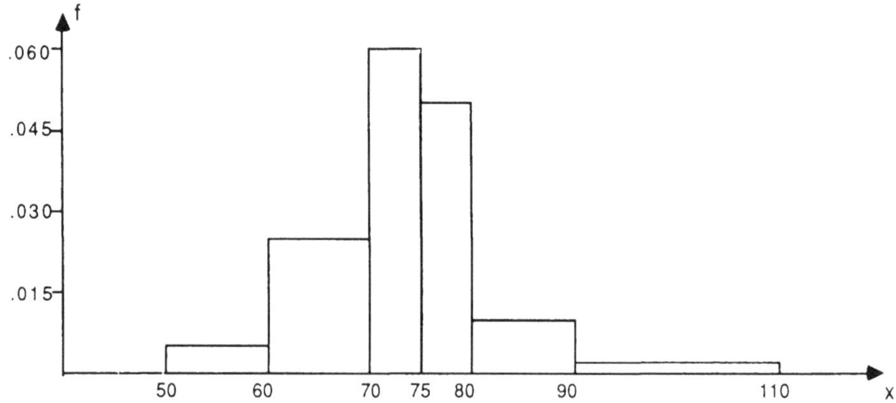

Da über die Verteilung der Beobachtungen innerhalb der Klassen keine Information vorliegt, trifft man die Annahme, daß diese Beobachtungen sich innerhalb der Klassen gleichmäßig verteilen. Das bedeutet, daß man für die kumulierten Häufigkeiten die relativen Häufigkeiten für die Klassenobergrenzen aufaddiert und die so erhaltenen Punkte durch Geradenstücke verbindet. Die Steigung eines solchen Geradenstücks ist dann genau der Wert der Dichtefunktion in dieser entsprechenden Klasse.
Die zu Beispiel 2.2.1 gehörende Verteilungsfunktion hat dann folgendes Aussehen:

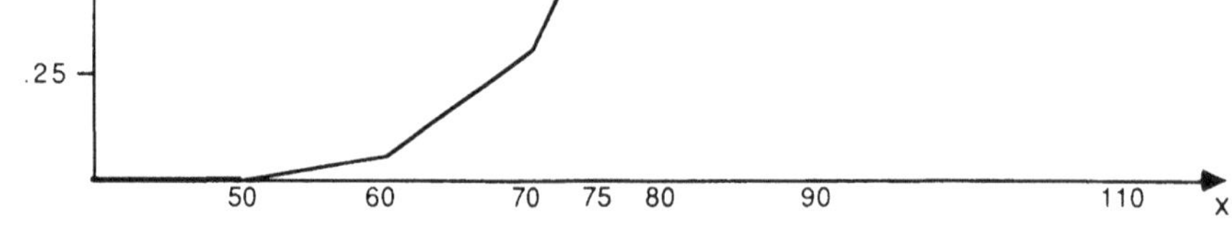

Mit dieser Funktion lassen sich die Anteilswerte unmittelbar angeben:
Es bezeichnet nämlich F(x) den Anteil derjenigen Männer, deren Körpergewicht höchstens x kg beträgt.
Beispielsweise ist der Anteil der Männer, deren Gewicht höchstens 70 kg beträgt 30 %, der Anteil, deren Gewicht höchstens 80 kg beträgt 85 %, usw.

Fällt der Wert x nicht auf eine Klassengrenze, sondern ins Innere einer Klasse, so läßt sich der entsprechende Anteil aufgrund der Annahme, daß sich alle Beobachtungen innerhalb einer Klasse gleichmäßig verteilen, durch eine einfache Dreisatzrechnung bestimmen:
Allgemein gilt:

(1) $$F(x) = F(x_i^u) + \frac{x-x_i^u}{\Delta K_i}\frac{n_i}{n} = F(x_i^u) + (x-x_i^u)f(x) \quad \text{für } x \in K_i\,.$$

Dabei bedeutet x_i^u die Untergrenze der Klasse K_i.

2.3 Quantile

2.3.1 Definition

Unter einem α**-Quantil (oder** α**-Fraktil)** versteht man denjenigen Wert x, für den gilt: $F(x) = \alpha$ $(0 \le \alpha \le 1)$.

Bei stetigen Merkmalen kann dieses x eindeutig bestimmt werden, bei diskreten Merkmalen wird man im allgemeinen kein solches x finden. Man bezeichnet dann als α-Quantil diejenige beobachtete Ausprägung x_i, für die gilt:

$$F(x) \ge \alpha \text{ und } 1-F(x)+f(x) \ge \alpha.$$

In Worten bedeutet dies, daß als α-Quantil diejenige Beobachtung genommen wird, bei der die kumulierten relativen Häufigkeiten erstmalig den Wert α übersteigen.
Für spezielle Quantile gibt es entsprechende Bezeichnungen, etwa:
Das **1. Quartil**: Es ist der Bereich von Beobachtungen zwischen der ersten Beobachtung und der kleinsten Beobachtung $x_{1/4}$, für die $F(x_{1/4}) \ge 0.25$.

Das **2. Quartil** ist der Bereich von Beobachtungen zwischen der Beobachtung $x_{1/4}$ und der kleinsten Beobachtung $x_{2/4}$, für die $F(x_{2/4}) \ge 0.50$.

Das **3. Quartil** ist der Bereich von Beobachtungen zwischen der Beobachtung $x_{2/4}$ und der kleinsten Beobachtung $x_{3/4}$, für die $F(x_{3/4}) \ge 0.75$

Das **4. Quartil** ist der Bereich von Beobachtungen zwischen der Beobachtung $x_{3/4}$ und der kleinsten Beobachtung $x_{4/4}$, für die $F(x_{4/4}) = 1.00$ (d.h. der letzten Beobachtung).

Für Beispiel 2.2.1 erhält man etwa als 0.30-Quantil den Wert x = 70.
Das erste Quartil, also der Punkt x mit F(x) = 0.25 bestimmt sich aus Gleichung (1) durch Umformung nach x:

$$x = x_i^u + \frac{F(x)-F(x_i^u)}{\frac{n_i}{n}}\Delta K_i\,.$$

In Beispiel 2.2.1 ist offensichtlich $x = 60 + \frac{0.25\text{-}0.05}{\frac{25}{100}} 10 = 68$.

Bei einer Unterteilung in 10% Schritte (statt wie bei Quantilen in 25% Schritte) heißen die Quantile **Dezile**.

2.4 Aufgaben

Aufgabe 2.4.1

Bei einer Erhebung zu dem Merkmal X: *Eintrittspreise der Fahrgeschäfte auf dem Hamburger Dom* (das ist der Hamburger Jahrmarkt) erhielt man folgende Beobachtungen:

x_k (in DM)	2.00	2.50	3.00	3.50	4.00	5.00	6.00
n_k	3	7	5	5	15	10	5

a) Bestimmen Sie die empirische Häufigkeitsfunktion und die empirische Verteilungsfunktion des Merkmals X.

b) Zeichnen Sie die Graphen der empirischen Häufigkeitsfunktion und der empirischen Verteilungsfunktion des Merkmals X.

c) Welcher Anteil der Geschäfte verlangt einen Eintrittspreis von
   - höchstens DM 4.00
   - mehr als DM 3.50
   - mindestens DM 3.50
   - mindestens DM 2.80 und höchstens DM 4.90?

   Drücken Sie diese Anteile mit Hilfe der Verteilungsfunktion und der Häufigkeitsfunktion aus.

Aufgabe 2.4.2

Bei einer Erhebung zu dem Merkmal X: *Fahrtdauer einer Fahrt mit den jeweiligen Fahrgeschäften auf dem Hamburger Dom* (in Sekunden) erhielt man folgende Beobachtungen:

120 bis 150	5
über 150 bis 180	8
über 180 bis 200	8
über 200 bis 220	10
über 220 bis 250	15
über 250 bis 300	4

a) Bestimmen Sie die empirische Dichtefunktion und die empirische Verteilungsfunktion des Merkmals X.

b) Zeichnen Sie die Graphen der empirischen Dichtefunktion und der empirischen Verteilungsfunktion des Merkmals X.

c) Welcher Anteil der Geschäfte bietet eine Fahrtzeit von
   - höchstens 220 sec
   - mehr als 220 sec
   - mindestens 220 sec
   - höchstens 185 sec
   - mindestens 175 sec und höchstens 240 sec ?

   Drücken Sie diese Anteile mit Hilfe der Verteilungsfunktion aus.

d) Wie lange muß eine Fahrt mindestens dauern, damit sie zu den 30 % der am längsten dauernden Fahrten gehört?

e) Bestimmen Sie das 1. bis 4. Quartil und interpretieren Sie die Werte.

Aufgabe 2.4.3
In einer Klinik wird an 50 Tagen die Anzahl der Geburten pro Tag ermittelt:

Anzahl x der täglichen Geburten	Anzahl der Tage mit x Geburten
0	6
1	10
2	29
3	3
4	2

a) Bestimmen Sie die relativen Häufigkeiten und den Anteil der Tage mithöchstens x Geburten, und geben Sie die empirische Häufigkeitsfunktionf und die empirische Verteilungsfunktion F explizit an.
b) Stellen Sie die Funktionen f und F graphisch dar.
c) Wie hoch ist der Anteil der Tage mit 3 oder mehr Geburten täglich ?
d) Wie hoch ist der Anteil der Tage, an denen kein Kind geboren wird ?
e) Berechnen Sie den Wert der empirischen Verteilungsfunktion an der Stelle x = 3.6 und interpretieren Sie das Ergebnis.

3 Verdichtung der Daten

3.1 Lageparameter

Um die Charakteristiken von vorliegendem Datenmaterial überblicken zu können, verdichtet man die Daten mit Hilfe von Maßzahlen.

3.1.1 Definition

Die Ausprägung, die am häufigsten beobachtet wurde, für die also gilt

$$x_{mod} := x_i \text{ mit } f(x_i) = \max \{f(x_k) \mid k=1,\dots,K\}$$

heißt **Modus** oder **Modalwert**.

Offensichtlich findet der Modalwert innerhalb der deskriptiven Statistik sinnvolle Anwendung nur bei diskreten Merkmalen. Bei theoretischen Verteilungen (s. u. Kap. 8) kann der Modus entsprechend auch auf stetige Verteilungen angewandt werden.

3.1.2 Definition

Der Wert x_{med}, für den gilt

$$F(x_{med}) \geq 0.5 \quad \text{und} \quad 1-F(x_{med})+f(x_{med}) \geq 0.5,$$

also die Obergrenze des 2. Quartils, heißt **Median**.

3.1.3 Definition

Ist X ein diskretes Merkmal, dann ist

$$\text{(1)} \qquad \bar{x} = \frac{1}{n} \sum_{i=1}^{n} b_i = \sum_{k=1}^{K} x_k \, f(x_k)$$

das **arithmetische Mittel** oder der **Mittelwert** von X.

Ist X ein stetiges Merkmal und bezeichnet x_k^* die Klassenmitte der k-ten Klasse, dann ist

$$\text{(1)'} \qquad \bar{x} = \sum_{k=1}^{K} x_k^* \frac{n_k}{n}$$

das **arithmetische Mittel** oder der **Mittelwert** von X.

Zu Beispiel 2.1.1 ist x_{mod} nicht eindeutig zu bestimmen, denn die Ausprägungen 2, 3 und 6 wurden jeweils 20 mal beobachtet. Dagegen ergibt sich für den Median und das arithmetische Mittel $x_{med} = 3$ und $\bar{x} = 3.5$.

Zu Beispiel 2.2.1 kann der Modalwert nicht bestimmt werden, da das Merkmal stetig ist; für den Median gilt $x_{med} = 73.333$ und es ist $\bar{x} = 73.625$.

3.2 Streuungsparameter

3.2.1 Definition

Die Differenz zwischen der größten und der kleinsten beobachteten Ausprägung wird als **Spannweite** bezeichnet.

3.2.2. Definition

Ist X ein diskretes Merkmal, dann ist

$$(2) \qquad s^2 = \frac{1}{n}\sum_{i=1}^{n}(b_i-\bar{x})^2 = \sum_{k=1}^{K}(x_k-\bar{x})^2 f(x_k)$$

die **mittlere quadratische Abweichung** oder die **empirische Varianz** des Merkmals X.

Ist X ein stetiges Merkmal und bezeichnet x_k^* die Klassenmitte der k-ten Klasse, dann ist

$$(2)' \qquad s^2 = \sum_{k=1}^{K}(x_k^*-\bar{x})^2 \frac{n_k}{n}$$

die **mittlere quadratische Abweichung** oder die **empirische Varianz** des Merkmals X.

Die positive Wurzel von s^2 wird als (empirische) **Standardabweichung** bezeichnet.

Aus später deutlich werdendem Grund wird auch die folgende *Modifikation* von empirischer Varianz und Standardabweichung benutzt:

$$s^{*2} = s^2\frac{n}{n-1} \qquad \text{und} \qquad s^* = \sqrt{s^2\frac{n}{n-1}}$$

d.h. anstatt durch n wird durch (n-1) in (2) bzw. (2)' geteilt.

Zu Beispiel 2.1.1 erhält man $s^2 = 3.05$ und $s = 1.7464$ und zu Beispiel 2.2.1 erhält man $s^2 = 87.7969$ und $s = 9.37$.

3.3 Die Streuungszerlegung

Häufig setzen sich Stichproben aus gesondert erhobenen Teilstichproben zusammen, beispielsweise für die gesamte BRD aus den einzelnen Bundesländern. In solchen Fällen ist der folgende Satz von Bedeutung.

3.3.1 Satz

Sei eine Stichprobe von n Beobachtungen in I Teilstichproben jeweils vom Umfang n_i (i=1,2,...,I) gegeben, d.h.

$$\{x_1,\dots,x_n\} = \{x_{11},x_{12},\dots,x_{1n_1};x_{21},x_{22},\dots,x_{2n_2};\dots;x_{I1},x_{I2},\dots,x_{In_I}\};\ n = \sum_{i=1}^{I} n_i,$$

dann gilt für die Mittelwerte

$$\bar{x} = \sum_{i=1}^{I} \frac{n_i}{n} \bar{x}_i \tag{3}$$

und für die empirischen Varianzen

$$s^2 = \sum_{i=1}^{I} \frac{n_i}{n} s_i^2 + \sum_{i=1}^{I} \frac{n_i}{n} (\bar{x} - \bar{x}_i)^2 \tag{4}$$

Beweis:

Für (3) ergibt sich:

$$\bar{x} = \sum_{i=1}^{I} \sum_{j=1}^{n_i} \frac{x_{ij}}{n} = \sum_{i=1}^{I} \frac{n_i}{n} \sum_{j=1}^{n_i} \frac{x_{ij}}{n_i} = \sum_{i=1}^{I} \frac{n_i}{n} \bar{x}_i$$

Für (4) ergibt sich für den Fall I = 2 (Die Verallgemeinerung auf I ≥ 2 ist offensichtlich.):

$$s^2 = \frac{1}{n} \Big(\sum_{j=1}^{n_1} (x_{1j} - \bar{x}_1)^2 + \Big(\sum_{j=1}^{n_2} (x_{2j} - \bar{x}_2)^2 \Big) =$$

$$= \frac{1}{n} \Big(\sum_{j=1}^{n_1} ([x_{1j} - \bar{x}] + [\bar{x} - \bar{x}_1])^2 + \Big(\sum_{j=1}^{n_2} ([x_{2j} - \bar{x}] + [\bar{x} - \bar{x}_2])^2 \Big) =$$

$$= \frac{1}{n} \sum_{i=1}^{2} \sum_{j=1}^{n_i} ([x_{ij} - \bar{x}_i]^2 + [\bar{x} - \bar{x}_i]^2 - 2[x_{ij} - \bar{x}_i][\bar{x} - \bar{x}_i]) =$$

$$= \sum_{i=1}^{2} \frac{n_i}{n} \Big(\frac{1}{n_i} \sum_{j=1}^{n_i} (x_{ij} - \bar{x}_i)^2 + \frac{1}{n_i} \sum_{j=1}^{n_i} (\bar{x} - \bar{x}_i)^2 \Big) -$$

$$- \frac{2}{n} \sum_{i=1}^{2} (\bar{x} - \bar{x}_i) \Big(\sum_{j=1}^{n_i} (x_{ij} - \bar{x}_i) \Big).$$

Wegen $\sum_{j=1}^{n_i} (x_{ij} - \bar{x}_i) = 0$ ergibt sich daraus

$$s^2 = \frac{n_1}{n} s_1^2 + \frac{n_2}{n} s_2^2 + \frac{n_1}{n} (\bar{x} - \bar{x}_1)^2 + \frac{n_2}{n} (\bar{x} - \bar{x}_2)^2 .$$

■

3.4 Konzentrationsmaße

Konzentrationsmaße werden benutzt, um Vermögens-, Einkommens- oder ähnliche Verteilungen auf einer Population darzustellen. Dabei ordnet man vorgegebenen Anteilen der Population die entsprechenden Anteile des betrachteten Merkmals folgendermaßen zu:
Man ordnet die Anteile der Population in der Weise, daß der Anteil des betrachteten Merkmals wächst, wie im folgenden Beispiel dargestellt:

3.4.1 Beispiel

Seien 5 Eigentümer von Vermögen verglichen, deren Vermögen

$\{z_1\ z_2\ z_3\ z_4\ z_5\} = \{20\ 10\ 40\ 90\ 40\}$ bzw. sortiert

$\{y_1\ y_2\ y_3\ y_4\ y_5\} = \{10\ 20\ 40\ 40\ 90\}$, bzw. skaliert

$\{w_1\ w_2\ w_3\ w_4\ w_5\} = \{5\%\ 10\%\ 20\%\ 20\%\ 45\%\}$ bzw. kumuliert

$\{F_1\ F_2\ F_3\ F_4\ F_5\} = \{5\%\ 15\%\ 35\%\ 55\%\ 100\%\}$ betrage.

Das bedeutet, daß die *ärmste* der fünf betrachteten Personen ein Vermögen von 10 Einheiten, die nächste ein Vermögen von 20 Einheiten besitzt usw. bis zur *reichsten*, die ein Vermögen von 90 Einheiten besitzt.
Graphisch läßt sich dieser Sachverhalt folgendermaßen darstellen:

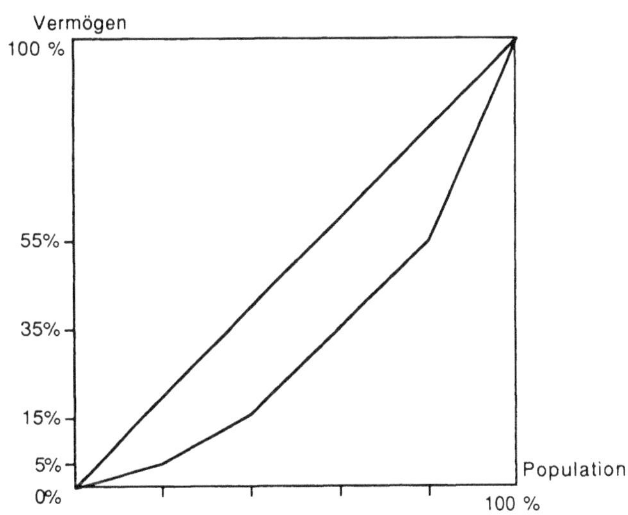

Bei Gleichheit der Verteilung stimmt die untere Kurve mit der Diagonalen überein.

3.4.2 Definition

Es bezeichne $x_1, x_2, \ldots, x_K$ die geordneten kumulierten Anteile einer zu betrachtenden Population, d.h. es gilt

$$0 \leq x_1 \leq \ldots \leq x_K \leq 1,$$

und die kumulierten relativen Häufigkeiten des betrachteten Merkmals seien $F_1, F_2, \ldots, F_K$ mit der Eigenschaft $F_{i+1}-F_i \geq F_i-F_{i-1}$ für alle $i = 2,3,\ldots,K-1$.
Dann wird der Polygonzug, der die Punkte (x_k, F_k) $(k = 1,2,\ldots,K)$ verbindet, als **Lorenz-Kurve** bezeichnet.

Bei Gleichheit der Verteilung fällt die Lorenzkurve mit der Diagonalen zusammen.
Typische Anwendungen der Lorenzkurve sind Einkommens-und Vermögensverteilungen, und andere Konzentrationsübersichten (z.B.Marktanteile).

Die Fläche A unter der Lorenzkurve (ein Dreieck und (n-1) Trapeze) ist

$$A = \frac{x_1 F_1}{2} + \sum_{i=1}^{K-1} \frac{(F_i + F_{i+1})(x_{i+1} - x_i)}{2} .$$

3.4.3. Definition

Sei B die Fläche zwischen der Diagonalen und der Lorenzkurve, also $B = \frac{1}{2} - A$.
Die Größe G mit

$$G = \frac{B}{B+A}$$

heißt **Gini-Koeffizient**.

Bei Gleichverteilung $(x_k = F_k)$, auch bei nicht gleichmäßig verteilten Stützstellen, gilt: $G = 0$ und $A = 1/2$, da sich alle Summanden bis auf den letzten wegheben:

$$A = \frac{F_1^2}{2} + \sum_{i=1}^{K-1} \frac{(F_{i+1}^2 - F_i^2)}{2} = \frac{F_K^2}{2} = \frac{1}{2} \qquad \text{und} \quad F_K = 1 \text{ gemäß Definition.}$$

Sei etwa (x_1, F_1) (0.30, 0.30),
(x_2, F_2) (0.35, 0.35)
(x_3, F_3) (0.60, 0.60)
(x_4, F_4) (0.80, 0.80)
(x_5, F_5) (1.00, 1.00)

Dann folgt $A = 0.045 + 0.0163 + 0.1188 + 0.140 + 0.1800 = 0.5000$ und $B = \frac{1}{2}$, d.h. $G = 0$. Für das Beispiel 3.4.1 erhält man:

$$A = 0.3375 \text{ und folglich } G = \frac{0.05}{0.05+0.3375} = 0.1290.$$

Für ein anderes Vorgehen zum Ausrechnen des Gini-Koeffizienten vergleiche man z.B. Bamberg-Baur.

3.5 Indexzahlen

Der Begriff *Index* oder *Indexzahl* wird verwendet, wenn eine Vielzahl von Daten gleicher Art zu verschiedenen Zeitpunkten verglichen und die Veränderungen mittels eines einzigen Wertes ausgedrückt werden sollen.
So wird beispielsweise für die Feststellung der Preisänderungen von Waren innerhalb eines bestimmten Zeitraumes ein entsprechender *Warenkorb* zusammengestellt (z.B. 1kg-Brote, Automobile mit Hubraum 1300 ccm, Herrenhaarschnitte usw) mit Mengen

q_{it} [i=1,2,...,n; t= -T, -(T-1), ...,-3, -2, -1, 0, 1, 2, 3, ...,(T-1), T]

und den zugehörigen Preisen

p_{it} [i=1,2,...,n; t= -T, -(T-1), ...,-3, -2, -1, 0, 1, 2, 3, ...,(T-1), T].

Subskript i gibt das Gut an, und Subskript t den Zeitpunkt; Zeitpunkt t=0 wird als *Basiszeitpunkt* bezeichnet (z.B. t=0 ist das Jahr 1980.) Ein Index ist dann eine Funktion von jeweils vier Vektoren der jeweiligen Länge n, zwei Preisen (Preis-Vektor) und zwei Mengen (Mengen-Vektor), wobei Preise und Mengen jeweils als Preise und Mengen aller Waren des Warenkorbs zu den Zeitpunkten 0 bzw. t verstanden werden, d.h.:

$$q_s' = (q_{1s}, q_{2s}, \dots, q_{ns}) \text{ und } p_s' = (p_{1s}, p_{2s}, \dots, p_{ns}) \text{ für } s \in \{0,t\}.$$

3.5.1 Definition

Die Funktion $P(L,t) := \dfrac{\sum_{i=1}^{n} q_{i0} p_{it}}{\sum_{j=1}^{n} q_{j0} p_{j0}}$ heißt **Laspeyres-Preisindex**.

3.5.2 Definition

Die Funktion $P(P,t) := \dfrac{\sum_{i=1}^{n} q_{it} p_{it}}{\sum_{j=1}^{n} q_{jt} p_{j0}}$ heißt **Paasche-Preisindex.**

Bezeichnet man q_0, die Mengen zum Basiszeitpunkt, als *Basiswarenkorb*, und

p_0, die Preise zum Basiszeitpunkt, als *Basispreise*, und entprechend q_t, p_t als *Referenzwarenkorb*, bzw. als *Referenzpreise* zum Zeitpunkt t, so ist **P**(L,t) eine Bewertung des Basiswarenkorbs zu zwei unterschiedlichen Zeitpunkten 0 und t; **P**(P,t) hingegen ist die Bewertung des Referenzwarenkorbs des Zeitpunkts t zu zwei unterschiedlichen Zeitpunkten 0 und t.
Ein Preisindex, der beide Warenkörbe berücksichtigt, ist beispielsweise Fishers Ideal-Index:

3.5.3 Definition
Die Funktion $P(F,t) := \sqrt{P(L,t) \cdot P(P,t)}$ heißt **Fishers Ideal-Preisindex**.

Interessiert man sich statt für die Preisänderungen für die Änderungen der abgesetzten Mengen, so erhält man durch Austausch von Preisen und Mengen die folgenden Mengenindices:

3.5.4 Definition

Die Funktion $$Q(L,t) := \frac{\sum_{i=1}^{n} p_{i0} q_{it}}{\sum_{j=1}^{n} p_{j0} q_{j0}}$$ heißt **Laspeyres-Mengenindex**.

3.5.5 Definition

Die Funktion $$Q(P,t) := \frac{\sum_{i=1}^{n} p_{it} q_{it}}{\sum_{j=1}^{n} p_{jt} q_{j0}}$$ heißt **Paasche-Mengenindex.**

In den Mengenindices sind die Rollen von Preisen und Mengen im Vergleich zu den Preisindices vertauscht. Damit bieten sich die folgenden Interpretationen an: Der Laspeyres-Mengenindex ist ein Vergleichsmaßstab für Basiswarenkorb und gegenwärtigen Warenkorb unter Benutzung der Basispreise, während der Paasche-Mengenindex ein Vergleichsmaßstab für Basiswarenkorb und gegenwärtigen Warenkorb unter Benutzen der gegenwärtigen Preise ist.

3.5.6 Definition
Die Funktion $Q(F,t) := \sqrt{Q(L,t) \cdot Q(P,t)}$ heißt **Fishers Ideal-Mengenindex**.

3.5.7 Beispiel:
Seien folgende Daten über einen fiktiven Warenkorb gegeben (Pichot, S.414):

	Preis in £	Menge in t	Wert = Preis · Menge
Zeitpunkt 0			
Brot	20	100	2000
Käse	50	10	500
Weizen	10	10	100
gesamt			2600
Zeitpunkt 1			
Brot	30	90	2700
Käse	40	15	600
Weizen	25	20	500
gesamt			3800

Die einzelnen Ergebnisse sind
für die Preisindices mit t=1:

Laspeyres	$\mathbf{P}(L,t)$	$= \mathbf{P}(L,1)$	$= 1.404$
Paasche	$\mathbf{P}(P,t)$	$= \mathbf{P}(P,1)$	$= 1.382$
Fisher	$\mathbf{P}(F,t)$	$= \mathbf{P}(F,1) = \sqrt{(1.404 \cdot 1.382)}$	$= 1.393$

und für die Mengenindices:

Laspeyres	$\mathbf{Q}(L,t)$	$= \mathbf{Q}(L,1)$	$= 1.058$
Paasche	$\mathbf{Q}(P,t)$	$= \mathbf{Q}(P,1)$	$= 1.041$
Fisher	$\mathbf{Q}(F,t)$	$= \mathbf{Q}(F,1) = \sqrt{(1.058 \cdot 1.041)}$	$= 1.049.$

Schließlich sei als Beispiel, daß es auch andere als Preis- und Mengenindices gibt, der Umsatzindex eingeführt.

3.5.8 Definition

Die Funktion $U(t) := \dfrac{\sum_{i=1}^{n} p_{it} q_{it}}{\sum_{j=1}^{n} p_{j0} q_{j0}}$ heißt **Umsatzindex**.

3.6 Eigenschaften einer Preisindexfunktion

Ein sinnvoll konstruierter Index hat die folgenden Eigenschaften zu erfüllen (auch als Axiome der Indextheorie bezeichnet, siehe z.B. Eichhorn/Voeller):

Eigenschaft 1: *Monotonie*
Ein Preisindex ist eine streng monoton wachsende Funktion in p_t und eine streng monoton fallende Funktion in p_0, d.h.

$$\mathbf{P}(q_0,p_0,q_t,p_t) > \mathbf{P}(q_0,p_0,q_t,\bar{p}_t), \text{ wenn } p_t > \bar{p}_t \text{ und}$$

$$\mathbf{P}(q_0,p_0,q_t,p_t) < \mathbf{P}(q_0,\bar{p}_0,q_t,p_t), \text{ wenn } p_0 > \bar{p}_0$$

Eigenschaft 2: *Identität*
Wenn sich die Preise nicht ändern, hat der Index den Wert 1, d.h.

$$\mathbf{P}(q_0,p_0,q_t,p_0) = 1.$$

Eigenschaft 3: *Homogenität*
Ein Preisindex ändert sich um den Faktor λ, wenn sich alle Preise um den gleichen Faktor λ ändern, d.h.

$$\mathbf{P}(q_0,p_0,q_t,\lambda p_t) = \lambda\mathbf{P}(q_0,p_0,q_t,p_t), \quad \lambda>0.$$

Eigenschaft 4: *Dimensionalität*
Ein Preisindex ändert sich nicht, wenn sich die Maßeinheiten der Güter und/oder der Preise ändern, d.h.

$$\mathbf{P}(q_0,\lambda p_0,q_t,\lambda p_t) = \mathbf{P}(q_0,p_0,q_t,p_t), \quad \lambda>0.$$

$$\mathbf{P}(\mu q_0,p_0,\mu q_t,p_t) = \mathrm{P}(q_0,p_0,q_t,p_t), \quad \mu>0.$$

3.7 Weitere graphische Darstellungen

Neben Stabdiagramm, Histogramm, Kuchendiagramm oder Lorenz-Kurve gibt es zahllose andere graphische Darstellungen. Sie sind oft für spezielle Fragestellungen entworfen, aber ebenso oft auf andere Probleme anwendbar und sollen verdeutlichen, daß die graphische Darstellung nicht nur **nicht trivial**, sondern oft der Dreh- und Angelpunkt einer guten statistischen Argumentation ist.
Als solche Beispiele sollen dienen:
1. die Alterspyramide
2. die Magische Vierecksdarstelllung
3. ein Einsatzprofil der U.S.Armee im 1. Weltkrieg.

1. Die Alterspyramide:
Ein *doppeltes, horizontal angeordnetes* Stabdiagramm (mit hypothetischen Werten):

```
                           w ++
                          ww 90 m
(w=weiblich)            wwww 85 mm         (m=männlich)
                       wwwww 80 mmmm
                      wwwwww 75 mmmmm
                     wwwwwww 70 mmmmmm
                    wwwwwwww 65 mmmmmmm
                 wwwwwwwwwww 60 mmmmmmmmm
              wwwwwwwwwwwwww 55 mmmmmmmmmmm
             wwwwwwwwwwwwwww 50 mmmmmmmmmmmmm
                wwwwwwwwwwww 45 mmmmmmmmmmm
                   wwwwwwwww 40 mmmmmmmmm
                  wwwwwwwwww 35 mmmmmmmmmm
                 wwwwwwwwwww 30 mmmmmmmmmmm
                 wwwwwwwwwww 25 mmmmmmmmmmm
               wwwwwwwwwwwww 20 mmmmmmmmmmmmm
               wwwwwwwwwwwww 15 mmmmmmmmmmmmm
                 wwwwwwwwwww 10 mmmmmmmmmmm
                   wwwwwwwww  5 mmmmmmmmm
```

2. Eine Abbildung aus der Wirtschaftspolitik:

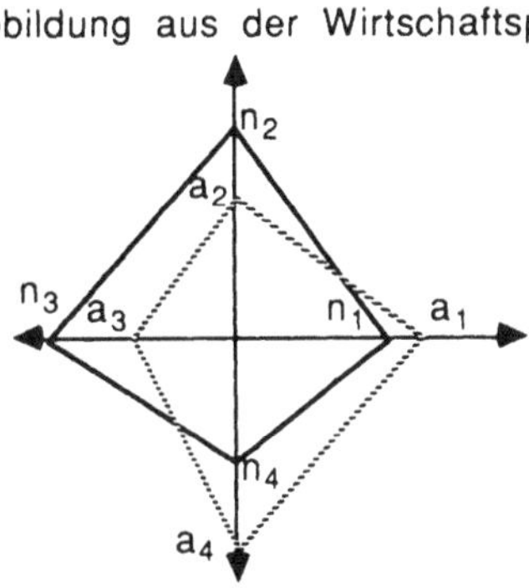

Das *magische* Zielviereck
(a_i die alten Werte
n_i die neuen Werte)

Die vier Ecken repräsentieren die vier Ziele des Stabilitätsgesetzes (Wachstum, Vollbeschäftigung, Preisstabilität, gleichgewichtiger Außenbeitrag) und vergleichen deren Verhältnis zueinander zu zwei verschiedenen Zeitpunkten.

3. Ein Einsatzprofil für die Divisionen der U.S.-Armee 1917-1918

```
                                                                   8
                                                                  38
                                                                  31
                                                              34  34
                                                              86  86
                                                              84  84
                                                              87  87
                                                          40  40  40
                                                          39  39  39
                                                          88  88  88
                                                          81  81  81
                                                           7   7   7
                                                          85  85  85
                                                      36  36  36  36
                                                      91  91  91  91
                                                      79  79  79  79
                                                      76  76  76  76
                                                  29  29  29  29  29
                                                  37  37  37  37  37
                                                  90  90  90  90  90
                                                  92  92  92  92  92
                                                  89  89  89  89  89
                                                  83  83  83  83  83
                                                  78  78  78  78  78
                                              80  80  80  80  80  80
                                              30  30  30  30  30  30
                                              33  33  33  33  33  33
                                               6   6   6   6   6   6
                                              27  27  27  27  27  27
                                               4   4   4   4   4   4
                                              28  28  28  28  28  28
                                              35  35  35  35  35  35
                                              82  82  82  82  82  82
                                          77  77  77  77  77  77  77
                                       3   3   3   3   3   3   3   3
                                       5   5   5   5   5   5   5   5
                                  32  32  32  32  32  32  32  32  32
                          41  41  41  41  41  41  41  41  41  41  41
                      42  42  42  42  42  42  42  42  42  42  42  42
              26  26  26  26  26  26  26  26  26  26  26  26  26  26
           2   2   2   2   2   2   2   2   2   2   2   2   2   2   2
   1   1   1   1   1   1   1   1   1   1   1   1   1   1   1   1   1
 Jun Jul Aug Sep Oct Nov Dez|Jan Feb Mar Apr May Jun Jul Aug Sep Oct
             1917                              1918
```

Quelle: E.R. Tufte

3.8 Aufgaben

Aufgabe 3.8.1

a) Bestimmen Sie zu den Daten der Aufgaben 2.4.1 und 2.4.2 jeweils den Mittelwert und - soweit sinnvoll - den Median und Modalwert.

b) Bestimmen Sie zu den Daten der Aufgaben 2.4.1 und 2.4.2 jeweils die Spannweite, mittlere quadratische Abweichung und Standardabweichung.

Aufgabe 3.8.2

$x_1,\ldots,x_n$ seien kardinale Beobachtungswerte, die mittels

$$y_i = \alpha + \beta x_i \quad (\alpha,\beta \in \mathbf{R}, i=1,2,\ldots,n)$$

transformiert werden.
Zeigen Sie, daß für den Mittelwert und die empirische Standardabweichung von $y_1,\ldots,y_n$ gilt: $\bar{y} = \alpha + \beta\bar{x}$, $s_y = |\beta| s_x$.

Aufgabe 3.8.3

Eine gesonderte Erhebung zu den Eintrittspreisen von Fahrgeschäften, die für Kinder unter 14 Jahren zugelassen sind, ergab für diese Geschäfte den Mittelwert $\bar{x} = 3.00$ und $s^2 = 1$.
Bestimmen Sie aus den Ergebnissen von Aufgabe 3.8.1 und diesen Angaben den Mittelwert und die mittlere quadratische Abweichung der Fahrpreise der Geschäfte, die für Kinder unter 14 Jahren **nicht** zugelassen sind.

Aufgabe 3.8.4

Um festzustellen, ob eine Umsatzsteigerung ausschließlich durch Preissteigerungen hervorgerufen wird oder ob auch Mengensteigerungen erfolgt sind, führt man die sogenannte Preisbereinigung des Umsatzes durch. Dazu dividiert man den Umsatzindex durch einen Preisindex.
Führen Sie eine solche Preisbereinigung des Umsatzes sowohl mit dem Laspeyres-Preisindex als auch mit dem Paasche-Preisindex durch und vergleichen Sie die Ergebnisse mit dem Paasche- bzw. dem Laspeyres-Mengenindex.

4 Zweidimensionale Daten

4.1 Häufigkeitsverteilungen

Üblicherweise werden bei statistischen Erhebungen gleichzeitig mehrere Merkmale untersucht. Deshalb werden im folgenden Darstellungsweisen für zwei (möglicherweise in irgendeiner Form zusammenhängende) Merkmale angeführt. Der bisher behandelte Fall eindimensionaler Daten ist offenbar eine Spezialisierung.
Seien X und Y zwei Merkmale mit den beobachteten verschiedenen Ausprägungen

$x_1, x_2, \ldots, x_{m_1}$ und

$y_1, y_2, \ldots, y_{m_2}$;

dann können die (absoluten oder relativen) Häufigkeiten in einer sogenannten Kontingenztabelle zusammengefaßt werden:

x \ y	y_1	y_2	...	y_{m_2}	
x_1	n_{11}	n_{12}	...	n_{1m_2}	$n_{1.}$
x_2	n_{21}	n_{22}	...	n_{2m_2}	$n_{2.}$
. . .					
x_{m_1}	$n_{m_1 1}$	$n_{m_1 2}$	...	$n_{m_1 m_2}$	$n_{m_1 .}$
	$n_{.1}$	$n_{.2}$	...	$n_{.m_2}$	n

Das allgemeine Schema einer Kontingenztafel

Dabei wird von der sog. Punktschreibweise Gebrauch gemacht.

4.1.1 Definition

Für eine doppelt indizierte Größe n_{ij} ($i=1,2,\ldots m_1$; $j=1,2,\ldots,m_2$) gelten folgende Vereinbarungen:

$$n_{.j} := \sum_{i=1}^{m_1} n_{ij}, \quad n_{i.} := \sum_{j=1}^{m_2} n_{ij}, \quad n := \sum_{j=1}^{m_2} \sum_{i=1}^{m_1} n_{ij}$$

4.1.2 Beispiel

Die Mitgliederzahlen der bundesdeutschen Parteien 1988 und davon die Zahl der Frauen sind etwa:

Partei	Mitglieder	davon Frauen
CDU	700 000	140 000
CSU	200 000	50 000
FDP	65 000	10 000
GRÜNE	40 000	16 000
SPD	900 000	250 000

D.h. Merkmal X ist das Geschlecht (m_1=2} und Merkmal Y ist die Partei, Y ={CDU, CSU, FDP, GRÜNE, SPD} (m_2=5). Für eine solche Situation ist die Darstellung mit Hilfe einer Kontingenztafel folgendermaßen:

X \ Y	CDU	CSU	FDP	GRÜNE	SPD	insgesamt
Frauen	140	50	10	16	250	466
Männer	560	150	55	24	650	1439
insgesamt	700	200	65	40	900	1905

Indem wie im eindimensionalen Fall alle absoluten Häufigkeiten durch die Gesamtzahl der Beobachtungen geteilt werden, erhält man eine entsprechende Kontingenztafel für die relativen Häufigkeiten.

X \ Y	CDU	CSU	FDP	GRÜNE	SPD	insgesamt
Frauen	.0735	.0262	.0052	.0084	.1312	.2446
Männer	.2940	.0787	.0289	.0126	.3412	.7554
insgesamt	.3675	.1050	.0341	.0210	.4724	1.0000

Die im fett abgeteilten Inneren der Tabelle auftretenden Häufigkeiten werden als (empirische) **gemeinsame Häufigkeiten** bezeichnet, während die Häufigkeiten in der Randspalte bzw. Randzeile (empirische) **Randhäufigkeit** für das Merkmal X bzw. für das Merkmal Y heißen. Die Betrachtung des einzelnen Merkmals (entweder X oder Y) unterscheidet sich in nichts von dem, was für eindimensionale Daten gesagt wurde.
Entsprechend können für quantitative Merkmale X und Y die Lage- und Streuungsparameter aus Abschnitt 3 bestimmt werden.

Der eigentlich neue Begriff ist der der gemeinsamen Häufigkeit.

Die Übertragung auf die Berechnung von Mittelwert und empirischer Varianz ist dann $\bar{x} = \sum_{i=1}^{m_1} x_i \frac{n_{i.}}{n}$ bzw. $\bar{y} = \sum_{j=1}^{m_2} y_j \frac{n_{.j}}{n}$.

Entsprechendes folgt für die individuellen empirischen Varianzen:

$$s_x^2 = \sum_{i=1}^{m_1} (x_i - \bar{x})^2 \frac{n_{i.}}{n} \qquad \text{bzw.} \qquad s_y^2 = \sum_{j=1}^{m_2} (y_j - \bar{y})^2 \frac{n_{.j}}{n}.$$

Neu ist der Begriff der **empirischen Kovarianz**:

4.1.2 Definition

Der Ausdruck

$$s_{xy} = \sum_{j=1}^{m_2} \sum_{i=1}^{m_1} (x_{i.} - \bar{x})(y_{.j} - \bar{y}) \frac{n_{ij}}{n}$$

heißt **(empirische) Kovarianz**.

Sofern beide Merkmale quantitative Merkmale sind, können die Daten graphisch als **Streudiagramm** (scatter-diagram) beider Größen dargestellt werden: Je nach Bezeichnung der Achsen können zu identischen Daten verschiedene Bilder entstehen:

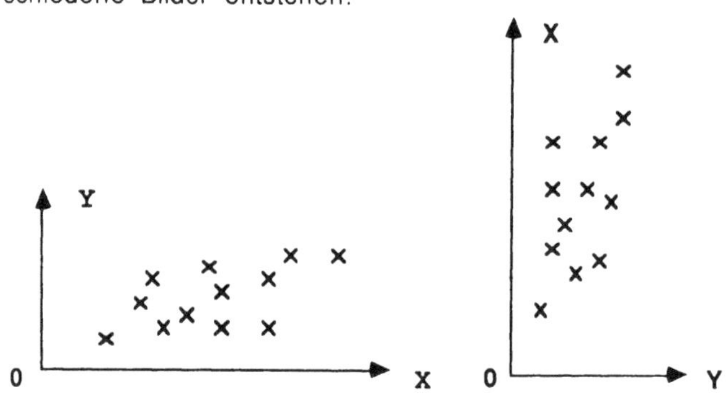

Zwei mögliche Streudiagramme für eine Punktwolke $\{X_i, Y_i\}$ (i=1,2,...n),in der jeweils eine Beobachtung durch × abgebildet ist.

4.2 Bedingte Häufigkeiten

Neben gemeinsamen Häufigkeiten und Randhäufigkeiten sind schließlich als drittes sog. **bedingte Häufigkeiten** einzuführen: Dies ist dann der Fall, wenn anstatt die gesamte Kontingenztafel zu betrachten, Ausschnitte gewählt werden: Statt aller Merkmalsausprägungen in Y seien nur eine oder wenige ausgewählte von Interesse, z.B. y_4 aus $\{y_1, y_2, ..., y_{n-1}, y_n\}$. M.a.W. aus der Kontingenztafel wird der Streifen 4 ausschließlich betrachtet:

X \ Y	CDU	CSU	FDP	GRÜNE	SPD	insgesamt
Frauen	140	50	10	**16**	250	466
Männer	560	150	55	**24**	650	1439
insgesamt	700	200	65	**40**	900	1905

X \ Y	CDU	CSU	FDP	GRÜNE	SPD	insgesamt
Frauen				**0.4**		0.4
Männer				**0.6**		0.6
insgesamt				**1.0**		1.0000

d.h. man ist interessiert an dem Auftreten von x_i unter der Bedingung des Auftretens von y_4 bzw. allgemein dem Auftreten von x_i unter einer durch Auswahl von Y bestimmten Bedingung.
In der ursprünglichen Kontingenztafel heißt dies, sofern die relativen Häufigkeiten sich auch in dieser Auswahl auf Eins summieren sollen, daß die Tabelle unter Berücksichtigung der Auswahl renormalisiert wird.
Allgemein gilt für die bedingten Häufigkeiten

$$n(x_i | Y = y_k) = \frac{n_{ik}}{n_{.k}}.$$

Beispielsweise wäre die relative Häufigkeit der Ausprägung X = weiblich und der Bedingung Y = Grün

$$n(\text{weiblich} | \text{Grün}) = \frac{16}{40} = \frac{0.0084}{0.0210} = 0.4.$$

Die Bedingung muß nicht notwendig auf genau eine Zeile oder Spalte beschränkt sein, sondern man ist interessiert an dem Auftreten von x_i unter der Bedingung des Auftretens von beispielsweise y_1 oder y_4.

X \ Y	CDU	CSU	FDP	GRÜNE	SPD	insgesamt
Frauen	**140**	50	10	**16**	250	466
Männer	**560**	150	55	**24**	650	1439
insgesamt	**700**	200	65	**40**	900	1905

X \ Y	CDU	CSU	FDP	GRÜNE	SPD	insgesamt
Frauen	**.1892**			**.0216**		.2108
Männer	**.7568**			**.0324**		.7892
insgesamt	**.9460**			**.0540**		1.0000

Hier wird die Ausprägung X = weiblich unter der Bedingung (Y=CDU oder Y=Grün) betrachtet. Die relative Häufigkeit ist dann:

$$n(\text{weiblich} \mid \text{CDU oder Grün}) = \frac{156}{740} = \frac{0.0819}{0.3885} = 0.2108\,,$$

bzw. allgemein:

$$n(X = x_i \mid Y = y_k \text{ oder } Y = y_s) = \frac{n_{ik} + n_{is}}{n_{.k} + n_{.s}}\,, \; (i = 1,2,\ldots,m_1,\; k,s \in \{1,2,\ldots,m_2\}).$$

4.3 Aufgaben

Aufgabe 4.3.1
Der TÜV einer Kreisstadt überprüfte in einer Woche 400 PKW. Die Kontrolle ergab folgende Resultate bzgl. der Zahl der Beanstandungen (Merkmal X) und Alter des PKW in Jahren (Merkmal Y)

X \ Y	2	4	6
0	100	80	50
1	10	40	40
2	10	30	20
3	0	10	10

a) Berechnen Sie die Häufigkeitsfunktion und die empirische Verteilungsfunktion des Merkmals (X,Y) und
b) die bedingte Verteilung des Merkmals X bei einem Alter des PKWs von 4 Jahren.

Aufgabe 4.3.2
Bei einer Untersuchung der Wohnsituation von 30 Familien wurde für die Familiengröße X und die Zimmerzahl Y die in der folgenden Urliste zusammengefaßten Wertepaare ermittelt:

(3,3), (3,4), (2,1.5), (2,2.5), (2,4),
(4,3), (5,3.5), (2,3), (4,3.5), (2,3),
(4,2), (2,1), (3,2.5), (2,3.5), (3,3.5),
(2,4), (3,4), (6,4.5), (3,3), (3,2.5),
(4,3), (3,4), (2,4), (3,2), (5,4),
(4,4), (2,2), (3,2.5), (2,2.5), (4,3.5),

a) Stellen Sie tabellarisch die absoluten Häufigkeiten der Merkmalsausprägungen des zweidimensionalen Merkmals (X,Y) dar.
b) Geben Sie tabellarisch die Häufigkeitsfunktion f(x,y) an.
c) Ermitteln Sie tabellarisch und graphisch die Häufigkeitsfunktionen der Randverteilungen von X und Y und die Verteilungsfunktion von X.
d) Geben Sie die bedingte Häufigkeitsfunktion von Y für x=4 an.
e) Errechnen Sie das arithmetische Mittel des Merkmals X
   1. in der Gesamtheit aller 30 Familien,
   2. in der Gesamtheit aller Familien, die in einer 3-Zimmer-Wohnung wohnen.
f) 1. Geben Sie unter allen Familien den Anteil derjenigen an, die zwei oder weniger Zimmer haben.
   2. Geben Sie unter allen dreiköpfigen Familien den Anteil derjenigen an, die zwei oder weniger Zimmer haben.
   3. Geben Sie unter allen Familien den Anteil derjenigen an, die zwei oder weniger Zimmer haben und die aus drei Personen bestehen.

Wahrscheinlichkeitstheorie

5 Mengen und Ereignisse

Ziel der Wahrscheinlichkeitstheorie, zu der im folgenden einige Grundlagen zusammengestellt werden, ist es, über das Eintreten bzw. Ausbleiben bestimmter Ereignisse Aussagen zu treffen. Hierzu ist es notwendig, umgangssprachliche Begriffe wie "wahrscheinlich", "unsicher", "ganz sicher" und dergleichen so zu klären, daß sie unmißverständlich verwendet werden können. D.h. es ist notwendig, Formalisierungen einzuführen, die es ermöglichen, präzise und für alle in der gleichen Weise zu verstehende Aussagen zu machen. Hierzu wird in diesem Abschnitt der Begriff *Ereignis* formalisiert und die entsprechenden Darstellungsweisen vorgeführt. Zu diesem Zweck werden einleitend einige wohlbekannte Begriffe aus der Mengenlehre rekapituliert.

5.1 Mengen

Die Grundmenge, innerhalb derer sich alle im folgenden zu definierenden Operationen abspielen, sei mit Ω bezeichnet.
Im folgenden bezeichne A immer eine nichtleere Menge. Das bedeutet, daß es mindestens ein Element a gibt, das zur Menge A gehört:

$$\exists a \in \Omega \text{ mit } a \in A.$$

Die leere Menge, also die Menge, die kein Element enthält, wird mit $\emptyset$ bezeichnet.

5.1.1 Definition (Teilmenge)

Eine Menge A_1, deren Elemente alle auch Elemente der Menge A sind, wird als **Teilmenge** von A bezeichnet:

$$A_1 \subseteq A. \Leftrightarrow (a \in A_1 \Rightarrow a \in A \text{ für alle } a \in A_1)$$

Dabei wird A_1 als **echte Teilmenge** von A ($A_1 \subset A$) bezeichnet, wenn es mindestens ein Element in A gibt, das nicht Element von A_1 ist.

Man bezeichnet A als Obermenge von A_1: $A \supseteq A_1$

(bzw. als echte Obermenge $A \supset A_1$).

5.1.2 Beispiele:

a) $A = \{1,2,3,4,5,6\}$, $A_1 = \{1,2,3\}$

b) A = {die Menge der natürlichen Zahlen unter 50},
A_1 = {die Menge der geraden natürlichen Zahlen unter 50}

c) A = {die Menge der Lottozahlen},
A_1 = {die Menge der Gewinnzahlen der 5. Ziehung in 1990}

d) Die Menge G der geraden Zahlen und die Menge U der ungeraden Zahlen sind Teilmengen der natürlichen Zahlen:

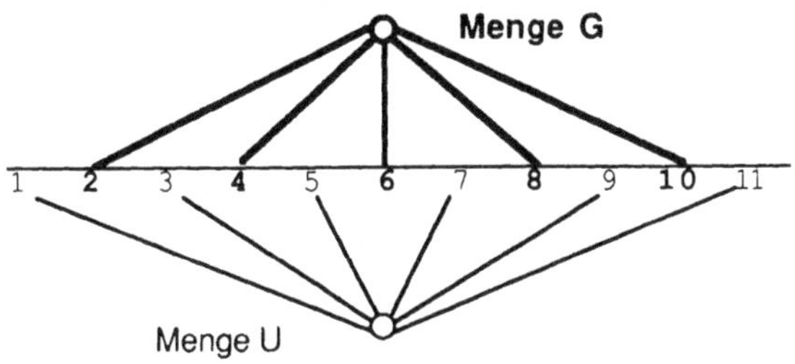

Die graphische Darstellung von Mengen wird als **Venn-Diagramm** bezeichnet.

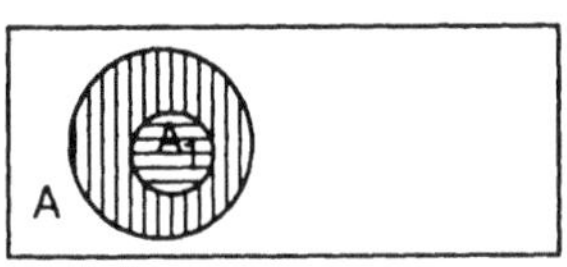

5.1.3 Definition (Gleichheit der Mengen A und B)

Zwei Mengen A und B heißen **gleich oder äquivalent**, falls zu jedem $a \in A$ genau ein Element $b \in B$ gefunden werden kann mit $a = b$.

$(\forall a \in A \Rightarrow \exists\, b \in B$, so daß $a=b)$ und $(\forall b \in B \Rightarrow \exists\, a \in A$, so daß $a=b)$

Insbesondere gilt:

$$A \subseteq B \text{ und } B \subseteq A \Leftrightarrow A = B$$

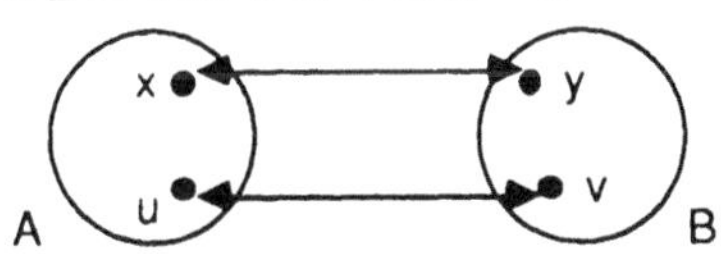

5.1.4 Beispiel

A die Menge der Lottozahlen und
B die Menge der natürlichen Zahlen von 1 bis 49

5.1.5 Definition

$|A|$ oder $\#(A)$ heißt **Zahl der Elemente in A**.

5.1.6 Definition (Potenzmenge)
Eine Menge B heißt **Potenzmenge** von A (B= $\mathcal{P}$(A)), falls B alle Teilmengen von A als Elemente enthält. Jede Potenzmenge von A enthält also insbesondere ø und A selbst.

5.1.7 Beispiel

$$A = \{1,2,3\}$$

$$\mathcal{P}(A) = \{\emptyset, \{1\},\{2\},\{3\},\{1,2\},\{1,3\},\{2,3\},\{1,2,3\}\}$$

Für die Anzahl der Elemente einer Potenzmenge gilt:
Falls $\#(A) < \infty$, dann $\#(\mathcal{P}(A)) = 2^{\#(A)} < \infty$, hier also $\#(\mathcal{P}(A)) = 2^3 = 8$.

5.1.8 Definition (Schnitt(menge) der Mengen A_1 und A_2)

$$A := A_1 \cap A_2$$

heißt **Schnittmenge** der Mengen A_1 und A_2, falls für ein $x \in A$ gilt:

$$x \in A_1 \textbf{ und } x \in A_2$$

Offensichtlich gelten Kommutativität und Assoziativität:

$$A_1 \cap A_2 = A_2 \cap A_1$$

$$(A_1 \cap A_2) \cap A_3 = A_1 \cap (A_2 \cap A_3) = A_1 \cap A_2 \cap A_3$$

Unter Umständen ist die Schnittmenge leer.

1. $A := A_1 \cap A_2 = \emptyset$

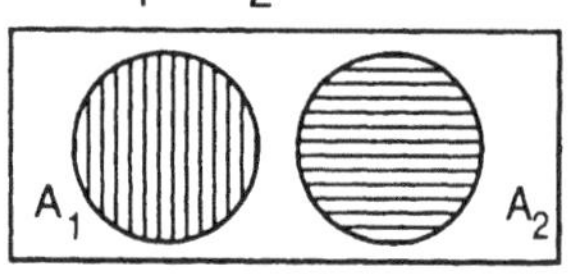

2. $A := A_1 \cap A_2 \neq \emptyset$

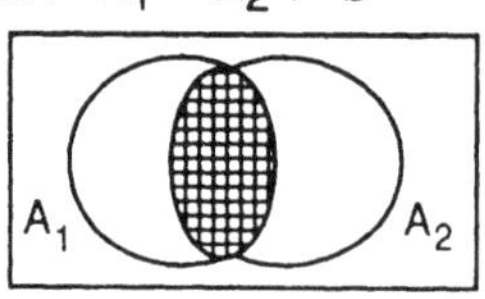

$A_1 \cap A_2 \neq \emptyset$

5.1.9 Beispiele
1. Die Schnittmenge der geraden und der ungeraden natürlichen Zahlen;
2. In einem Münzwurf können die Ereignisse *Wappen* und *Zahl* (A_1,A_2) nicht zugleich auftreten;
3. Die Schnittmenge der Lottozahlen und der Menge der natürlichen Zahlen unter 50.

Seien die Mengen A_1, A_2,...,A_K betrachtet.

Eine Verallgemeinerung auf K Teilmengen ist die **Schnittmenge aller Mengen**, die wie folgt geschrieben wird:

$$A_1 \cap A_2 \cap A_3 \cap A_4 ... \cap A_K = \bigcap_{k=1}^{K} A_k =: A, \text{ d.h.}$$

$$x \in A \Leftrightarrow x \in A_k \; \forall \; k = 1,2,...,K.$$

Die Mengen A_k (k= 1,...,K) heißen **paarweise disjunkt**, wenn

$A_i \cap A_k = \emptyset$ für alle i, k $\in$ {1,...,K}, $i \neq k$ gilt.

5.1.10 Bemerkung

Sind die Mengen A_1,...,A_K disjunkt, dann müssen sie nicht paarweise disjunkt sein:

$A_1 = \{1,2\}$, $A_2 = \{2,3\}$, $A_3 = \{3,4\}$

$A_1 \cap A_2 \cap A_3 = \emptyset$, aber $A_1 \cap A_2 = \{2\}$, $A_2 \cap A_3 = \{3\}$.

5.1.11 Definition (Vereinigung(smenge) der Mengen A_1 und A_2)

$A := A_1 \cup A_2$

heißt **Vereinigungsmenge** (bzw **Vereinigung**) der Mengen A_1 und A_2, falls für ein $x \in A$ gilt:

$x \in A_1$ **oder** $x \in A_2$.

Offensichtlich gelten Kommutativität und Assoziativität:

$A_1 \cup A_2 = A_2 \cup A_1$

$(A_1 \cup A_2) \cup A_3 = A_1 \cup (A_2 \cup A_3) = A_1 \cup A_2 \cup A_3$.

5.1.12 Beispiel

Die Vereinigungsmenge der geraden und der ungeraden Zahlen ist die Menge der natürlichen Zahlen.

$A := A_1 \cup A_2$ und $A_1 \cap A_2 = \emptyset$:

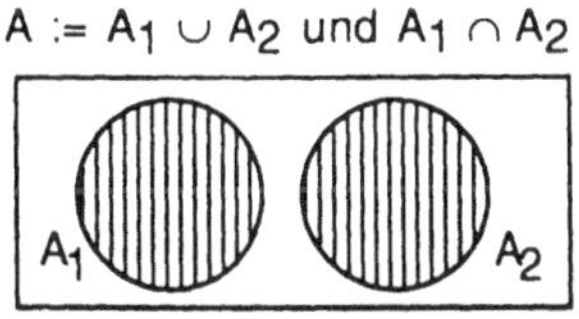

$A := A_1 \cup A_2$ und $A_1 \cap A_2 \neq \emptyset$:

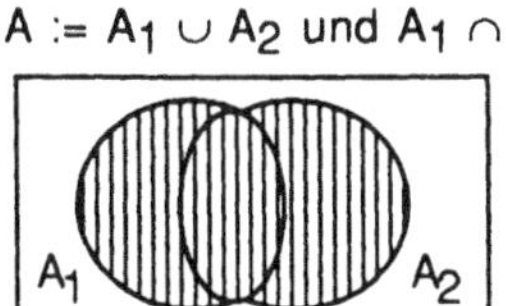

Wie für die Schnittmenge ist die Verallgemeinerung auf K Mengen wichtig: Die Vereinigung aller Mengen wird wie folgt geschrieben:
Seien $A_1, A_2, \dots, A_K$ Mengen, dann ist

$$\bigcup_{k=1}^{K} A_k = A_1 \cup A_2 \cup \dots \cup A_K =: A$$

5.1.13 Definition (Negation (Komplement))
Eine Menge $\bar{A}$ heißt **Negation** oder **Komplement** der Menge A, bzw. die Menge aller Ereignisse, die nicht in A sind, falls für ein beliebiges Element x folgendes gilt:

$$x \in \bar{A} \Leftrightarrow x \notin A,$$

d.h. $A, \bar{A} \in \Omega$, $\bar{A} \cap A = \emptyset$, $\bar{A} \cup A = \Omega$

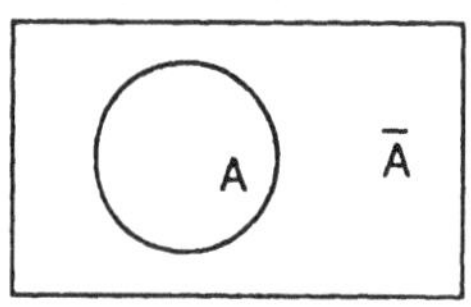

5.1.14 Definition (Partition)
Eine Menge von Teilmengen heißt **Partition** oder **Zerlegung** von A, falls gilt:

$$A = \bigcup_{k=1}^{K} A_k \quad \text{und}$$

$$A_k \cap A_i = \emptyset \quad \forall\, k, i \in \{1,2,\dots,K\} \text{ mit } k \neq i.$$

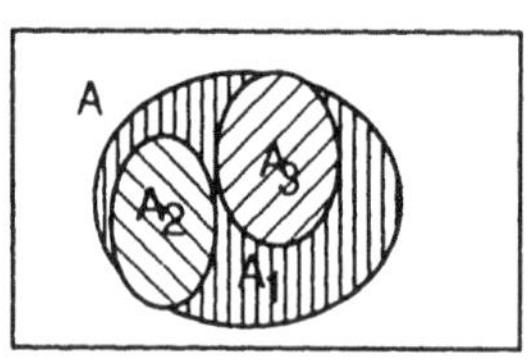

5.1.15 Definition (Differenz (A ohne B))
Eine Menge wird als **Differenzmenge**

$$A \setminus B =: C$$

bezeichnet, falls für alle $x \in C$ gilt: $x \in A$ und $x \notin B$.

5.1.16 Bemerkung

1. $A \cap B = \emptyset \Rightarrow A \setminus B = A$

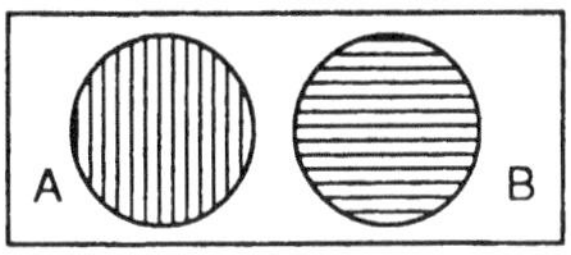

2. $A \setminus B =: C$ und $A \cap B \neq \emptyset$

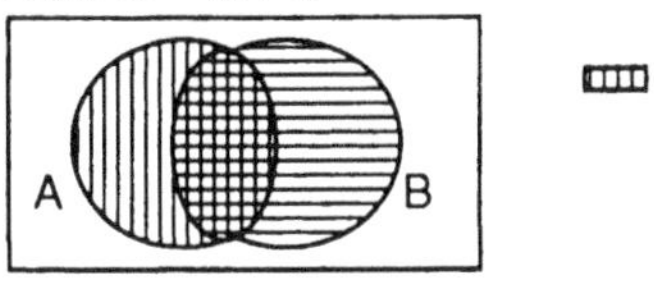

C

Offensichtlich gilt

$$x \in A \setminus B \Leftrightarrow x \in A \cap \overline{B}.$$

5.1.17 Satz (Gesetze von de Morgan)

1. $\overline{A \cup B} = \overline{A} \cap \overline{B}$

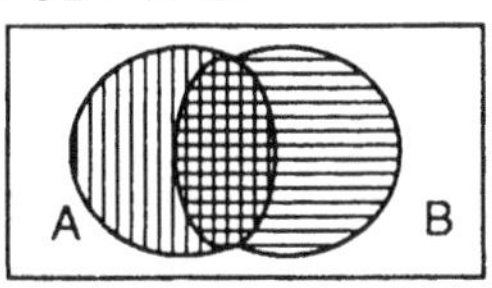

$\overline{A \cup B}$

2. $\overline{A \cap B} = \overline{A} \cup \overline{B}$

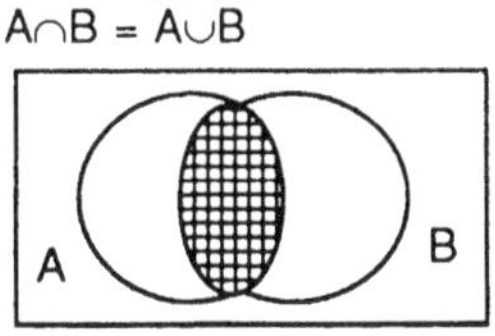

$\overline{A \cap B}$

Beweis:

1. Die linke Seite $\overline{A \cup B}$ bedeutet, daß x weder in A noch in B ist, d.h. $x \notin A$ und $x \notin B \Leftrightarrow x \in \overline{A}$ und $x \in \overline{B} \Leftrightarrow x \in \overline{A} \cap \overline{B}$; dies ist jedoch die rechte Seite.
2. Die linke Seite $\overline{A \cap B}$ bedeutet, daß x weder in A noch in B ist, d.h. $x \notin A$ oder $x \notin B \Leftrightarrow x \in \overline{A}$ oder $x \in \overline{B} \Leftrightarrow x \in \overline{A} \cup \overline{B}$; dies ist jedoch die rechte Seite. ■

5.2 Ereignisse

Die Beschreibung von Ereignissen mit Hilfe der oben zusammengestellten Mengenoperationen kann nun wie folgt vorgenommen werden:
Ein Geschehen, das verschiedene sich wechselseitig ausschließende Ergebnisse haben kann, deren Eintreten nicht exakt vorausgesagt werden kann, nennen wir ein **Zufallsexperiment** oder einen **stochastischen Vorgang**.

5.2.1 Definition

Die Menge Ω, deren Elemente alle möglichen Ausgänge eines stochastischen Vorgangs sind, heißt **(Elementar-)Ereignisraum.**
Hat Ω höchstens abzählbar unendlich viele Elemente, dann nennt man den Ereignisraum **diskret**.
Jede Teilmenge von Ω, also alle Elemente der Potenzmenge von Ω, heißen **Ereignisse**. Insbesondere sind also alle Elementarereignisse auch Ereignisse; aber ein Ereignis muß kein Elementarereignis sein.

5.2.2 Beispiel

Die Flutmarken bei N aufeinander folgenden Fluten $\Omega = \{F_1, F_2, \ldots, F_N\}$, wobei o.B.d.A. $F_1 < F_2 < \ldots < F_N$ sei. Dann ist

$$\mathbf{P}(\Omega) = \{\emptyset, \{F_1\}, \{F_2\}, \ldots, \{F_N\}, \{F_1, F_2\}, \{F_1, F_3\}, \ldots, \{F_1, F_2, \ldots, F_N\}\}.$$

Jede einzelne Flutmarke ist also sowohl Elementarereignis als auch Ereignis; aber das Ereignis, die Flut habe eine Höhe von höchstens F_4, also die Menge $\{F_1, F_2, F_3, F_4\}$ ist zwar ein Ereignis, aber kein Elementarereignis mehr:

$$\{F_1, F_2, F_3, F_4\} \in \mathbf{P}(\Omega) \text{ und damit}$$

$$\{F_1, F_2, F_3, F_4\} \subset \Omega, \text{ aber } \{F_1, F_2, F_3, F_4\} \notin \Omega.$$

Die oben aufgeführten Mengenoperationen können nun folgendermaßen auf solche Ereignisse übertragen werden:
Seien A und B zwei Ereignisse; folgt aus dem Eintreten von A stets das Eintreten von B, dann ist A Teilmenge von B:

$$\text{aus A folgt B} \Leftrightarrow A \subseteq B.$$

Folgt aus dem Eintreten von A stets das Eintreten von B und umgekehrt, d.h. gilt $A \subseteq B$ und $B \subseteq A$, dann sind die Ereignisse A und B identisch.
Treten mehrere Ereignisse $A_1, A_2, \ldots, A_K$ **gleichzeitig** ein, dann tritt auch der Durchschnitt $A = \bigcap_{k=1}^{K} A_k$ ein und umgekehrt.

Für die Schnittmengen-Beschreibung gibt es viele Sprechweisen, die auch in der Statistik große Anwendung finden, z.B. für

1. A_1 und A_2 sind disjunkt:

   Schnitt $A_1 \cap A_2$ ist leer;

   Ereignisse A_1, A_2 können nicht zusammen auftreten;

   Ereignisse A_1 und A_2 schließen sich gegenseitig aus;

   das gleichzeitige Zutreffen der Ereignisse A_1 und A_2 ist unmöglich.

2. A_1 und A_2 sind nicht disjunkt:

   Schnitt $A_1 \cap A_2$ ist nicht leer;

   Ereignisse A_1, A_2 können zusammen auftreten, sind gleichzeitig möglich.

5.2.3 Beispiel

Sei A_i, $i \in \{1,...,N\}$, das Ereignis, daß Teilsystem i arbeitet und es sei A für das Serien-System gemäß folgender Abbildung das Ereignis, daß das Gesamtsystem arbeitet.

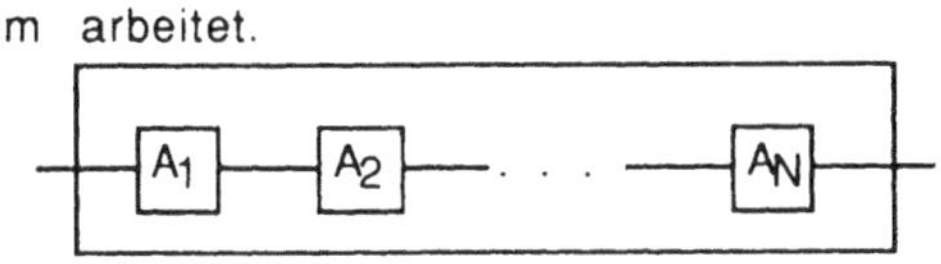

Hier gilt

$$A = \bigcap_{k=1}^{K} A_k.$$

5.2.4 Beispiel

Sei A_i, $i \in \{1,...,N\}$, das Ereignis, daß Teilsystem i arbeitet und es sei A für das Parallel-System gemäß folgender Abbildung das Ereignis A, daß das Gesamtsystem arbeitet.

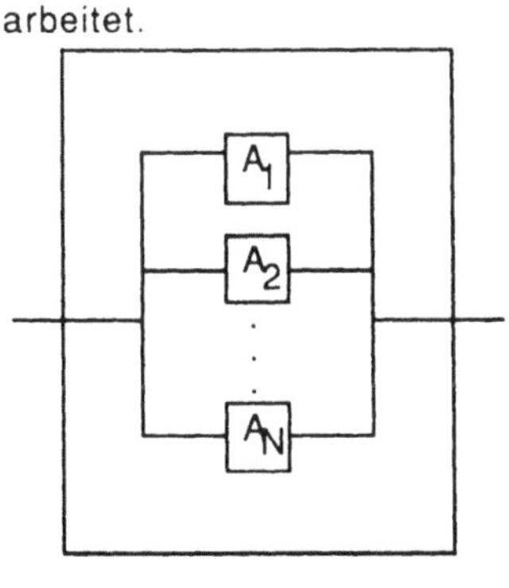

Hier gilt

$$A = \bigcup_{k=1}^{K} A_k.$$

5.2.5 Definition

Man bezeichnet die leere Menge ø als **unmöglliches Ereignis** und die Menge aller Ereignisse Ω als **sicheres Ereignis**.

5.3 Aufgaben

Aufgabe 5.3.1

Sei A_i das Ereignis, daß Teilsystem i arbeitet.

Wie ist das Ereignis *System A arbeitet* mengentheoretisch darzustellen?

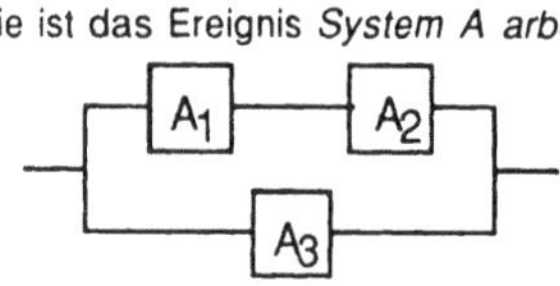

Aufgabe 5.3.2

Beweisen Sie: $A \subseteq B \Rightarrow \overline{A} \supseteq \overline{B}$

6 Kombinatorik

In diesem Kapitel werden wir uns dem Begriff "Wahrscheinlichkeit" insofern nähern, als Grundlagen für die Bestimmung der sogenannten *klassischen* Wahrscheinlichkeit bereitgestellt werden. Dieser *klassische* Wahrscheinlichkeitsbegriff knüpft an die Häufigkeitsdarstellungen aus Kapitel 2 an. Er geht davon aus, daß die Wahrscheinlichkeit für das Eintreten eines Ereignisses der Häufigkeit des Eintretens dieses Ereignisses entspricht. Dazu wird die Anzahl der Fälle, bei denen das entsprechende Ereignis eintritt, zu allen möglichen Fällen ins Verhältnis gesetzt (relative Häufigkeit).
Offensichtlich müssen dafür einige Voraussetzungen erfüllt sein: Der Ereignisraum Ω darf nur endlich viele Elemente enthalten, und jedes Elementarereignis hat dieselbe Chance des Auftretens.
Der klassische Wahrscheinlichkeitsbegriff setzt dann die Anzahl der Elemente eines Ereignisses A ins Verhältnis zur Anzahl der Elemente von Ω:

$$\text{Wahrscheinlichkeit von A} = \frac{|A|}{|\Omega|}$$

Es wird also im folgenden darum gehen, die Anzahl der Elemente von Mengen zu bestimmen. Dieses Abzählen der Elemente hängt unmittelbar mit der Struktur der Menge zusammen. Diese Struktur läßt sich mit Hilfe des sogenannten Urnenmodells beschreiben.

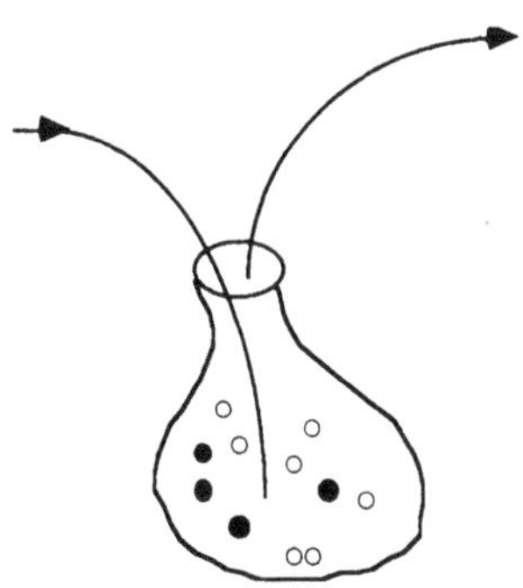

Dazu nimmt man an, in einer Urne befänden sich N Lose, von denen n Lose zufällig gezogen werden. Dabei sind die folgenden vier Ziehungsarten zu unterscheiden:
Ziehen mit Zurücklegen und mit Berücksichtigung der Reihenfolge,
Ziehen ohne Zurücklegen und mit Berücksichtigung der Reihenfolge,
Ziehen ohne Zurücklegen und ohne Berücksichtigung der Reihenfolge,
Ziehen mit Zurücklegen und ohne Berücksichtigung der Reihenfolge.

6.1 Fakultät und Binomialkoeffizient

Für die folgenden Überlegungen brauchen wir den Begriff der Fakultät und des Binomialkoeffizienten.

6.1.1 Definition (Fakultät)

Für $z \in \mathbf{Z}$ heißt z! **Fakultät** z, bzw. **Fakultät von z**, und ist wie folgt definiert:

$$
\begin{array}{ll}
z! = z\cdot(z-1)\cdot(z-2)\cdot\ldots\cdot 3\cdot 2\cdot 1 & \text{für } z>0 \\
0! = 1 & [\text{man beachte: } 0 \neq 0!] \\
z! = 1 & \text{für } z<0
\end{array}
$$

Der Begriff der Fakultät ist von großer allgemeiner Bedeutung, wie z.B. seine Verwendung in der Entwicklung von

$$e^x = \sum_{k=0}^{\infty} \frac{x^k}{k!}$$

zeigt. Zur Rechnung mit Fakultäten beachte man, daß z! sehr schnell sehr groß wird, aber $N^N > N!$.

6.1.2 Definition (Binomialkoeffizient)

Für $n \in \mathbf{N}$, $N \in \mathbf{Z}$ heißt

(1) $$B(N,n) := \binom{N}{n} = \frac{N!}{n!(N-n)!}.$$

Binomialkoeffizient.

(Die Sprechweise ist: "*N über n*", oder "*n aus N*".)

Offensichtlich gilt die Symmetrie

(2) $$B(N,n) \equiv B(N,N-n) = \binom{N}{N-n} = \frac{N!}{(N-n)!n!}$$

Dies bedeutet, daß es gleichgültig ist, ob man n aus N auswählt, oder N-n aus N auswählt.

6.1.3 Beispiel

Die Binomial-Koeffizienten für n aus N

N \ n	0	1	2	3	4	5
0	1					
1	1	1				
2	1	2	1			
3	1	3	3	1		
4	1	4	6	4	1	
5	1	5	10	10	5	1
6	1	6	15	20	15	6
7	1	7	21	35	35	21
8	1	8	28	56	70	56
9	1	9	36	84	126	126
10	1	10	45	120	210	252
11	1	11	55	165	330	462
12	1	12	66	220	495	792
13	1	13	78	286	715	1287
14	1	14	91	364	1001	2002
15	1	15	105	455	1365	3003
16	1	16	120	560	1820	4368
17	1	17	136	680	2380	6188
18	1	18	153	816	3060	8568
19	1	19	171	969	3876	11628
20	1	20	190	1140	4845	15504

6.1.4 Satz (Der Binomische Lehrsatz)

Für a,b ∈ **R** und n ∈ **N** gilt:

(3) $$(a+b)^n = \sum_{k=0}^{n} \binom{n}{k} a^k b^{n-k}.$$

Beweis:

Durch Induktion nach n:

<u>Induktionsanfang:</u>

$$n = 0: \quad (a+b)^0 = 1 = \sum_{k=0}^{0} \binom{0}{k} a^k b^{0-k}.$$

Dann ergibt sich für die rechte Seite ein einziger Summand für k = 0:

$$\binom{0}{0} a^0 b^0 = \binom{0}{0} 1\ 1 = \frac{0!}{0!\,0!} = 1.$$

Beginnt man die Induktion mit n=1 bzw. mit n=2, dann erhält man folgende wohlbekannte Gleichungen:

$$n = 1: \quad (a+b)^1 = a + b = \sum_{k=0}^{1} \binom{1}{k} a^k b^{1-k}$$

$$= \binom{1}{0} a^0 b^1 + \binom{1}{1} a^1 b^0 = \binom{1}{0} b + \binom{1}{1} a = a + b,$$

$$n = 2: \quad (a+b)^2 = \sum_{k=0}^{2} \binom{2}{k} a^k b^{2-k}$$

$$= \binom{2}{0} a^0 b^2 + \binom{2}{1} a^1 b^1 + \binom{2}{2} a^2 b^0 = b^2 + 2ab + a^2.$$

<u>Induktionsannahme:</u>
Sei die Behauptung für n = N richtig, d.h.

$$(a+b)^N = \sum_{k=0}^{N} \binom{N}{k} a^k b^{N-k}.$$

<u>Induktionsschluß:</u>
Es ist zu zeigen

$$(a+b)^{N+1} = \sum_{k=0}^{N+1} \binom{N+1}{k} a^k b^{N+1-k}.$$

Wegen der Induktionsannahme gilt:

$$(a+b)^N(a+b) = \left[\sum_{k=0}^{N} \binom{N}{k} a^k b^{N-k}\right](a+b)$$

$$= \binom{N}{0} ab^N + \binom{N}{1} a^2 b^{N-1} + \binom{N}{2} a^3 b^{N-2} + \ldots + \binom{N}{N-1} a^N b^1 + \binom{N}{N} a^{N+1} b^0$$

$$+ \binom{N}{0} a^0 b^{N+1} + \binom{N}{1} a^1 b^N + \binom{N}{2} a^2 b^{N-1} + \ldots + \binom{N}{N-1} a^{N-1} b^2 + \binom{N}{N} a^N b.$$

Zusammenfassung gleicher Terme ergibt:

$$\binom{N}{0} ab^N + \left[\binom{N}{1} + \binom{N}{2}\right] a^2 b^{N-1}$$

$$+ \left[\binom{N}{2} + \binom{N}{3}\right] a^3 b^{N-2}$$

$$\vdots$$

$$+ \left[\binom{N}{N-1} + \binom{N}{N}\right] a^N b + \binom{N}{N} a^{N+1} b^0$$

Die mittleren Binomial-Terme geben jeweils

$$\binom{N}{k} + \binom{N}{k+1} = \binom{N+1}{k+1} \qquad k = 0,1,2,\ldots,N\text{-}1$$

und

$$\binom{N}{0} = \binom{N+1}{0} = \binom{N}{N} = \binom{N+1}{N+1} = 1.$$

Damit ist die Behauptung bewiesen. ■

Mit diesen Hilfsmitteln können nun die vier Urnenmodelle untersucht werden.

6.2 Ziehen mit Zurücklegen, mit Berücksichtigung der Reihenfolge

In einer Urne seien N durchnumerierte (also wechselseitig unterscheidbare) Lose; aus dieser Urne wird zufällig ein Los gezogen, seine Nummer notiert und das Los wieder in die Urne zurückgelegt. Dieser Vorgang werde n mal durchgeführt.

6.2.1 Satz:

Es gibt N^n Möglichkeiten n Lose aus N Losen mit Wiederholung und mit Berücksichtigung der Reihenfolge zu ziehen.

Beweis:
Vollständige Induktion nach n:
Für n=1 gibt es nur die Möglichkeit das Los 1,2,...oder N zu ziehen, also insgesamt $N = N^1$ Möglichkeiten.
Sei nun n>1 und die Anzahl der Ziehungsmöglichkeiten N^n .
Alle Möglichkeiten bei n+1 Ziehungen erhält man dadurch, daß man zu allen Möglichkeiten bei n Ziehungen als Ergebnis der (n+1)-ten Ziehung nacheinander die Lose 1,2,...,N hinzufügt.
Insgesamt ergeben sich dann $N \cdot N^n = N^{n+1}$ Möglichkeiten. ■

6.2.2 Beispiele:

1. N=5, n=2: $N^n = 5^2 = 25$

2. Sonderfall n=N; nacheinander werden ebensoviel Ziehungen vorgenommen wie Lose in der Urne sind.

3. Man betrachte ein Merkmal, dessen Ausprägungen in mehrere Teile zerlegt werden können, z.B. die Signatur eines Buches etwa aus der Bibliothek der Universität der Bundeswehr Hamburg: "vwl 895 J 2+2"
   Die verschiedenen Teile der Ausprägung sind:
   Teil 1: 3 Buchstaben, von denen jeder 26 Ausprägungen hat, d.h. 26^3.
   Teil 2: Eine Zahl, die jeweils den Wert {9,8,7,6,5,4,3,2,1}, nicht jedoch die 0 annehmen kann (keine führende Null bei einer dreistelligen Zahl in der ersten Position!) d.h., es gibt 9 Ausprägungen.

Teil 3: Zwei Zahlen, die jeweils einen Wert aus {9,8,7,6,5,4,3,2,1,0} annehmen können (nichtführende Nullen bei den Folgeziffern bei einer dreistelligen Zahl in der zweiten und dritten Position sind zulässig!) d.h., es gibt $10^2 = 100$ Ausprägungen

Teil 4: Ein Buchstabe, d.h. wie für das erste Merkmal 26 Ausprägungen.

Für Teile 5 und 7 gilt das für Teil 2 Entsprechende, d.h. jeweils 9 Ausprägungen, und schließlich gibt es nur eine Möglichkeit für den 6. Teil, nämlich das "+" Zeichen.

So folgt für die Signaturmöglichkeiten (ohne Berücksichtigung, ob diese Signaturen alle sinnvoll sind):

$$26^3 \cdot 9 \cdot 100 \cdot 26 \cdot 9 \cdot 1 \cdot 9 = 26^4 \cdot 9^3 \cdot 100 = 33313550400$$

Oder allgemein:

$$n_1 \cdot n_2 \cdot n_3 \cdot \ldots \cdot n_j \cdot \ldots \cdot n_N = \prod_{j=1}^{N} n_j.$$

Hierzu ist $n_j = N$ ein Sonderfall, d.h.

$$n^N = \prod_{j=1}^{N} n_j.$$

Betrachten wir in diesem Sonderfall N=2, so erhalten wir das bekannte Rechtecksschema für die möglichen Kombinationen zweier Merkmale.

6.3 Ziehen ohne Zurücklegen, mit Berücksichtigung der Reihenfolge

In einer Urne seien wieder N durchnumerierte (also wechselseitig unterscheidbare) Lose; aus dieser Urne wird zufällig ein Los gezogen und außerhalb der Urne gelassen. Dieser Vorgang wird n-mal durchgeführt und die gezogenen Lose jeweils den zuvor gezogenen hinzugefügt.
Offensichtlich muß hier $n \leq N$ gelten.

6.3.1 Satz

Die Zahl der Möglichkeiten, n Lose aus einer Gesamtheit von N Losen ohne Zurücklegen und mit Berücksichtigung der Reihenfolge zu ziehen ist:

$$N\,(N-1)\,(N-2)\,(N-3)\ldots(N-n+2)(N-n+1) = n!\binom{N}{n}.$$

Beweis:

Vollständige Induktion nach n:
Für n=1 gibt es nur die Möglichkeit 1,2,...,N; d.h. es gibt N Möglichkeiten

$$N = 1!\binom{N}{1}$$

Sei nun $1 < n \leq N-1$ und die Anzahl der Ziehungsmöglichkeiten

$$n!\binom{N}{n}.$$

Hat man bereits n Lose gezogen, dann bleiben N-n Lose in der Urne zurück. D.h. für den (n+1)-ten Zug hat man (N-n) Möglichkeiten und damit insgesamt

$$[N\,(N-1)\ldots(N-n+1)]\,(N-n) = (n+1)!\binom{N}{n+1}$$

Möglichkeiten, (n+1) Lose zu ziehen. ■

6.3.2 Beispiele:

1. N=5, n=3: N(N-1)(N-2) = 5·4·3 = 60.

2. Sonderfall n=N; nacheinander werden ebensoviel Züge gemacht wie Kugeln in der Urne sind.

6.4 Ziehen ohne Zurücklegen, ohne Berücksichtigung der Reihenfolge; Der Binomialkoeffizient

In der Urne seien jetzt N **nicht** unterscheidbare Kugeln, d.h. die Reihenfolge, in der die Kugeln gezogen werden, kann nicht mehr festgestellt werden.

6.4.1 Satz

Die Anzahl der Möglichkeiten, n Lose aus N Losen ohne Zurücklegen und ohne Berücksichtigung der Reihenfolge zu ziehen, ist:

$$\binom{N}{n} = \frac{N!}{n!(N-n)!} = \frac{N(N-1)\ldots(N-n+1)}{1\cdot 2\cdot\ldots\cdot n}.$$

Beweis:

Nach Satz 6.3.1 gibt es $n!\binom{N}{n}$ Möglichkeiten, n Lose aus N Losen ohne Wiederholung und mit Berücksichtigung der Reihenfolge zu ziehen. Es genügt hier also zu zeigen, daß es zu jeder Auswahl von n Losen n! Möglichkeiten gibt, die Reihenfolge zu verändern:

Hat man n Plätze für n Lose, dann gibt es für das erste Los, das gezogen wird, die Auswahl zwischen n Plätzen, für das 2. Los sind noch (n-1)-Plätze frei, usw. bis zum letzten, dem n-ten Los, für das nur noch genau ein Platz frei ist. D.h. es gibt n (n-1)· ... ·2 · 1 = n! Möglichkeiten, diese Lose auf n Plätze zu verteilen. Da beim Ziehen ohne Beachten der Reihenfolge alle n! verschiedenen Anordnungen als ein und diesselbe angesehen werden, gibt es

$\dfrac{n!\binom{N}{n}}{n!} = \binom{N}{n}$ Möglichkeiten, n Lose aus N Losen ohne Wiederholung und ohne Beachten der Reihenfolge zu ziehen. ■

6.4.2 Beispiele

1. N=3, n=2:

$$\binom{N}{n} = \frac{N!}{(N-n)!n!} = \frac{3!}{2!\,1!} = 3.$$

Die Veranschaulichung ist wie folgt:
Aus den Kugeln { a,b,c } sind zwei auszusuchen, wobei die Reihenfolge unerheblich ist. Insgesamt gibt es sechs u.U. nicht verschiedene Paare:

(**a b**)	(**a c**)
(b a)	(**b c**)
(c a)	*(c b)*.

Die doppelt (aufgrund der Belanglosigkeit der Reihenfolge) auftretenden Paare sind kursiv markiert. D.h. es gibt 3 solche Möglichkeiten.

2. N=5, n=2:

$$\binom{N}{n} = \frac{N!}{(N-n)!n!} = \frac{5!}{2!\,3!} = 10.$$

Die Veranschaulichung ist wie folgt:
Aus den Kugeln { a,b,c,d,e } sind zwei auszusuchen, wobei die Reihenfolge unerheblich ist. Insgesamt gibt es zwanzig u.U. nicht verschiedene Paare:

(. .)	(**a b**)	(**a c**)	(**a d**)	(**a e**)
(*b a*)	(. .)	(**b c**)	(**b d**)	(**b e**)
(*c a*)	(*c b*)	(. .)	(**c d**)	(**c e**)
(*d a*)	(*d b*)	(*d c*)	(. .)	(**d e**)
(*e a*)	(*e b*)	(*e c*)	(*e d*)	(. .).

Die doppelt (aufgrund der Belanglosigkeit der Reihenfolge) auftretenden Paare sind kursiv markiert. D.h. es gibt zehn solche Möglichkeiten.

3. Eine Verallgemeinerung des **B**inomialKoefizienten ist der **Multi**nomialkoeffizient:

$$(4) \qquad M(N,K) = \frac{N!}{n_1!\,n_2!\,n_3!\ldots n_K!}\,;\; n_1+n_2+n_3+\ldots+n_K = N\,,\; 0 \le n_k \le N \;\; (k=1,2,\ldots,K).$$

Ein Beweis erfolgt durch die Rückführung auf eine Produktfolge von Binomialkoeffizienten:

$$(5) \qquad M(N,K) = \binom{N}{n_1}\binom{N-n_1}{n_2}\binom{N-n_1-n_2}{n_3}\cdots\binom{N-n_1-n_2-\ldots-n_{K-1}}{n_{K-1}}.$$

(Der Beweis, daß (4) und (5) übereinstimmen, folgt durch Einsetzen des Binomialkoeffizienten in (5).)

Aus N werden K verschiedene Mengen ausgewählt. Statt zweier Gruppen (wie im Binomial-Fall, K=2) werden K Gruppen (im Multinomial-Fall, K≥2) gebildet. M.a.W. die Koeffizienten geben an, auf wieviele Weisen man die Menge von N Elementen in 2 bzw K Teilmengen zerlegen kann.

4. N=4, K=3:

$$\frac{N!}{n_1!\,n_2!\,n_3!} = \frac{4!}{n_1!\,n_2!\,n_3!}.$$

Die Veranschaulichung für $n_1 = 2$, $n_2 = 1$, $n_3 = 1$:

Aus den Kugeln { a,b,c,d } sind drei Gruppen zu bilden, wobei die Reihenfolge unerheblich ist. Insgesamt gibt es zwölf Möglichkeiten:

$$\frac{4!}{n_1!\,n_2!\,n_3!} = \frac{4!}{2!\,1!\,1!} = 12$$

(a b)	(c)	(d)	und	(a b)	(d)	(c)
(a c)	(b)	(d)	und	(a c)	(d)	(b)
(a d)	(b)	(c)	und	(a d)	(c)	(b)
(b c)	(a)	(d)	und	(b c)	(d)	(a)
(b d)	(a)	(c)	und	(b d)	(c)	(a)
(c d)	(a)	(b)	und	(c d)	(b)	(a)

5. N=6, K=3:

$$\frac{N!}{n_1!\,n_2!\,n_3!} = \frac{6!}{n_1!\,n_2!\,n_3!}.$$

Die Veranschaulichung für $n_1 = 2$, $n_2 = 3$, $n_3 = 1$:

Aus den Kugeln {a,b,c,d,e,f} sind drei Gruppen zu machen, wobei die Reihenfolge unerheblich ist. Insgesamt gibt es sechzig Möglichkeiten:

$$\frac{6!}{n_1!\,n_2!\,n_3!} = \frac{6!}{2!\,3!\,1!} = 60.$$

6.5 Ziehen mit Zurücklegen, ohne Berücksichtigung der Reihenfolge

6.5.1 Satz

Beim Ziehen mit Zurücklegen und ohne Berücksichtigung der Reihenfolge gibt es $\binom{N+n-1}{n}$ Ziehungsmöglichkeiten.

Beweis: (Feller, S.36-37)

Die *Urne* besteht aus n *Teilurnen* (Zellen, Plätzen, Löchern...), in denen jeweils die Kugeln sein müssen. Die Zahl der Möglichkeiten für die Wahl ist also die unterschiedliche Zahl der Belegungen der Zellen durch Kugeln. Sei r_i (i=1,2,...,n) die Zahl der Kugeln einer Zelle mit

$$r \geq r_i \geq 0;\; r_1 + r_2 + \ldots + r_n = r.$$

Da es auf die Reihenfolge nicht ankommt, sind nur die unterschiedlichen Belegungen für die Wahl von Interesse.

Dafür stelle man eine spezielle Verteilung $\{r_i,\ i=1,2,\ldots n\}$ durch folgendes Strich/Stern-Muster dar, z.B. für 6 Zellen, 8 Kugeln

(6) | *** | * | | | | **** |

mit der Belegung 3 1 0 0 0 4

Jede der Zellen wird durch zwei Striche eingerahmt, jede Kugel durch einen Stern repräsentiert. Ein ***jedes*** solches Strich/Stern-Muster beginnt mit einem Strich |, endet mit einem Strich |, und zwischen Anfangsstrich und Endstrich können die übrigen n+r-1 Symbole (r Kugeln, n-1 weitere Trennstriche) beliebig verteilt werden. Damit folgt für die Kugeln, daß sie aus n+r-1 Möglichkeiten ausgewählt werden können, d.h. es gibt

$$\binom{n+r-1}{r}$$

unterschiedliche Möglichkeiten der Belegung. Entsprechend folgen für die frei wählbaren Trennzeichen

$$\binom{n+r-1}{n-1}$$

unterschiedliche Möglichkeiten der Belegung.

Selbstverständlich sind beide Zahlen für die Möglichkeiten gleich:

$$\text{(7)} \qquad \binom{n+r-1}{n-1} = \binom{n+r-1}{r}$$

Die Identität folgt aus der unmittelbaren Auswertung der Binomialkoeffizienten:

$$\frac{(n+r-1)!}{(n-1)!\,r!} = \binom{n+r-1}{n-1} = \binom{n+r-1}{r} = \frac{(n+r-1)!}{r!\,(n-1)!}.$$

Ein Sonderfall ist der, in dem in jeder Zelle mindestens eine Kugel auftaucht, d.h. keine Zelle leerbleibt, bzw. daß keine zwei Striche nebeneinander stehen. Mit r Sternen ist dann auf jeden Fall eine Kugel festgelegt, m.a.W. die n-1 frei wählbaren Trennzeichen können nur an r-1 potentiellen Positionen stehen, d.h. die Zahl unterschiedlicher Belegungsmöglichkeiten bei Vorgabe einer Kugel je Zelle ist

$$\text{(8)} \qquad \frac{(r-1)!}{(n-1)!\,(r-n)!} = \binom{r-1}{n-1} = \binom{r-1}{r-n} = \frac{(r-1)!}{(r-n)!\,(n-1)!}.$$

■

6.5.2 Beispiel

Sei n=6, r=8:

$$\text{(7)'} \qquad \frac{(6+8-1)!}{(6-1)!8!} = \binom{6+8-1}{6-1} = \binom{6+8-1}{8} = \frac{(6+8-1)!}{8!(6-1)!} = \frac{13!}{8!5!} = \frac{13!}{8!5!} = 1287$$

$$\text{(8)'} \qquad \frac{7!}{5!2!} = \binom{8-1}{6-1} = \binom{7}{5} = \frac{7!}{2!5!} = 21$$

Für ein einfacheres Beispiel, das sich *per Hand* überprüfen läßt, betrachten wir n=2, r=4:

$$(7)'' \quad \frac{(2+4-1)!}{(2-1)!4!} = \binom{2+4-1}{2-1} = \binom{2+4-1}{4} = \frac{(2+4-1)!}{4!(2-1)!} = \frac{5!}{4!1!} = 5$$

$$(8)'' \quad \frac{3!}{1!2!} = \binom{4-1}{2-1} = \binom{3}{1} = \frac{3!}{1!2!} = 3$$

Die zugehörigen Strich/Stern-Muster sind:

```
| * * * * |         |
|         | * * * * |
| * * *   | *       |
| * *     | **      |
| *       | * * *   |
```

bzw

```
| * * *   | *       |
| **      | **      |
| *       | ***     |
```

Eine Übersicht faßt die Möglichkeiten zusammen:

Vier mögliche verschiedene Ziehungen im Urnenmodell

Ziehungsmodus / Urnenmodell	Ziehen von n Losen aus N mit Beachten der Reihenfolge: n-Variation	Ziehen von n Losen aus N ohne Beachten der Reihenfolge: n-Kombination
Ziehen von n Losen aus N ohne Zurücklegen	$N(N-1) \cdot \ldots \cdot (N-n+1)$ speziell n=N: N! Permutationen	$\binom{N}{n} = \frac{N(N-1) \cdot \ldots \cdot (N-n+1)}{n!}$
Ziehen von n Losen aus N mit Zurücklegen	N^n speziell n=N: N^N Permutationen	$\binom{N+n-1}{n} = \frac{(N+n-1)(N+n-2) \cdot \ldots \cdot N}{n!}$

6.6 Aufgaben

Aufgabe 6.6.1

Man benutze den eigenen PC, um die Fakultät z! zu berechnen. Benutzen Sie dazu die *Rekursion*:

$$z! = z\ (z-1)! \qquad (z=1,2,...)$$

Aufgabe 6.6.2

Für die Berechnung der Fakultät n! gibt es Annäherungen, z.B. die Stirlingsche Approximation. Prüfen Sie die Güte der Approximation der Fakultät durch die Stirling-Zahl (vergl.Feller), d.h.

$$n! \approx \sqrt{2\Pi}\, n^{n+(1/2)}\, e^{-n}$$

(Hinweis: Überprüfen Sie für n=0,1,...,20).

Aufgabe 6.6.3

Welche und wieviele Kombinationen gibt es für drei Buchstaben, z.B. für S,P,D?

Aufgabe 6.6.4

Bestimmen Sie die Anzahl verschiedener KFZ-Zeichen für einen bestimmten Landkreis. D.h. nach der Festlegung des Landkreises bleiben höchstens zwei Buchstaben und anschließend eine höchstens vierstellige Zahl.

Aufgabe 6.6.5

Ein weiteres Beispiel zur Kombinatorik ist die Auswahl von Spielkarten: Seien die vier üblichen Spielfarben vorhanden: ♠ ♥ ♦ ♣, sowie für jede Farbe die Karten 7,8,9,10,Bube,Dame,König,As. Das sogenannte Mischen soll sicherstellen, daß jede Karte aus einem Kartenstapel mit gleicher relativer Häufigkeit in die Wahl kommt, d.h. aus 32 Karten die erste Wahl mit 1/32.
Beim Skat erhält jeder der drei Spieler jeweils zehn Karten und die restlichen zwei kommen in den Skat.
Wieviele Möglichkeiten gibt es, daß
a) genau i Buben (i=0,1,2) im Skat liegen,
b) ein bestimmter Spieler genau j Buben (j=0,1,2,3,4) erhält?

[In echten Spielanwendungen sind selbstverständlich andere Fragen interessanter, z.B. wieviel *gute* Möglichkeiten gibt es, beispielsweise vier Asse in einer Hand von sieben zu halten. [Robert Louis Stevenson soll mal gesagt haben: *Im Leben gibt es **nie** gute Karten, sondern immer nur die Chance, schlechte gut zu spielen.*]

Aufgabe 6.6.6

Während eines Fußballturniers treffen vier Mannschaften aufeinander. Jede Mannschaft spielt gegen jede andere. Für einen Sieg gibt es zwei Punkte, für ein Unentschieden für beide jeweils einen Punkt und bei einer Niederlage keinen Punkt.
a) Wieviele Möglichkeiten gibt es für eine Mannschaft, genau vier Punkte zu erhalten?
b) Wieviele verschiedene Möglichkeiten der Punktverteilungen gibt es nach Abschluß des Turniers?

7 Wahrscheinlichkeiten

7.1 Die Axiome der Wahrscheinlichkeit

In diesem Kapitel soll nun der Begriff der Wahrscheinlichkeit für beliebige Ereignisräume eingeführt werden. Gesucht ist also eine Abbildung, die jedem beliebigen Ereignis eine Zahl zuordnet, die als Wahrscheinlichkeit für das Eintreten dieses Ereignisses interpretiert werden kann.

7.1.1 Definition

Sei Ω ein Ereignisraum und $\mathcal{P}(\Omega)$ die Potenzmenge von Ω. Dann heißt eine Abbildung

$$P : \mathcal{P}(\Omega) \to \mathbf{R}$$

Wahrscheinlichkeitsmaß, oder kürzer: **Wahrscheinlichkeit**, wenn sie folgende Axiome erfüllt:

(A1) $0 \leq P(E) \leq 1$ für alle $E \in \mathcal{P}(\Omega)$

(A2) $P(\Omega) = 1$

(A3) Für alle paarweise disjunkten Teilmengen $E_i, E_j \subseteq \Omega$, d.h.

$E_i \cap E_j = \emptyset$, $i \neq j$, gilt:

$$P(\bigcup_i E_i) = \sum_i P(E_i)$$

7.1.2 Bemerkung

Aus diesen Axiomen folgen die weiteren Eigenschaften:

(1) $P(\emptyset) = 0$

(2) $P(\overline{A}) = 1 - P(A)$

(3) $B \subseteq A \Rightarrow P(B) \leq P(A)$

(4) $P(A \cup B) = P(A) + P(B) - P(A \cap B)$

Wegen (A2) wird Ω als **sicheres Ereignis** und wegen (1) wird $\emptyset$ als **unmögliches Ereignis** bezeichnet (s.o. 5.2.5).

Beweis:

(1) $\Omega \cup \emptyset = \Omega$ und $\Omega \cap \emptyset = \emptyset \overset{(A3)}{\Rightarrow} P(\Omega) = P(\Omega) + P(\emptyset) \overset{(A2)}{\Rightarrow} P(\emptyset) = 0$

(2) $A \cap \overline{A} = \emptyset$ und $\Omega = A \cup \overline{A} \overset{(A3)}{\Rightarrow} P(A) + P(\overline{A}) = P(\Omega) \overset{(A2)}{\Rightarrow} P(A) + P(\overline{A}) = 1 \Rightarrow P(\overline{A}) = 1 - P(\overline{A})$

(3) $P(A) = P(B \cap A) + P(\overline{B} \cap A) = P(B) + P(\overline{B} \cap A) \Rightarrow P(B) = P(A) - P(\overline{B} \cap A) \Rightarrow P(B) \leq P(A)$

(4) A läßt sich als Vereinigung zweier disjunkter Teilmengen schreiben:

$$A = (A \setminus B) \cup (A \cap B)$$

Entsprechend gilt für B:

$$B = (B \setminus A) \cup (A \cap B)$$

und

$$A \cup B = (A \setminus B) \cup (B \setminus A) \cup (A \cap B),$$

woraus unmittelbar die Behauptung folgt. ■

7.1.3 Bemerkung

Aus (4) in Bemerkung 7.1.2 folgen die u.U. hilfreichen Abschätzungen:

$$P(A \cup B) \le P(A) + P(B) \qquad \textbf{(Bonferronis 1.Ungleichung)},$$

$$P(A \cap B) \ge 1 - [P(\overline{A}) + P(\overline{B})] \qquad \textbf{(Bonferronis 2.Ungleichung)}.$$

Die Verallgemeinerungen auf beliebig viele Ereignisse sind offenbar:

$$P(\bigcup_{k=1}^{K} A_k) \le \Sigma P(A_k)$$

$$P(\bigcap_{k=1}^{K} A_k) \ge 1 - \Sigma P(\overline{A}_k)$$

7.1.4 Bemerkung

Hat Ω nur endlich viele Elemente, d.h.

$$\Omega = \{ \omega_1, \omega_2, \dots, \omega_n \}$$

und gilt

$$P(\{\omega_1\}) = P(\{\omega_2\}) = \dots = P(\{\omega_n\}),$$

dann können zur Bestimmung von Wahrscheinlichkeiten die Ergebnisse des Kapitels 6 (Kombinatorik) herangezogen werden.

Die Wahrscheinlichkeit für ein Ereignis $A \in \mathcal{P}(\Omega)$ berechnet sich dann aus der Anzahl der Elemente von A im Verhältnis zur Anzahl der Elemente von Ω:

$$P(A) = \frac{|A|}{|\Omega|} = \frac{\text{"Anzahl der günstigen Fälle"}}{\text{"Anzahl der möglichen Fälle"}}$$

7.2 Bedingte Wahrscheinlichkeiten

In vielen Zusammenhängen genügt es, zur Berechnung von Wahrscheinlichkeiten nur Teilmengen des Ereignisraums Ω zu betrachten.

7.2.1 Definition (bedingte Wahrscheinlichkeiten)

Seien $A \neq \emptyset$ und $B \neq \emptyset$ zwei beliebige Ereignisse des Ereignisraums Ω, mit $P(A)>0$ und $P(B)>0$. Dann werden

$$P(A \mid B) := \frac{P(A \cap B)}{P(B)}$$

bzw.

$$P(B \mid A) := \frac{P(A \cap B)}{P(A)}$$

als **bedingte Wahrscheinlichkeiten** bezeichnet.

Damit kann insbesondere die gemeinsame Wahrscheinlichkeit $P(A \cap B)$, d.h. die Wahrscheinlichkeit dafür, daß die beiden Ereignisse A und B zugleich auftreten, berechnet werden:

$$P(A \cap B) = P(A \mid B)\, P(B)$$

bzw.

$$P(A \cap B) = P(B \mid A)\, P(A).$$

7.2.2 Beispiel

Sei Ω die Menge der natürlichen Zahlen zwischen 1 und 20; sei A die Menge der geraden Zahlen in Ω, und sei B die Menge der Zahlen aus Ω, die durch 3 teilbar sind. Dann lassen sich Ω, A und B wie folgt darstellen:

Ω =	{1,**2**,*3*,	**4**,5,	***6***,7,	**8**,*9*,	**10**,11,	***12***,13,	**14**,*15*,	**16**,17,	***18***,19,	**20** }
A =	{ **2**	**4**	**6**	**8**	**10**	**12**	**14**	**16**	**18**	**20** }
B =	{ *3*		*6*	*9*		*12*	*15*		*18*	}

Sei außerdem jedes der 20 Elementarereignisse gleichwahrscheinlich mit 1/20. Damit sind durch unmittelbares Auszählen:

$P(A \cap B) = 3/20,$

$P(A) = 10/20,$

$P(B) = 6/20,$ und damit die bedingten Wahrscheinlichkeiten:

$P(A \mid B) = P(A \cap B)/P(B) = 1/2,$

bzw.

$P(B \mid A) = P(A \cap B)/P(A) = 3/10.$

Mit anderen Worten, sofern B als Ereignisraum betrachtet wird (Bedingung B), dann gibt es 6 Elementarereignisse, von denen 3 gerade sind; sofern hingegen A als Ereignisraum dient (Bedingung A), dann haben wir 10 Elementarereignisse, von den nur 3 (nämlich 6, 12 und 18) durch 3 teilbar sind, und damit Eigenschaft B aufweisen. Mit der bedingten Wahrscheinlichkeit $P(A|B)$ ist also ein Wahrscheinlichkeitsmaß auf dem auf B eingeschränkten Ereignisraum definiert.

7.2.3 Satz (Totale Wahrscheinlichkeit)

Sei $\{A_i \mid i=1,2,...,K, A_i \neq \emptyset\}$ eine Zerlegung des Ereignisraums Ω (s.o. 5.1.14) und $B \subseteq \Omega$ eine beliebige Teilmenge, dann gilt:

$$P(B) = \sum_{i=1}^{K} P(B \mid A_i)\, P(A_i).$$

Beweis:

Aus den Zerlegungseigenschaften ($\bigcup_{i=1}^{K} A_i = \Omega$; $A_i \cap A_j \neq \emptyset$, $i \neq j$) und $B \subseteq \Omega$ folgt:

$$B = B \cap \Omega = B \cap (\bigcup_{i=1}^{K} A_i).$$

Aus dem Distributivgesetz für Vereinigung und Durchschnitt folgt

$$B = \bigcup_{i=1}^{K} (B \cap A_i).$$

Damit folgt für die Wahrscheinlichkeit:

$$P(B) = P[\bigcup_{i=1}^{K} (B \cap A_i)] = \sum_{i=1}^{K} P(B \cap A_i),$$

da alle $B \cap A_i$ disjunkt sind. Mit der Definition der bedingten Wahrscheinlichkeit ergibt sich dann die Behauptung. ■

In Fortführung des Satzes von der totalen Wahrscheinlichkeit ergibt sich der sehr wichtige Begriff der Bayesschen Formel.

7.2.4 Satz (Bayes Formel)

Sei $\{A_i \mid i=1,2,...,K, A_i \neq \emptyset\}$ eine Zerlegung des Ereignisraums Ω und $B \subseteq \Omega$ eine beliebige Teilmenge, dann gilt

(3) $$P(A_k \mid B) = \frac{P(B \mid A_k)\, P(A_k)}{\sum_{i=1}^{K} P(B \mid A_i)\, P(A_i)}, \quad k=1,2,...,K.$$

Beweis:

Aus der Definition der bedingten Wahrscheinlichkeit folgt:

$$P(B \mid A_k)\, P(A_k) = P(A_k \mid B)\, P(B)$$

und damit

$$P(A_k \mid B) = \frac{P(B \mid A_k) P(A_k)}{P(B)}.$$

Mit Ersetzen des Teilers aus Satz 8.1 ist dann alles bewiesen. ■

7.2.5 Beispiel

Vier Abteilungen eines Betriebes fertigen ein bestimmtes Produkt. Aus langjährigen Untersuchungen weiß man, daß Abteilung I mit Wahrscheinlichkeit 0.05, Abteilung II mit Wahrscheinlichkeit 0.01, Abteilung III mit Wahrscheinlichkeit 0.02 und Abteilung IV mit Wahrscheinlichkeit 0.1 Ausschuß produziert. Außerdem kommt ein Fertigungsteil mit Wahrscheinlichkeit von jeweils 0.3 aus Abteilung I oder II, mit Wahrscheinlichkeit von jeweils 0.2 aus Abteilung III oder aus Abteilung IV.

Sei nun D das Ereignis, daß ein Fertigungsteil defekt ist und A_i (i=1,2,3,4) jeweils das Ereignis, daß das Teil von der entsprechenden Abteilung gefertigt wurde. Die Wahrscheinlichkeit, daß ein zufällig der laufenden Produktion entnommenes Fertigungsteil defekt ist, berechnet sich nach dem Satz von der totalen Wahrscheinlichkeit folgendermaßen:

$$P(D) = \sum_{i=1}^{4} P(D \mid A_i)P(A_i) = 0.05 \cdot 0.3 + 0.01 \cdot 0.3 + 0.02 \cdot 0.2 + 0.1 \cdot 0.2 = 0.042$$

Nun habe man ein Fertigungsteil aus der laufenden Produktion entnommen, und es sei defekt.

Nach dem Satz von Bayes berechnet sich die Wahrscheinlichkeit, daß dieses Teil von der Abteilung II gefertigt wurde, folgendermaßen:

$$P(A_2 \mid D) = \frac{P(D \mid A_2)P(A_2)}{\sum_{i=1}^{4} P(D \mid A_i)P(A_i)} = \frac{0.01 \cdot 0.3}{0.042} = 0.0714$$

Wie aus dem Beispiel 7.2.2 offensichtlich ist, stimmen die Wahrscheinlichkeiten P(A) und P(A|B) im Regelfall **nicht** überein (s.o.), aber der Sonderfall der Übereinstimmung ist dennoch möglich und tatsächlich von großer theoretischer und praktischer Bedeutung. Es ist der Begriff der Unabhängigkeit, der dies ermöglicht:

7.2.6 Definition (Unabhängigkeit zweier Ereignisse)

Seien $A \subseteq \Omega$ und $B \subseteq \Omega$; dann heißen A und B **unabhängig**, falls

$$P(A \cap B) = P(A)\,P(B).$$

In Worten heißt das: Bedingung B übt auf A keinen Einfluß aus, *B ist unabhängig von A* und umgekehrt.

Offensichtlich gelten die Äquivalenzen

$$P(A \mid B) = P(A) \Leftrightarrow P(A \cap B)/P(B) = P(A) \Leftrightarrow P(A \cap B) = P(B)\,P(A).$$

Die Verallgemeinerung auf mehr als zwei Ereignisse folgt entsprechend: Seien Ereignisse $A_k \subseteq \Omega$ (k=1,2,...K) gegeben, dann heißen die A_k unabhängig, falls

(4) $$P(\bigcap_{k=1}^{K} A_k) = \prod_{k=1}^{K} P(A_k)$$

Aus der paarweisen Unabhängigkeit von Ereignissen folgt nicht notwendig (4), wie das folgende Beispiel zeigt:

7.2.7 Beispiel

Ω seien die Ergebnisse eines zweifachen Würfelwurfes, d.h. in Matrixdarstellung:

Würfel 1 / Würfel 2	j = 1	2	3	4	5	6
i=1	(1,1)	(1,2)	(1,3)	(1,4)	(1,5)	(1,6)
2	(2,1)	(2,2)	(2,3)	(2,4)	(2,5)	(2,6)
3	(3,1)	(3,2)	(3,3)	(3,4)	(3,5)	(3,6)
4	(4,1)	(4,2)	(4,3)	(4,4)	(4,5)	(4,6)
5	(5,1)	(5,2)	(5,3)	(5,4)	(5,5)	(5,6)
6	(6,1)	(6,2)	(6,3)	(6,4)	(6,5)	(6,6)

Dabei ist jeder einzelnen Ergebnismöglichkeit die Wahrscheinlichkeit 1/36 zugeordnet . Sei

$A_1 = \{ (i,j) \mid i$ gerade$\}$,

$A_2 = \{ (i,j) \mid j$ gerade$\}$ und

$A_3 = \{ (i,j) \mid i$ und j gerade *oder* i und j ungerade$\}$

Durch Abzählen erhält man: $P(A_1) = P(A_2) = P(A_3) = 1/2$.

Zur Unabhängigkeit gelten:

$$P(A_1) \cdot P(A_2) = 1/4 = P(A_1 \cap A_2)$$

$$P(A_1) \cdot P(A_3) = 1/4 = P(A_1 \cap A_3)$$

$$P(A_2) \cdot P(A_3) = 1/4 = P(A_2 \cap A_3)$$

$$P(A_1) \cdot P(A_2) \cdot P(A_3) = 1/8 \neq P(A_1 \cap A_2 \cap A_3) = 0.$$

$A_1 \cap A_2 \cap A_3$ bedeutet ein unmögliches Ereignis.

7.2.8 Beispiel

Ω sei die Menge der gemeingefährlichen Störfälle für K AKWs innerhalb eines bestimmten Monats, d.h. A_k ist der Ausfall des k-ten AKW innerhalb eines Monats. Mit der Annahme, daß die Ausfallwahrscheinlichkeit bei allen AKWs gleich ist (eine sehr strenge Annahme; z.B. willkürlich p=0.0001), und daß sie untereinander unabhängig sind, ist die Wahrscheinlichkeit mindestens eines Ausfalls die Parallelsituation der Abbildung zu Beispiel 5.2.4:

$$P(\bigcap_{k=1}^{K} A_k) = \prod_{k=1}^{K} P(A_k) = 1 - P(\bigcap_{k=1}^{K} \overline{A}_k) = 1 - \prod_{k=1}^{K} P(\overline{A}_k) = 1 - (1-p)^K.$$

Für eine Stadt wie Hamburg mit K=3 sowie mit der Annäherung

$$(1-p)^K \sim 1 - pK$$

ergibt sich: 1 - 0.0003 = 0.9997, bzw. für die Ausfallwahrscheinlichkeit 0.0003, d.h. in 10000 Betriebsmonaten drei Störfälle. Ob das eine erträgliche Gefährdung durch die AKWs ist, ist **keine** wissenschaftliche Frage, wie oft irrtümlicherweise in der Diskussion solcher Probleme suggeriert wird.

7.3 Aufgaben

Aufgabe 7.1:
Zeigen Sie, daß für beliebige Ereignisse A, B und C gilt:

$$P(A \cup B \cup C) = P(A) + P(B) + P(C) - P(A \cap B) - P(B \cap C) - P(A \cap C) + 2P(A \cap B \cap C).$$

Aufgabe 7.2:
Beim Vergleich der drei Fluggesellschaften A, B und C, welche als einzige die Strecke von X nach Y bedienen, wurde insbesondere untersucht, ob das Gepäck der Passagiere korrekt transportiert wird. Dabei stellte sich heraus, daß Gesellschaft A mit der Wahrscheinlichkeit 0.001, Gesellschaft B mit der Wahrscheinlichkeit 0.002 und Gesellschaft C mit der Wahrscheinlichkeit 0.01 das Gepäck eines Passagiers fehlleitet. Die Wahrscheinlichkeit, bei zufälliger Auswahl eines Flugzeuges für die Strecke von X nach Y in einem Flugzeug der Fluggesellschaft A zu sitzen, beträgt 0.5; für Fluggesellschaft B beträgt sie 0.3 und für Fluggesellschaft C 0.2.

a) Ein Passagier wählt zufällig eine Maschine aus. Mit welcher Wahrscheinlichkeit wird sein Gepäck nicht fehlgeleitet?

b) Ein Passagier kommt in Y an und sein Gepäck fehlt. Mit welcher Wahrscheinlichkeit saß er in einer Maschine der Gesellschaft B?

c) Sind die beiden Ereignisse
E_1: "Ein Passagier fliegt mit Fluggesellschaft A" und
E_2: "Sein Gepäck wird fehlgeleitet"
voneinander unabhängig?

8 Zufallsvariable und Verteilungen

Bei der Bestimmung von Wahrscheinlichkeiten stößt man häufig auf Schwierigkeiten, die zugrundeliegenden Ereignisse *richtig* zu beschreiben. Dies läßt sich dadurch überwinden, daß man die Wahrscheinlichkeit nicht unmittelbar als Abbildung von $\mathcal{P}(\Omega)$ nach dem Intervall [0,1] betrachtet, sondern vorher den Ereignisraum Ω in die reellen Zahlen abbildet. Dadurch erhält man einen neuen Ereignisraum, dessen Elemente reelle Zahlen sind. Bildet man auf dieser Menge von reellen Zahlen ein $\mathcal{P}(\Omega)$ entsprechendes Mengensystem, dann entsprechen die gemäß der Abbildung von Ω nach **R** abgebildeten Ereignisse den "Originalereignissen". Mit einem durch die gleiche Abbildung erzeugten Wahrscheinlichkeitsmaß auf dem von **R** erzeugten Mengensystem lassen sich dann die entsprechenden Wahrscheinlichkeiten bestimmen.

8.1 Zufallsvariable

8.1.1 Definition (Zufallsvariable)
Eine Abbildung

$$X: \Omega \to \mathbf{R}$$

mit der Eigenschaft, daß das Urbild eines jeden Intervalls aus **R** ein Ereignis aus $\mathcal{P}(\Omega)$ ist, heißt **Zufallsvariable**.

8.1.2 Bemerkung
Werden durch Ω die Ereignisse eines Zufallsvorganges beschrieben und lassen sich diesen Ergebnissen eindeutig reelle Zahlen zuordnen, dann entspricht diese Zuordnung einer Zufallsvariablen.

8.1.3 Beispiel
Bei einem Tennisturnier tritt der Spieler B zu insgesamt 3 Spielen an. Jedes Spiel gilt als gewonnen, wenn ein Spieler 2 Sätze gewonnen hat. Der Ereignisraum, der die gewonnenen Sätze pro Spiel für B beschreibt, ist

$$\begin{aligned}\Omega = \{ & (0,0,0),\\ & (0,0,1),(0,1,0),(1,0,0),\\ & (0,1,1),(1,0,1),(1,1,0),(2,0,0),(0,2,0),(0,0,2),\\ & (1,1,1),(0,1,2),(1,0,2),(1,2,0),(0,2,1),(2,0,1),(2,1,0),\\ & (0,2,2),(2,0,2),(2,2,0),(2,1,1),(1,2,1),(1,1,2),\\ & (2,2,1),(2,1,2),(1,2,2),\\ & (2,2,2)\}\end{aligned}$$

Betrachtet man nun die Anzahl der in den drei Spielen insgesamt gewonnenen Sätze, dann erhält man die Abbildung $X\colon \Omega \to \mathbf{R}$ mit

$X(0,0,0) = 0$
$X(0,0,1) = X(0,1,0) = X(1,0,0) = 1$
$X(0,1,1) = X(1,0,1) = X(1,1,0) = X(2,0,0) = X(0,2,0) = X(0,0,2) = 2$
$X(1,1,1) = X(0,1,2) = X(1,0,2) = X(1,2,0) =$
$X(0,2,1) = X(2,0,1) = X(2,1,0) = 3$
$X(0,2,2) = X(2,0,2) = X(2,2,0) = X(2,1,1) = X(1,2,1) = X(1,1,2) = 4$
$X(2,2,1) = X(2,1,2) = X(1,2,2) = 5$
$X(2,2,2) = 6$

Ein Funktionswert x von X, also die Zahl $x \in \mathbf{R}$, deren Urbild $X^{-1}(x)$ ein Ereignis $A \in \mathcal{P}(\Omega)$ ist, d.h. für die gilt $X(A) = x$, heißt **Realisierung** oder **Realisation** der Zufallsvariablen X.

8.2 Verteilung

8.2.1 Definition (Verteilungsfunktion)

Die Funktion $F\colon \mathbf{R} \to [0,1]$, die jedem Intervall $(-\infty,x]$ die Wahrscheinlichkeit

$$P(\{\omega \in \Omega \mid X(\omega) \in (-\infty,x]\})$$

zuordnet, heißt **Verteilungsfunktion** der Zufallsvariablen X.

8.2.2 Bemerkung

Offenkundig ist F eine in x monoton wachsende Funktion, deren Werte nicht negativ und nicht größer als 1 werden können.
Die übliche Schreibweise ist:

$$F(x) = P(X \le x) = P(\{\omega \mid X(\omega) \le x\})$$

8.2.3 Definition (Zähldichte)

Sei Ω eine Menge mit höchstens abzählbar vielen Elementen; dann heißt die Funktion $f\colon \mathbf{R} \to [0,1]$ mit $f(x) = P(X=x) = P(\{\omega \mid X(\omega) = x\})$ **Wahrscheinlichkeitsfunktion** oder **Zähldichte** der Zufallsvariablen X.
X heißt diskrete Zufallsvariable.

8.2.4 Bemerkung (Verteilung der diskreten Zufallsvariablen)

Bei diskreten Zufallsvariablen läßt sich die Verteilungsfunktion folgendermaßen schreiben:
Sei o.B.d.A. $x_1 \le x_2 \le \ldots \le x_k, \ldots$ dann wird

$$F_k := F(x_k) := P[X \le x_k] = \sum_{i=1}^{k} p_i = \sum_{i=1}^{k} P(X=x_i)$$

als **Verteilung von X** bezeichnet.
Dafür gilt:

(i) $0 \le F_k \le 1$
(ii) $0 = F_1$
(iii) F_k ist monoton *nicht*fallend (monoton steigend).

Der Beweis folgt unmittelbar aus den Eigenschaften der Zähldichte.
M.a.W. die Verteilung ist eine von links nach rechts nichtfallende Treppenfunktion, wie folgendes Schema verdeutlicht:

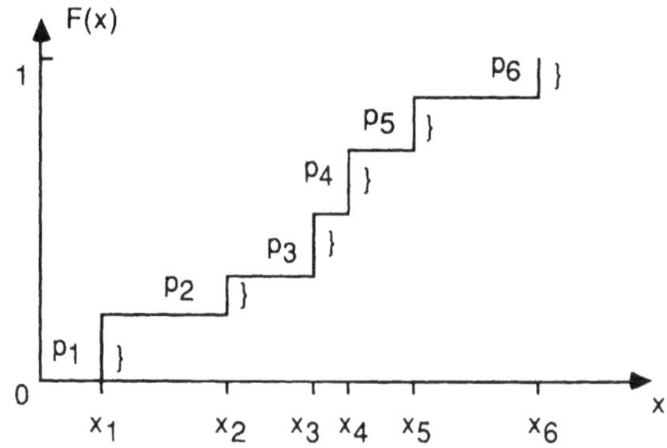

Das Schema einer Verteilung

8.2.5 Bemerkung

Falls Ω endlich ist, d.h. es gibt nur die Realisierungen $x_1, x_2, \ldots, x_K$, entspricht die Verteilungsfunktion der empirischen Verteilungsfunktion (siehe Kapitel 2). Der Wertebereich erstreckt sich von null nach eins:

$$F_{1-} := F(x_{1-}) := P[X<x_1] = 0$$

$$F_{K+} := F(x_{K+}) := P[X<x_K+d] = 1 \quad (d>0).$$

Der Begriff der Verteilung erlaubt, die Wahrscheinlichkeit für beliebige Bereiche anzugeben:

$$P[u \le X \le o] = F_o - F_u.$$

Dabei ist genau auf die (jeweilige) Definition von F_i zu achten, d.h. etwa:

$$P[u< X <o] = F_{o-1} - F_u$$

$$P[u\le X <o] = F_{o-1} - F_{u-1}$$

$$P[u< X \le o] = F_o - F_u$$

$$P[u\le X \le o] = F_o - F_{u-1}.$$

Ebenso läßt sich die Zähldichte aus der Verteilung bestimmen:

$$p_k = P[X = x_k] = F_k - F_{k-1} \quad (k=2,3,\ldots)$$

$$p_1 = P[X = x_1] = F_1.$$

8.1.3 Beispiel (Fortsetzung)

Sei p die Wahrscheinlichkeit, daß Spieler B einen Satz gewinnt, und der Gewinn (oder Verlust) eines Satzes sei unabhängig vom Ausgang der jeweils anderen Sätze. Dann ist die Wahrscheinlichkeit

$$f(0) = P(X=0) = \frac{1}{27},\ f(1) = P(X=1) = \frac{3}{27},\ f(2) = P(X=2) = \frac{6}{27},\ f(3) = P(X=3) = \frac{7}{27}$$

$$f(4) = P(X=4) = \frac{6}{27},\ f(5) = P(X=5) = \frac{3}{27},\ f(6) = P(X=6) = \frac{1}{27}$$

und $f(x) = 0$ an jeder anderen Stelle $x \in \mathbf{R}$.

Die Verteilungsfunktion hat die folgenden Werte:

$$F(0) = P(X \le 0) = \frac{1}{27},\ F(1) = P(X \le 1) = f(0) + f(1) = \frac{4}{27},\ F(2) = P(X \le 2) = \frac{10}{27},$$

$$F(3) = P(X \le 3) = \frac{17}{27},\ F(4) = P(X \le 4) = \frac{23}{27},\ F(5) = P(X \le 5) = \frac{26}{27},\ F(6) = P(X \le 6) = 1.$$

8.2.6 Definition (Dichte)

Ist die Verteilungsfunktion F einer Zufallsvariablen X an höchstens abzählbar vielen Stellen x_i (i= 1,2,...) nicht differenzierbar, dann gibt es eine höchstens an diesen Stellen unstetige Funktion f(x) mit

$$f(x) = F'(x) = \frac{dF(x)}{dx} \quad \text{für } x \neq x_i \ (i = 1,2,\ldots).$$

Diese Funktion f heißt **Dichtefunktion** von X.
X bezeichnet man dann als **stetige Zufallsvariable**.

8.2.7 Bemerkung

Da F monoton wachsend (nicht fallend) ist, gilt für die Dichtefunktion offensichtlich:

$$f(x) \ge 0 \text{ für alle } x \in \mathbf{R}.$$

Wegen $\lim_{x \to \infty} F(x) = 1$ gilt

$$\int_{\mathrm{R}} f(x)dx = 1.$$

Umgekehrt läßt sich die Verteilungsfunktion aus der Dichtefunktion gewinnen:

$$F(x) := P[X \le x] = \int_{-\infty}^{x} f(u)du.$$

Im Vergleich zur diskreten Verteilung bestehen aus Gründen der unterschiedlichen Formalisierung doch einige Unterschiede. Zunächst ist die Bestimmung einer bestimmten Wahrscheinlichkeit entsprechend:

$$P[u \le X \le o] = F(o) - F(u).$$

Im Grenzfall gilt aber:

$$\lim_{u \to o} P[u \le X \le o] = 0 \quad \text{und} \quad \lim_{o \to u} P[u \le X \le o] = 0.$$

Die Wahrscheinlichkeit, genau einen bestimmten Punkt zu realisieren, ist 0.

8.2.8 Beispiel

Sei F: **R** → [0,1] mit:

$$F(x) = \begin{cases} 0 & , \quad x<0 \\ \frac{1}{3}x^2 & , \quad 0 \le x < 1 \\ \frac{1}{3} & , \quad 1 \le x < 2 \\ \frac{2}{3}x - 1 & , \quad 2 \le x < 3 \\ 1 & , \quad x \ge 3 \end{cases}$$

die stückweise differenzierbare Verteilungsfunktion einer Zufallsvariablen X. Der Graph dieser Funktion sieht folgendermaßen aus:

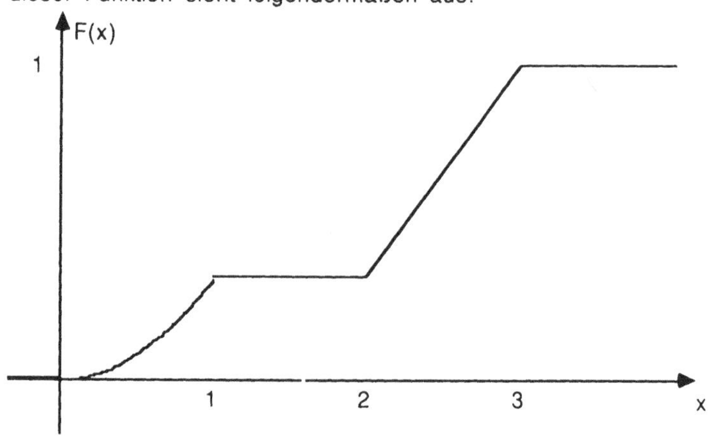

Offensichtlich ist F an den Stellen $x_1=1$, $x_2=2$ und $x_3=3$ nicht differenzierbar. Leitet man F an allen anderen Stellen ab, so erhält man als Dichtefunktion f: **R** → **R** die stückweise stetige Funktion

$$f(x) = \begin{cases} 0 & , \quad x<0 \\ \frac{2}{3}x & , \quad 0 \le x < 1 \\ 0 & , \quad 1 \le x < 2 \\ \frac{2}{3} & , \quad 2 \le x < 3 \\ 0 & , \quad x \ge 3 . \end{cases}$$

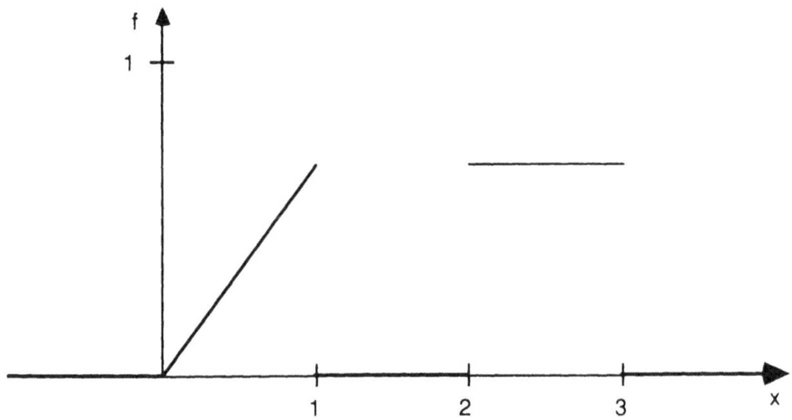

Diese Funktion ist offensichtlich an den Nichtdifferenzierbarkeitsstellen von F, also $x_1=1$, $x_2=2$ und $x_3=3$, unstetig.

8.2.9 Beispiel (Der allgemeine Fall einer beliebigen Verteilung mit beliebiger Kurve über dem Intervall [a,b])

Sei f: [0,1] → **R** eine Dichtefunktion mit

$$f(x) = \frac{3}{2}(1 - x^2), \quad 0 \le x \le 1.$$

Der Graph sieht folgendermaßen aus:

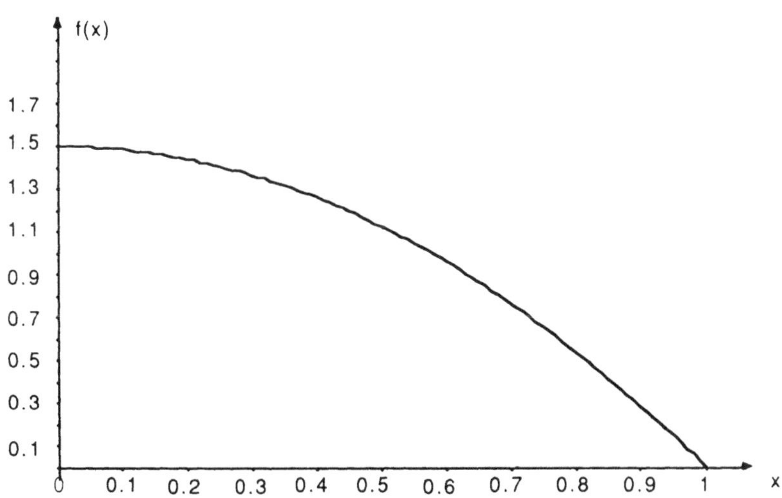

Die zugehörige Verteilungsfunktion F: [0,1] → [0,1] ist

$$F(x) = \frac{3}{2} x \left(1 - \frac{x^2}{3}\right), \quad 0 \le x \le 1$$

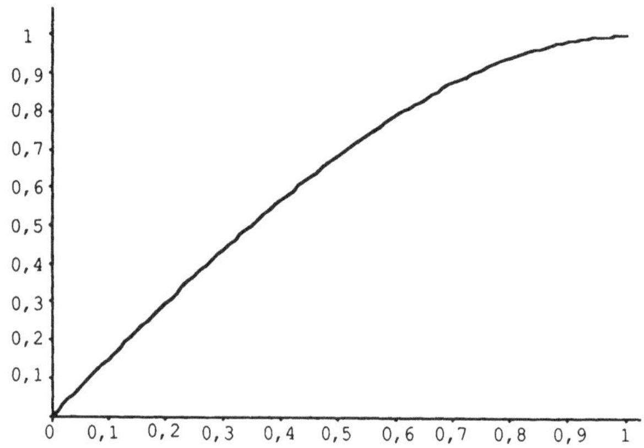

8.2.13 Beispiel (Eine unimodale und symmetrische Dichte)

Sei f: [0,2] → **R** eine Dichtefunktion mit

$$f(x) = 2 \frac{1 - \sqrt{1 - (x-1)^2}}{4 - \pi}, \quad 0 \le x \le 2$$

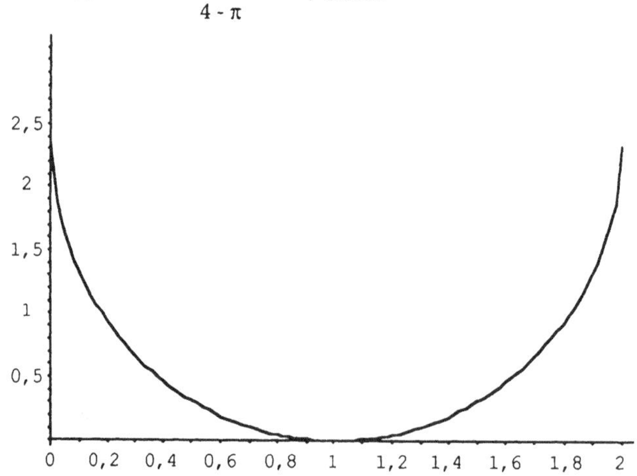

Für dieses Beispiel ist nicht ganz so einsichtig, daß es eine Dichte ist. Der Nachweis, nämlich die Integration über den Definitionsbereich, liefert ein Integral für eine Winkelfunktion (nach der Tabelle von Meyer zur Cappellen):

$$\int_0^2 f(x)dx = \frac{4}{4-\pi}x + \frac{2}{4-\pi}[\frac{1}{4}\sin(4 \operatorname{arc\,sin}\sqrt{\frac{x}{2}}) - \operatorname{arc\,sin}\sqrt{\frac{x}{2}}]_0^2 = 1.$$

8.3.Aufgaben

Aufgabe 8.3.1

Gegeben ist die Dichtefunktion

$$f(x) = \begin{cases} -x-1 & -2 \le x \le -1 \\ 1/2 & 0 \le x \le 1 \\ 0 & \text{sonst} \end{cases}$$

deren Graph folgendermaßen aussieht:

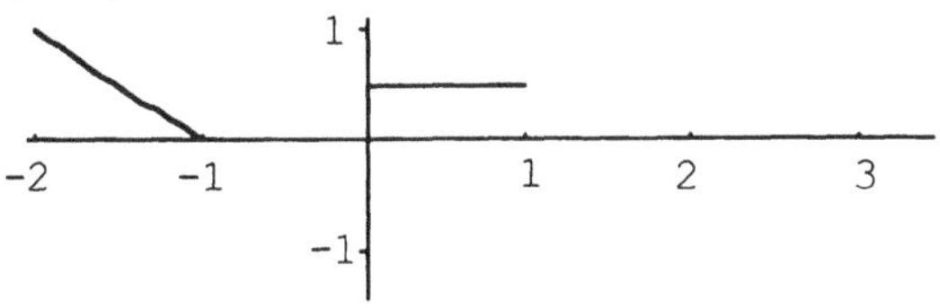

Bestimmen Sie die zugehörige Verteilungsfunktion.

Aufgabe 8.3.2

Die Lebensdauer von Elementen einer elektrischen Apparatur kann häufig durch eine Zufallsvariable beschrieben werden, die gemäß folgender Dichtefunktion verteilt ist:

$$f(x) = \begin{cases} \frac{m}{2x_0} x^{m-1} e^{\frac{-x^m}{2x_0}}, & x \ge 0 \\ 0, & x < 0 \end{cases}$$

a) Bestimmen Sie die Verteilungsfunktion von X.
b) Bestimmen Sie $P(X \le 0.75)$.
c) Bestimmen Sie $P(0.25 \le X \le 0.75)$.
Verwenden Sie für die Teile b) und c) die Parameterwerte $x_0 = 1$ und $m = 2$.

9 Einzelne parametrische Verteilungen

Den folgenden speziellen Verteilungen liegt immer eine Zufallsvariable

$$X: \Omega \rightarrow \mathbf{R}$$

zugrunde.

9.1 Diskrete Gleichverteilung

Jedes von N Elementarereignissen habe die gleiche Wahrscheinlichkeit, d.h. für

$$\Omega = \{\omega_1, \omega_2, \ldots, \omega_N\}$$

gilt:

$$p_k = P(\{\omega_k\}) = P(X = k) = \frac{1}{N}, \quad k = 1,2,\ldots,N.$$

Dann heißt die Zufallsvariable X **gleichverteilt**.

9.1.1 Beispiel

Die beliebige Gleichverteilung: $\Omega = \{-3, 1, 6\}$ mit

$$p_1 = P(\{-3\}) = P(X = -3) = \frac{1}{3}, \; p_2 = P(\{1\}) = P(X = 1) = \frac{1}{3}, \; p_3 = P(\{6\}) = P(X = 6) = \frac{1}{3}.$$

9.1.2 Beispiel

Eine Gleichverteilung auf den ganzen Zahlen von a bis b, (a=-3 und b=5):

$$\Omega = \{-3, -2, -1, 0, 1, 2, 3, 4, 5\}$$

In diesem *Sonderfall* der lückenlosen Aufeinanderfolge zwischen unterer Grenze a=-3 und oberer Grenze b=5 der natürlichen Zahlen gilt offensichtlich:

$$p_k = P(\{\omega_k\}) = P(X = \omega_k) = \frac{1}{b - a + 1} = \frac{1}{9}, \quad k = 1,2,\ldots,9.$$

9.1.3 Beispiel

Eine Gleichverteilung von 1 bis 6

$$\Omega = \{1, 2, 3, 4, 5, 6\}$$

Dieser *Sonderfall* der diskreten Gleichverteilung, der lückenlosen Aufeinanderfolge zwischen unterer Grenze a =1 und oberer Grenze b = 6 der natürlichen Zahlen, beschreibt den Wurf eines **fairen (idealen) Würfels.** Offensichtlich gilt:

$$p_k = P(\{\omega_k\}) = P(X = \omega_k) = \frac{1}{b - a + 1} = \frac{1}{6}, \quad k = 1,2,3,4,5,6.$$

9.2 Die Bernoulli-Verteilung

Wenn der Ereignisraum Ω nur genau zwei Elemente

$$\Omega = \{\omega_1, \omega_2\}$$

mit

$$P(\omega_1) = p, P(\omega_2) = 1\text{-}p, \quad 0 < p < 1.$$

enthält, dann heißt die Zufallsvariable **Bernoulli-verteilt**.
Eine Kurzschreibweise ist $X \sim \mathbf{B}(1,p)$.
In jedem Fall kann man die beiden möglichen Ergebnisse des Zufallsvorgangs durch die Zahlen 0 und 1 repräsentieren.

9.2.1 Beispiel

Hierzu gibt es eine Vielzahl von Anwendungen:

1. Belegung eines Chips: 0 1
2, Stellung eines Schalters: an aus
3. Geschlecht eines Kindes: Knabe Mädchen
4. Ergebnis eines Münzwurfs: Zahl Adler
   Der Fall p=1/2 wird als Modell mit einer **fairen (idealen) Münze** bezeichnet. Empirische Münzen sind im Regelfall nicht fair.
5. Typ einer Manöverpartei: blau rot.

9.3 Die Binomial-Verteilung

Wird ein Bernoulli-Zufallsexperiment nicht einmal, sondern n-mal durchgeführt und zwar so, daß jeder Versuch unabhängig von den anderen Versuchen ist, d.h. wenn wieder

$$\Omega = \{\omega_1, \omega_2\} = \{0, 1\} \text{ gilt,}$$

und man sich nun für die Anzahl der 1 bei n-maliger Durchführung dieses Zufallsexperiments interessiert, dann erhält man die **Binomial-Zähldichte**

$$p_k = P(X = k) = \binom{n}{k} p^k (1\text{-}p)^{n\text{-}k}, \quad 0 < p < 1, \quad k = 0,1,2,\dots,n.$$

Eine Kurzschreibweise ist $X \sim \mathbf{B}(n,p)$.
Der Beweis, daß diese Zähldichte die drei Axiome der Wahrscheinlichkeit erfüllt, gelingt am einfachsten aus dem binomischen Lehrsatz (Satz 6.1.3) mit a=p und b = 1-p.
Der Fall der Bernoulli-Zähldichte ist offenbar der Sonderfall für n=1. Das läßt sich auch direkt zeigen:

$$p_0 = \binom{1}{0} p^0 (1\text{-}p)^{1\text{-}0} = 1\text{-}p,$$

$$p_1 = \binom{1}{1} p^1 (1\text{-}p)^{1\text{-}1} = p.$$

Eine Veranschaulichung des Bildungsgesetzes für die Binomialzähldichte ist der folgende Baum. Nach links wird jeweils der Zweig für eine Eins und nach rechts jeweils der Zweig für eine Null gezeichnet. Verknüpft man dann jeweils die Kanten eines Weges nach unten multiplikativ (wegen der Unabhängigkeit der aufeinanderfolgenden Durchführungen des Zufallsexperiments), dann gibt die Folge der p und (1-p) die jeweiligen Wahrscheinlichkeiten, um an das Ende des Baumes zu gelangen und eine bestimmte Zahl von Einsen zu bekommen.

Die Zahl der Einsen:

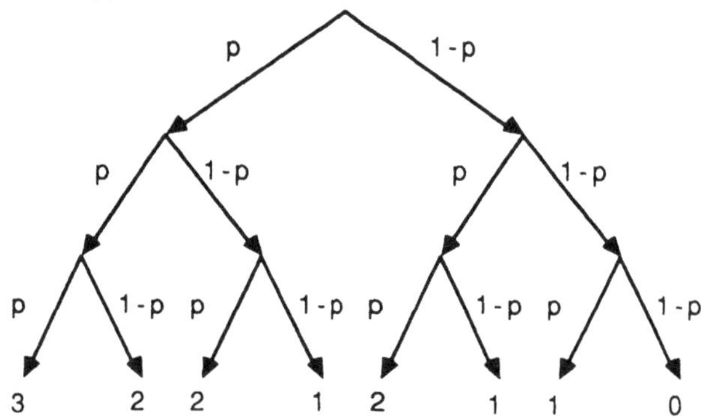

Von besonderer Bedeutung ist wieder der **symmetrische** (faire, ideale) Fall, d.h. p = 1/2.

9.3.1 Beispiel
Eine faire Münze wird eine gerade Anzahl von Malen geworfen. Wie groß ist die Wahrscheinlichkeit, ebenso oft Zahl wie Adler zu erhalten?

$$P(X=n)=\binom{2n}{n}\left(\frac{1}{2}\right)^{n}\left(\frac{1}{2}\right)^{2n-n}=\binom{2n}{n}\left(\frac{1}{2}\right)^{2n}=\frac{(2n)!}{n!\,n!}\left(\frac{1}{2}\right)^{2n}$$

bzw. mit der Stirlingschen Annäherung:

$P(X=n)=\frac{1}{\sqrt{\pi n}}$. (Dies ist eine sehr kleine Zahl für $n \to \infty$).

Für 2n=4 etwa und mit der Bezeichnung
$\mathcal{A}$ = Adler, $\mathcal{Z}$ = Zahl, X = Zahl der Adler in den 4 Würfen erhält man den Ereignisraum Ω:

		ZAAZ		
		ZAZA		
	ZAAA	AZAZ	ZZZA	
	AZAA	ZZAA	ZZAZ	
	AAZA	AZZA	ZAZZ	
AAAA	AAAZ	AAZZ	AZZZ	ZZZZ
X=4	X=3	X=2	X=1	X=0

Hier ist:

$$P(X=2)=\binom{4}{2}\left(\frac{1}{2}\right)^{2}\left(\frac{1}{2}\right)^{4-2}=\binom{4}{2}\left(\frac{1}{2}\right)^{4}=\frac{4!}{2!\,2!}\left(\frac{1}{2}\right)^{4}=\frac{3}{8}.$$

9.4 Die geometrische Verteilung

Der Ereignisraum dieser Zähldichte ist im Gegensatz zu den beiden vorhergehenden Beispielen nicht endlich, sondern abzählbar unendlich:

$$\Omega = \{\omega_1, \omega_2, \ldots, \omega_{n-1}, \omega_n, \ldots\}$$
$$= \{\ 0\ ,\ 1, \ldots, n-2\ , n-1, \ldots\}$$

Dann ist die Zähldichte

$$p_k = P(X=k) = p(1-p)^k,\ 0<p<1,\ k=0,1,2,\ldots$$

und die Zufallsvariable heißt geometrisch verteilt.

Die drei Axiome aus Definition 7.1.1 werden offensichtlich erfüllt:
Axiom (A1) folgt aus $0<p<1$, Axiom (A2) aus der geometrischen Reihe, die der Zähldichte ihren Namen gibt:

$$\sum_{k=0}^{\infty} p_k = \sum_{k=0}^{\infty} p(1-p)^k = 1\ .$$

Interpretation und Veranschaulichung kann wie bei der Binomialzähldichte über einen Ereignisbaum vorgeführt werden, indem man den *Erfolg* nach links und den *Mißerfolg* nach rechts abträgt. Dann ist offensichtlich, daß die geometrische Dichte p_k die Wahrscheinlichkeit beschreibt, nach k Fehlschlägen einen ersten Erfolg zu haben. M.a.W. sie beschreibt das Auftreten der ersten Eins in einer Situation wie in der Binomial-Zähldichte, aber mit dem entscheidenden Unterschied, daß das Münzwerfen so lange fortgesetzt wird, bis eine 1 erscheint. Theoretisch kann das beliebig lange dauern.
Die Verteilung läßt sich explizit bestimmen :

$$\sum_{i=0}^{k} p_i = \sum_{i=0}^{k} p(1-p)^k = p\,\frac{1-p^{k+1}}{1-(1-p)} = 1-p^{k+1}.$$

Der Ereignisbaum für die Geometrische Verteilung:

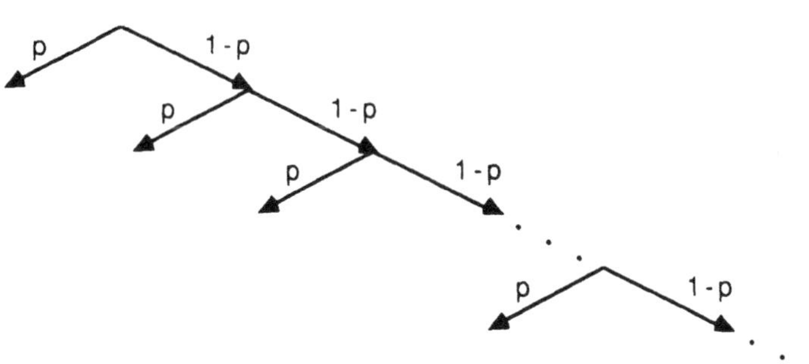

Eine Kurzschreibweise ist $X \sim \mathbf{NB}(1,p)$.

9.5 Pascal-Verteilung

Eine Verallgemeinerung der geometrischen Verteilung ist die **Pascal-Verteilung**. **NB**(r,p) (auch als **n**egative **B**inomialverteilung bezeichnet, r=1,2,3,...). Sie gibt die Wahrscheinlichkeit dafür an, daß r (r≥1) Erfolgen k Fehlschläge vorausgehen.

$$P\{k \text{ Fehlschläge vor dem r-ten Erfolg, } r\geq 1\} =$$

$$P(X=k) = \binom{r+k-1}{k} p^r (1-p)^k; \quad k = 0, 1, 2, \ldots; \quad r = 1, 2, \ldots .$$

Eine Kurzschreibweise ist X ~ **NB**(r,p). Für r=1 folgt die geometrische Zähldichte **NB**(1,p).

9.6 Hypergeometrische Verteilung

Für natürliche Zahlen M,N,n,k mit $0\leq k\leq m=\min\{n,M\}$, $M\leq N$ und dem Ereignisraum $\Omega = \{\omega_1,\omega_2,\ldots,\omega_m\}$ ist die Zähldichte der **hypergeometrischen Verteilung** gegeben durch:

$$(1) \qquad p_k := P(X=k) = \frac{\binom{M}{k}\binom{N-M}{n-k}}{\binom{N}{n}}, \quad k = 0,1,2,\ldots,m.$$

Eine Kurzschreibweise ist X ~ **H**(M,N,n).

Das zugrundeliegende Urnenmodell ist eine Urne mit N Kugeln, von denen M die eine Farbe aufweisen und N-M eine andere Farbe (z.B. rot und blau). Aus der Urne werden n Kugeln (n<M) ohne Zurücklegen und ohne Berücksichtigung der Reihenfolge entnommen (vergl. das Modell des Binomialkoeffizienten). Zur Bestimmung der Zahl der Möglichkeiten für eine solche Wahl gibt es zwei äquivalente Wege:

Übersieht man die Farbe, so sind es offensichtlich $\binom{N}{n}$ Möglichkeiten.

Betrachtet man zugleich die Farbe, so gibt es n+1 unterschiedliche Wahlmöglichkeiten:

rote Kugeln	blaue Kugeln	Unterschiedliche Kombinationen
0	n-0	$\binom{M}{0}\binom{N-M}{n}$
1	n-1	$\binom{M}{1}\binom{N-M}{n-1}$
2	n-2	$\binom{M}{2}\binom{N-M}{n-2}$
3	n-3	$\binom{M}{3}\binom{N-M}{n-3}$
.	.	.
.	.	.
.	.	.
k	n-k	$\binom{M}{k}\binom{N-M}{n-k}$
.	.	.
.	.	.
.	.	.
n	0	$\binom{M}{n}\binom{N-M}{0}$

Da $\binom{N}{n}$ gleich der Summe der unterschiedlichen Kombinationen aus der rechten Spalte ist, ist bewiesen, daß (1) eine Zähldichte ist. Denn es gilt:

$$0 \leq p_k \leq 1, \quad \sum_{k=0}^{M} p_k = 1.$$

9.6.1 Beispiel

Das Lottoproblem "6 aus 49 *ohne* Zusatzzahl"
N = 49, M = 6 (die Gewinnzahlen), n = 6 (die angekreuzten Zahlen des Tippzettels; p_k bedeutet daher die Wahrscheinlichkeit, k richtige Gewinnzahlen angekreuzt zu haben. Diese Wahrscheinlichkeiten sind für $k \geq 3$ außerordentlich gering, wie die folgende Tabelle verdeutlicht. Lotto-Spielen ist daher, obwohl in Europa und Nordamerika allgegenwärtig, irrational und beruht auf anderen menschlichen Verhaltensweisen als einem wissenschaftlich begründeten Kalkül, Millionär zu werden.

Wahrscheinlichkeiten, k Zahlen richtig zu tippen:

k	p_k
0	$p_0=\binom{6}{0}\binom{43}{6}/\binom{49}{6}=6\,096\,454\,/\,13\,983\,816$
1	$p_1=\binom{6}{1}\binom{43}{5}/\binom{49}{6}=5\,775\,588\,/\,13\,983\,816=0.413$
2	$p_2=\binom{6}{2}\binom{43}{4}/\binom{49}{6}=1\,851\,150\,/\,13\,983\,816=0.1324$
3	$p_3=\binom{6}{3}\binom{43}{3}/\binom{49}{6}=246\,820\,/\,13\,983\,816=0.017$
4	$p_4=\binom{6}{4}\binom{43}{2}/\binom{49}{6}=13\,545\,/\,13\,983\,816=0.001$
5	$p_5=\binom{6}{5}\binom{43}{1}/\binom{49}{6}=258\,/\,13\,983\,816=0.00001845$
6	$p_6=\binom{6}{6}\binom{43}{0}/\binom{49}{6}=1\,/\,13\,983\,816=0.000000072$

9.6.2 Beispiel

Das Schätzproblem für die Größe der Grundgesamtheit.

Wie später allgemein gezeigt wird, heißt die Bestimmung eines unbekannten Parameters einer Verteilung, z.B. N in **H**(M,N,n) das statistische **Schätzproblem** für den Parameter.

Für die hypergeometrische Verteilung bietet es sich an, ein solches Schätzproblem schon hier zu behandeln: In vielen Anwendungen ist zwar M bekannt, aber nicht N, z.B. in biologischen Problemen folgender Art: Für eine vom Aussterben bedrohte Vogelart soll die Größe der Population bestimmt werden. Nachdem M dieser Vögel gefangen und beringt und wieder in die Freiheit entlassen worden sind, wird nach einiger Zeit eine Prüfaktion unternommen. Es werden erneut Vögel dieser Art gefangen, diesmal n, und untersucht, wieviele das Merkmal Ring besitzen, nämlich k. Damit kann auf N zurückgeschlossen werden. Da die Zähldichte $p_k = p_k(N)$ eine in N unimodale Funktion ist, nimmt das Verhältnis

$$p_k(N)/p_k(N\text{-}1) = [(N\text{-}M)(N\text{-}n)]/[N\text{-}M\text{-}n\text{-}k]$$

für das maximale N, d.h. das N, das den größten Wert der Zähldichte für die beobachtete Stichprobe {M,n,k} erzeugt, den Wert 1 an.

$$p_k(N)/p_k(N\text{-}1) = 1$$

liefert die Bedingung:

$$M/N = k/n,$$

in Worten: sowohl in der Grundgesamtheit als auch in der Stichprobe sind die Anteile des Merkmals (Ring oder NichtRing) gleichgroß, falls

$$N = M\,n\,/\,k.$$

Damit ist ein Schätzwert für N gewonnen, z.B. für M=100 Ringe in der ersten Stichprobe und einer zweiten Stichprobe von n=50 Vögeln und k=20 Ringen, N=250. Nach diesem Verfahren müßte man daher von 250 Vögeln dieser Spezies ausgehen.

9.7 Die Poisson-Verteilung

Hier enthält der Ereignisraum wieder abzählbar unendlich viele Elemente:

$$\Omega = \{\omega_1, \omega_2, \ldots, \omega_n, \omega_{n+1}, \ldots\}$$

und die Zähldichte ist wie folgt definiert:

$$p_k = P(X = k) = e^{-\lambda} \frac{\lambda^k}{k!}, \quad 0 < \lambda \in \mathbf{R}, \quad k = 0,1,2,\ldots .$$

Auch hier ergibt sich das Zutreffen der Axiome unmittelbar aus $p_k > 0$ sowie aus Definition 6.1.1:

$$\sum_{k=0}^{\infty} p_k = \sum_{k=0}^{\infty} \frac{\lambda^k}{k!} e^{-\lambda} = 1$$

Eine Kurzschreibweise ist $X \sim \mathbf{P}(\lambda)$.

Eine einfache Rekursionsformel zur tatsächlichen Berechnung ist

$$p_k = p_{k-1} \frac{\lambda}{k}, \quad k = 1,2,\ldots, \text{ mit } p_0 = e^{-\lambda}.$$

Die Interpretation der Poisson-Verteilung ist die als Wahrscheinlichkeit *sehr seltener* Ereignisse. Historisch bedeutsam zur Entwicklung dieser Verteilung: die Wahrscheinlichkeit dafür, daß ein Kavallerist innerhalb eines Jahres am Huftritt seines Pferdes stirbt. Empirisch heute wichtiger ist die Wahrscheinlichkeit eines Unfalls auf einem bestimmten Straßenabschnitt innerhalb einer vorgegeben Zeitperiode; das Auftreten von Telefonstörungen; aber auch Fragestellungen im $\mathbf{R}^3$: das Auftreten von Rosinen in einem cm^3 Topfkuchen, der insgesamt nur wenige Rosinen enthält.

9.7.1 Beispiel

Tabelle 1: Zahl der fündigen Bohrlöcher pro Monat.

Zahl der Bohrlöcher	Zahl der Monate
0	123
1	67
2	27
3	10
4	0
5	1
Gesamt	228

9.7.2 Beispiel

Tabelle 2: Zahl der Autos, die während 120 Zeiteinheiten der Länge von 30 sec an einer Zählstation vorbeifahren.

Zahl der Autos	Zahl der 1/2 Minuten
0	19
1	29
2	23
3	23
4	15
5	7
6	2
≥ 7	2
Gesamt	120

9.8 Aufgaben

Aufgabe 9.8.1

Sei ein Lebewesen (z.B. ein Frosch) zur Zeit 0 in der Ausgangsposition 0, wie in Abbildung 1. Zu diskreten Zeitpunkten, z.B. kt springt der Frosch entweder um λ Wegeinheiten vorwärts oder rückwärts

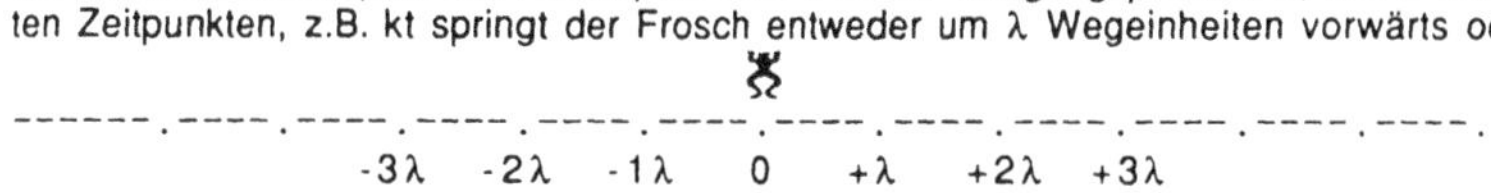

Abbildung 1

mit der jeweiligen Wahrscheinlichkeit von 1/2. Seien nun m und n gerade ganze Zahlen. Was ist dann die Wahrscheinlichkeit, daß der Frosch zur Zeit nt nach dem letzten Sprung an Position mλ ist? Das ist die Wahrscheinlichkeit, daß er (m+n)/2 Sprünge vorwärts und (n-m)/2 Sprünge rückwärts gemacht hat [(n+m)/2 - ((n-m)/2 = m].

Zeigen Sie:

Die geeignete Verteilung ist dafür die Binomialverteilung und es gilt:

$$P[\text{ zur Zeit nt in Position } m\lambda\ ] = \binom{n}{\frac{n+m}{2}}\frac{1}{2^n} = \binom{n}{\frac{n-m}{2}}\frac{1}{2^n}$$

Aufgabe 9.8.2

In einem Los von N Stücken sind M defekte Stücke enthalten. Wie groß ist die Wahrscheinlichkeit, beim Ziehen von n Stücken ohne Zurücklegen und ohne Berücksichtigung der Reihenfolge insgesamt k defekte zu erhalten?

10 Stetige Verteilungen

Den folgenden speziellen Verteilungen liegt immer eine stetige Zufallsvariable

$$X: \Omega \to \mathbf{R}$$

zugrunde.

10.1 Die stetige Gleichverteilung

Seien a,b $\in$ **R**.
Eine Zufallsvariable mit der Dichte

$$f:[a,b] \to \mathbf{R} \text{ mit}$$

$$f(x) := \frac{1}{b-a}, \quad -\infty < a \le x \le b < \infty$$

heißt **gleichverteilt auf dem Intervall [a,b].**
Die Verteilungsfunktion ist offensichtlich eine Gerade, wie durch direkte Integration gezeigt werden kann:

$$F(x) = \frac{x-a}{b-a}, \quad -\infty < a \le x \le b < \infty$$

Eine Kurzschreibweise ist **X ~ U(a,b)**.

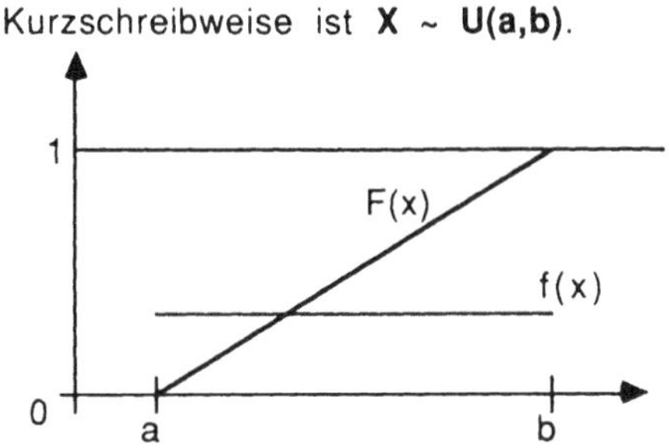

Das Schema der stetigen Gleichverteilung U(a,b).

10.2 Die Dreiecksverteilung

Seien a,b,c $\in$ **R**. Eine Zufallsvariable mit der Dichte

$$f:[a,c] \to \mathbf{R} \text{ mit}$$

$$f(x) := \begin{cases} \frac{ah}{a-b} + \frac{hx}{b-a}, & 0 \le a \le x \le b \\ \frac{ch}{c-b} + \frac{hx}{b-c}, & b \le x \le c \end{cases}$$

heißt **dreiecksverteilt auf dem Intervall [a,c]**.
Dabei sind die Konstanten a,b,c und h so zu wählen, daß das Dreieck die Fläche 1 aufweist, z.B. a = 0, b=0.5, c = 1 und h = 2, d.h.

$$f(x) := \begin{cases} 0 + 4x, & 0 \le x \le \frac{1}{2} \\ 4 - 4x, & \frac{1}{2} < x \le 1 \end{cases}$$

Dann ist die Verteilungsfunktion gegeben durch

$$F(x) = \begin{cases} 0 & , x < 0 \\ 2x^2 & , 0 \le x \le \frac{1}{2} \\ 4x - 2x^2 - 1 & , \frac{1}{2} < x \le 1 \end{cases}$$

10.3 Die Pareto-Verteilung

Seien a,b ∈ **R**. Eine Zufallsvariable mit der Dichte

$$f:[a,b] \to \mathbf{R}$$

$$f(x) := \frac{a}{b}\left(\frac{b}{x}\right)^{a+1} \quad \text{für } 0 < a, 0 < b < x$$

und der Verteilungsfunktion

$$F(x) = \begin{cases} 0 & \text{für } x \le b \\ 1 - \left(\frac{b}{x}\right)^a & \text{für } 0 < a, 0 < b < x \end{cases}$$

heißt Pareto-verteilt mit den Parametern a und b.

Daß f(x) aus F(x) folgt und umgekehrt, läßt sich direkt durch Ableitung bzw. Integration zeigen (mit der Variablentransformation $u := \frac{1}{x}$), ebenso, daß f(x) bzw. F(x) allen Anforderungen einer Dichte bzw. Verteilung genügen.
Typischerweise sind Einkommen Pareto-verteilt:

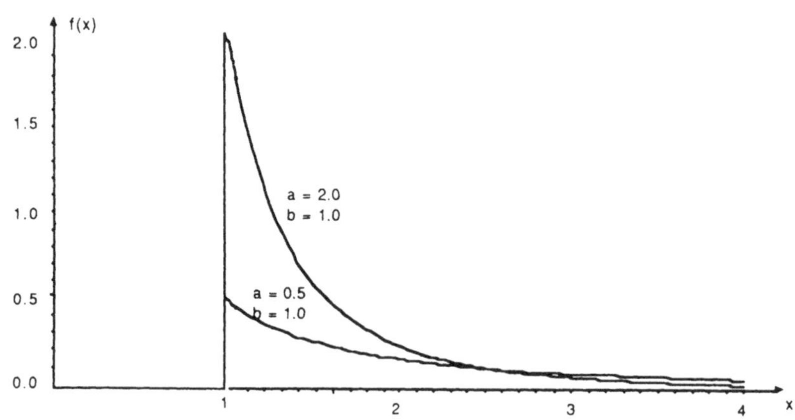

10.4 Die Exponentialverteilung

Eine Zufallsvariable mit der Dichte

$$f(x) := \begin{cases} 0 & \text{für } x \le 0 \\ \lambda e^{-\lambda x} & \text{für } x > 0 \end{cases}$$

und der Verteilungsfunktion

$$F(x) = \begin{cases} 0 & \text{für } x \le 0 \\ 1 - e^{-\lambda x} & \text{für } x > 0 \end{cases}$$

heißt **exponentialverteilt mit Parameter** λ. Der Parameter λ erfüllt die Bedingung

$$\lambda = r(x) := \frac{f(x)}{1-F(x)} = \text{const.} > 0$$

Eine Kurzschreibweise ist **X ~ P(1,λ)**.

Die Dichten für die Parameter $\lambda=1$, $\lambda=3$ und $\lambda=5$ sehen folgendermaßen aus:

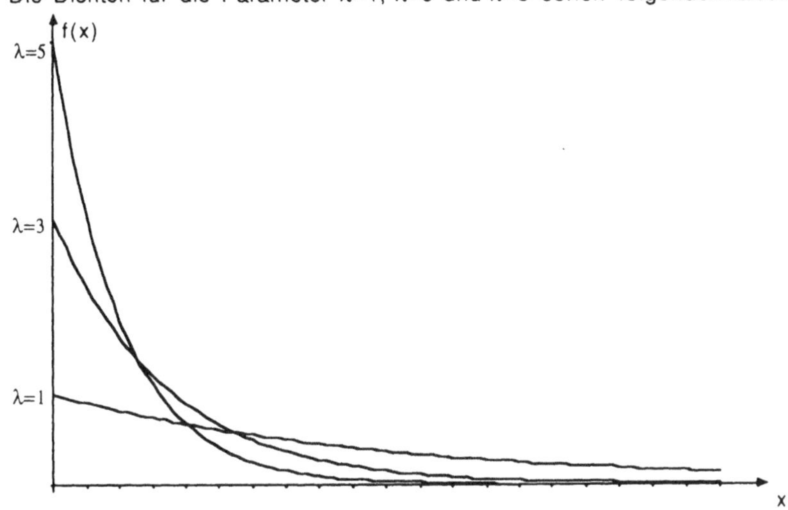

Anwendung aus der Theorie der Zuverlässigkeit:

Sei X, etwa die Brenndauer einer Glühbirne, exponentialverteilt und sei A das Ereignis, daß X mindestens t_0 ($t_0>0$) sei, und sei B das Ereignis, daß die Glühbirne über t_0 hinaus noch bis zum Zeitpunkt t_1 ($t_1>t_0$) weiterarbeitet. Interessiert man sich nun für die Wahrscheinlichkeit dafür, daß eine Glühbirne, nachdem sie schon bis zum Zeitpunkt t_0 gebrannt hat, auch noch bis zum Zeitpunkt t_1 weiterbrennt, d.h. für die bedingte Wahrscheinlichkeit

$$P(B \mid A) = \frac{P(B \cap A)}{P(A)},$$

dann erhält man

für das Ereignis A (Funktionszeit bis mindestens t_0): $P(A) \;=\; e^{-\lambda t_0}$,

für das Ereignis A∩B (Funktionszeit von t_0 bis t_1): $P(A\cap B) = e^{-\lambda t_1}$,

weil t_1 nur erreicht werden kann, nachdem t_0 erreicht worden ist. Damit gilt:

$$P(B|A) = \frac{e^{-\lambda t_1}}{e^{-\lambda t_0}} = e^{-\lambda t_1 + \lambda t_0} = e^{-\lambda(t_1 - t_0)}.$$

Dieses Ergebnis wird üblicherweise als die *Gedächtnislosigkeit* der Exponentialverteilung bezeichnet. Es kommt nur auf die Zeitdifferenz an, nicht jedoch wo diese Zeitdifferenz anfällt.

10.5 Die Erlang-Verteilung

Eine erste Verallgemeinerung der Exponentialverteilung ist die zweiparametrige unimodale **Erlangverteilung.**

Eine Zufallsvariable mit der Dichte

$f: \mathbf{R} \to \mathbf{R}$

$$f(x) := \begin{cases} 0 & \text{für } x \leq 0 \\ x^{n-1}\lambda^n \dfrac{e^{-\lambda x}}{(n-1)!} & \text{für } x > 0 \end{cases}$$

mit $n \in \mathbf{N}$ und $\lambda > 0$ heißt **Erlang-verteilt mit Parametern** λ **und n.**

Eine Kurzschreibweise ist $\mathbf{X \sim P(n,\lambda)}$.

Dichten mit den Parametern $\lambda=3$ und $n=3$ bzw. $n=6$ sehen folgendermaßen aus:

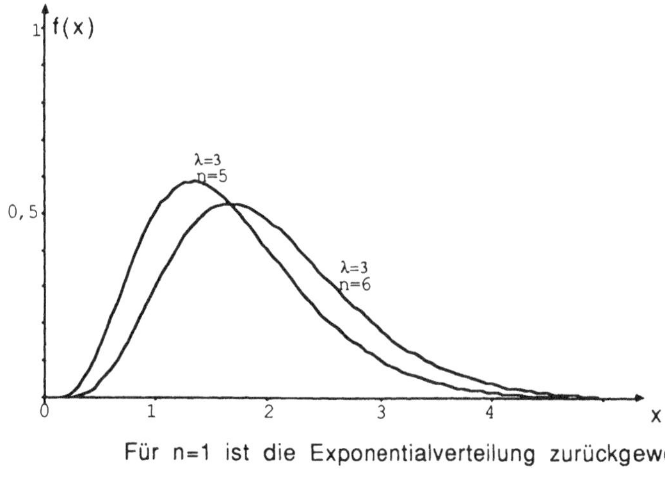

Für n=1 ist die Exponentialverteilung zurückgewonnen.

10.6 Die Weibull-Verteilung

Eine zweite Verallgemeinerung der Exponentialverteilung ist die zweiparametrige unimodale **Weibull-Verteilung**.

Eine Zufallsvariable mit der Dichte

$$f: \mathbf{R} \to \mathbf{R}$$

$$f(x) := \begin{cases} 0 & \text{für } x \leq 0 \\ n x^{n-1} \lambda\, e^{-\lambda x^n} & \text{für } x > 0 \end{cases}$$

mit $n \in \mathbf{N}$ und $\lambda > 0$ heißt **Weibull-verteilt mit den Parametern λ und n.**

Eine Dichte mit den Parametern λ=0.25 und n=2 sieht folgendermaßen aus:

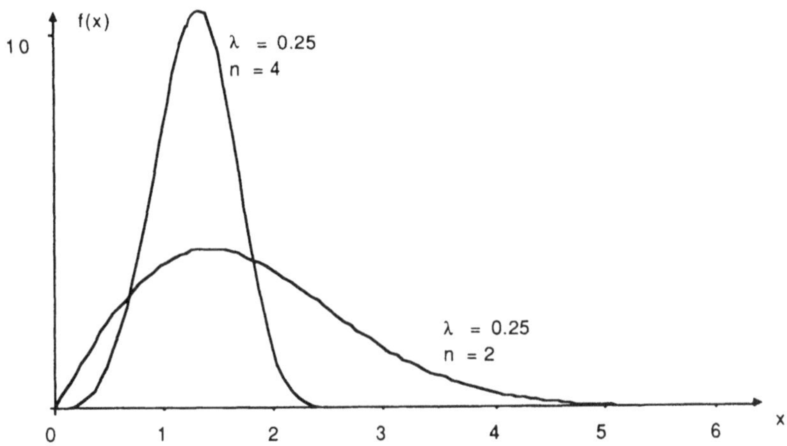

Für n=1 ist die Exponentialverteilung zurückgewonnen.

10.7 Die Hyper-Exponentialverteilung

Eine dritte Verallgemeinerung der Exponentialverteilung ist die **Hyper-Exponentialverteilung**:

Eine Zufallsvariable mit der Dichte

$$f: \mathbf{R} \to \mathbf{R}$$

$$f(x) := \begin{cases} 0 & \text{für } x \leq 0 \\ \sum_{i=1}^{n} a_i \lambda_i e^{-\lambda_i x} & \text{für } x > 0 \end{cases} \qquad \text{mit } \lambda_i > 0 \text{ und } \sum_{i=1}^{n} a_i = 1,\ n \in \mathbf{N}.$$

Für n=1 folgt erneut die Exponentialverteilung.

10.8 Die beidseitige Exponentialverteilung

Eine vierte Verallgemeinerung der Exponentialverteilung ist die **beidseitige Exponentialverteilung**.

Eine Zufallsvariable mit der Dichte

$$f\colon \mathbf{R} \to \mathbf{R}$$

$$f(x) := \begin{cases} \frac{\lambda}{2} e^{+\lambda x}, & x \leq 0 \\ \frac{\lambda}{2} e^{-\lambda x}, & x > 0 \end{cases} \qquad \lambda > 0$$

heißt **beidseitig exponentialverteilt mit Parameter** λ.

Dichten mit den Parametern λ=1,2,3 sehen folgendermaßen aus:

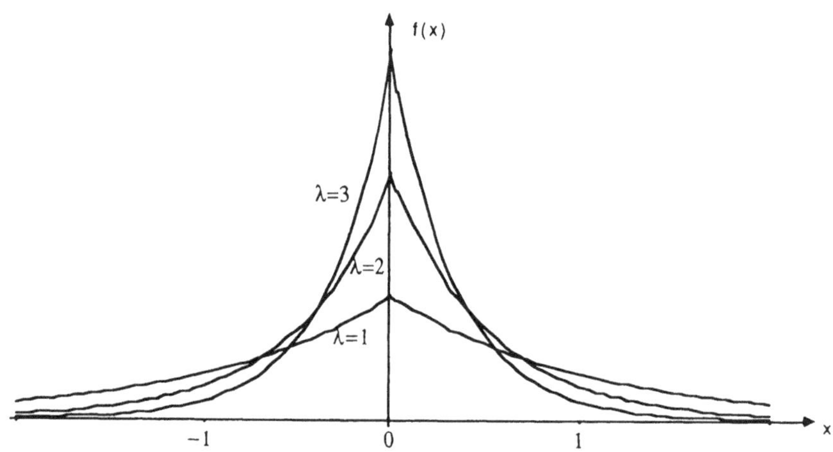

Anwendungsbereiche dieser Verteilungen sind etwa:

Die Lebensdauer von Glühbirnen oder anderen technischen Aggregaten oder die Servicezeit an Schaltern werden typischerweise durch Exponentialverteilungen beschrieben.

Auch die Sterbewahrscheinlichkeit von Säuglingen wird durch eine Exponential-Verteilung beschrieben.

10.9 Die Normalverteilung (Gauß-Verteilung)

Eine Zufallsvariable mit der Dichte

$$f: \mathbf{R} \rightarrow \mathbf{R}$$

$$f(x) := \frac{1}{\sqrt{2\pi\sigma^2}} e^{-\frac{(x-\mu)^2}{2\sigma^2}}$$

heißt **normalverteilt** mit Parametern $\mu \in \mathbf{R}$, $\sigma^2 \in \mathbf{R}_{++}$.

Eine verbreitete Kurzschreibweise ist $\mathcal{N}(\mu, \sigma^2)$.

Eine Kurvendiskussion von f(x) liefert sofort:

1. f ist symmetrisch um den Extremwert μ, d.h. $f'(\mu) = 0$.
2. f ist streng monoton steigend von $-\infty$ bis μ, und streng monoton fallend von μ bis $+\infty$.
3. f hat zwei Wendepunkte in $\mu \pm \sigma$

Damit ist f, eine stetige Funktion, vollständig beschrieben:

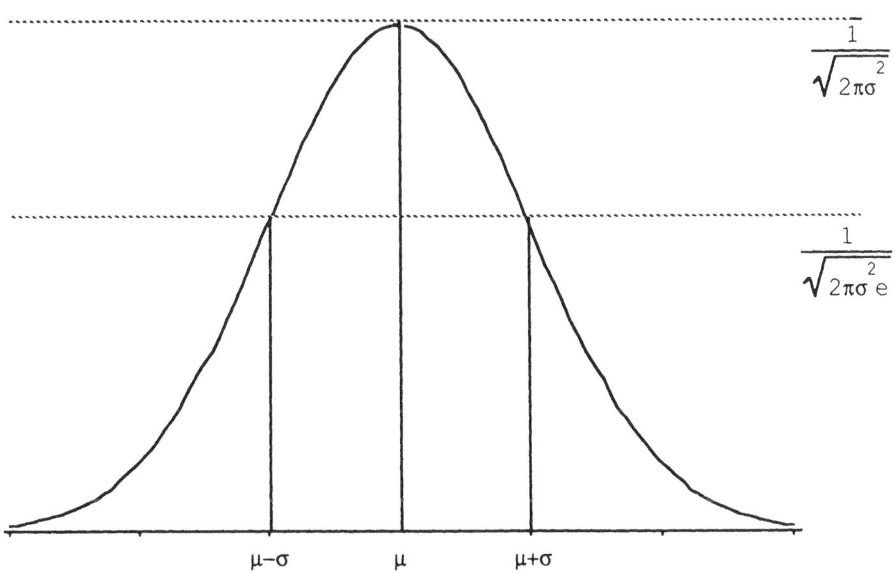

Üblicherweise bezeichnet man sie als *Glockenkurve* der Normalverteilung. Die numerischen Werte sind aus **Tafel 3** zu entnehmen.
Für die Verteilung gibt es keinen geschlossenen Ausdruck, d.h. es existiert keine Stammfunktion F(x). Aber die entsprechenden Werte der Fläche unter obiger Kurve können numerisch gefunden werden. Deswegen ist eine Tabelle der einzige Weg, F(x) schnell verfügbar zu haben.

Eine in der Wirtschaftstheorie erforderliche Modifikation ist die sog. **halbnormale Verteilung**. Die zugehörige Dichte ist

f: $(-\infty,\mu]\to\mathbf{R}$

$$f(x) := \frac{2}{\sqrt{2\pi\sigma^2}} e^{-\frac{(x-\mu)^2}{2\sigma^2}}, x \leq \mu$$

in der die Variable auf eine Halbachse beschränkt ist.

10.10 Die lognormale Verteilung

Eine verwandte Verteilung ist die **lognormale Verteilung**.
Eine Zufallsvariable mit der Dichte

f: $\mathbf{R}\to\mathbf{R}$

$$f(x) := \frac{1}{\sqrt{2\pi\sigma^2}} \cdot \frac{1}{x} \cdot e^{-\frac{(\ln x - a)^2}{2\sigma^2}}, x>0, \sigma^2>0, a\in\mathbf{R}$$

heißt **lognormal-verteilt mit Parametern a und σ^2.**

Diese Dichte spielt ähnlich wie die Pareto-Verteilung in Größenverteilungen eine Rolle.

Ein Bild der Normal-Verteilung (W. J. Youden)

DIE
N O R M A L-
ODER GAUSS -
VERTEILUNG IST EINES
DER HERVORRAGENDSTEN ER-
GEBNISSE DER STATISTIK UND
DER MENSCHLICHEN ERKENNTNIS ALL
GEMEIN * SIE IST HEUTE EIN NAHEZU
UNENTBEHRLICHER BEGRIFF FUER DIE EMPI-
RISCHE FORSCHUNG IN DER NATUR- UND SOZIAL-
WISSENSCHAFT, IN MEDIZIN, LANDWIRTSCHAFT UND
INGENIEURWISSENSCHAFTEN * FUER DIE ANALYSE VON DATEN UND
GRUNDWISSEN, DIE SICH AUS BEOBACHTUNG UND EXPERIMENT AUFBAUEN.

10.11 Die Cauchy Verteilung

Eine Zufallsvariable mit der Dichte

$f: \mathbf{R} \to \mathbf{R}$

$$f(x) := \frac{k}{\pi\,(k^2 + (x-m)^2)}, \quad 0 < k, \; -\infty < x < \infty$$

heißt **Cauchy-verteilt mit Parametern k und m.**

Das Maximum der Dichte liegt in x=m:

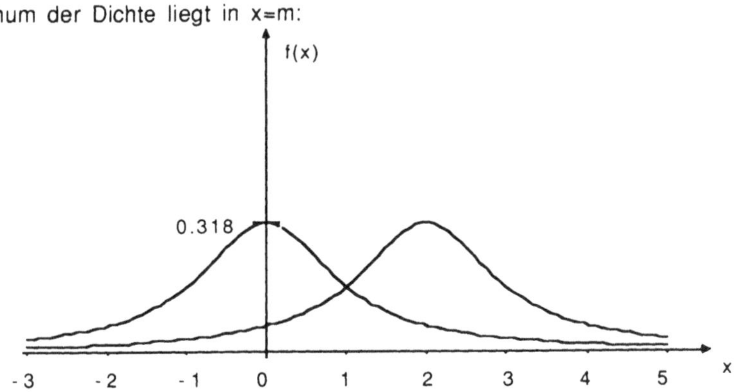

10.12 Die t-Verteilung (Students t-Verteilung)

Eine Zufallsvariable mit der Dichte

$$f: \mathbf{R} \to \mathbf{R}$$

$$f(t) := \frac{\Gamma(\frac{n+1}{2})}{\sqrt{\pi n}\ \Gamma(\frac{n}{2}) + \sqrt{(1 + \frac{t^2}{n})^{n+1}}}, \quad -\infty < t < \infty$$

heißt **t-verteilt mit n Freiheitsgraden.**

Der Parameter n wird als *Freiheitsgrad* der Verteilung bezeichnet.

Mit n=1 und $\Gamma(\frac{1}{2}) = \sqrt{\pi}$ folgt aus der t-Verteilung die Cauchy-Verteilung mit k=1.

Dichten mit n=5 bzw. n=9 Freiheitsgraden sehen folgendermaßen aus:

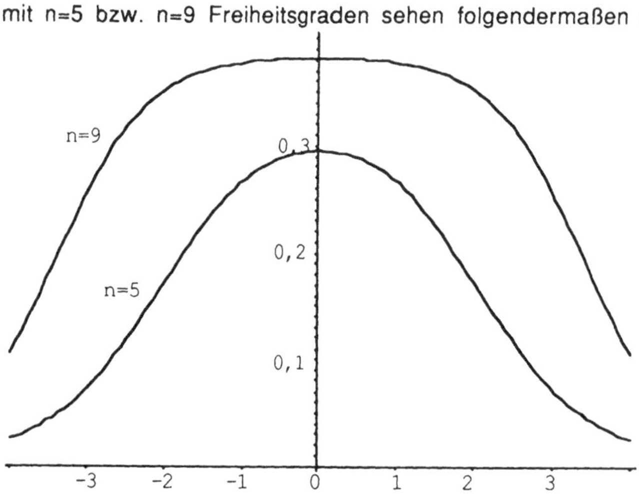

10.13 Die Beta-Verteilung

Eine Zufallsvariable mit der Dichte

f: **R**→**R**

$$f(x) := \begin{cases} \dfrac{\Gamma(\alpha+\beta)\, x^{\alpha-1}(1-x)^{\beta-1}}{\Gamma(\alpha)\,\Gamma(\beta)} & , 0 < x < 1 \\ 0 & , \text{sonst} \end{cases} \quad , 0 < \alpha,\beta$$

heißt **beta-verteilt mit Parametern** α **und** β.

Dabei ist $\Gamma(z)$ die Gammafunktion

$$\Gamma(z) := \int_0^{\infty} x^{z-1} e^{-x}\, dx \, , 0 < z, 0 \le x < \infty$$

Die Beta-Dichte ist eine zentrale Größe. Aus ihr folgen zahlreiche andere Dichten:

10.14 Die Fishersche F-Verteilung

Eine Zufallsvariable mit der Dichte

f: $[0,\infty) \to$ **R**

$$f(x) := \frac{\Gamma\left(\frac{f_1+f_2}{2}\right) f_1^{f_1/2}\, f_2^{f_2/2}\, x^{f_1/2-1}}{\Gamma\left(\frac{f_1}{2}\right)\Gamma\left(\frac{f_2}{2}\right) (f_1 + f_2 x)^{(f_1+f_2)/2}} \, , 0 < f_1, f_2 \text{ ganzzahlig}, 0 \le x < \infty$$

heißt **F-verteilt mit Parametern** f_1 **und** f_2.

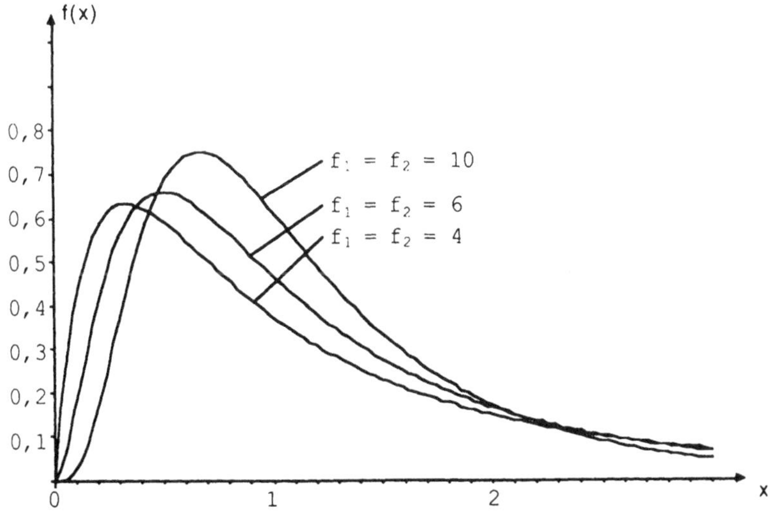

Mit $f_1 = 1$, $f_2 = f$ sowie $x = t^2$ folgt aus der F-Dichte die t-Dichte.

Mit $\alpha =: f_1/2$, $\beta =: f_2/2$, $F := (f_1/f_2)[x/(1-x)]$ und f_1, f_2 ganzzahlig ist die F-Verteilung ein Sonderfall der Beta-Verteilung.

Man beachte den Zusammenhang zur Binomialverteilung (den Rollentausch von Variablen und Parametern), d.h.: mit ganzzahligen α.und β und x als Parameter erhält man die Binomial-Verteilung.

10.15 Die Gamma-Verteilung

Eine Zufallsvariable mit der Dichte

$$f: (0,\infty) \to \mathbf{R}$$

$$f(x) := \frac{x^{\alpha-1} e^{-x/\beta}}{\beta^{\alpha}\,\Gamma(\alpha)}, \quad 0 < \alpha, \beta, \; 0 < x < \infty$$

heißt **gamma-verteilt mit Parametern** α **und** β.

Die Kurzschreibweise sei $\mathbf{G(\alpha,\beta)}$.

10.16 χ^2(Chi-Quadrat)-Verteilung

Eine Zufallsvariable mit der Dichte

$$f: [0,\infty) \to \mathbf{R}$$

$$f(x) := \frac{x^{\gamma/2-1} e^{x/2}}{2^{\gamma/2}\,(\gamma/2-1)!}, \quad 0 < \gamma, \; 0 \le x < \infty$$

heißt **χ^2(Chi-Quadrat)-verteilt mit Parameter** γ.

Der Parameter γ wird als *Freiheitsgrad* bezeichnet.

Die Kurzschreibweise ist $\boldsymbol{\chi^2(\gamma)}$.

Damit gilt im Vergleich zur Gammadichte:

$$\chi^2(\gamma) = G(\gamma/2, 2)$$

und

$$\chi^2(2\alpha) = G(\alpha, 2)$$

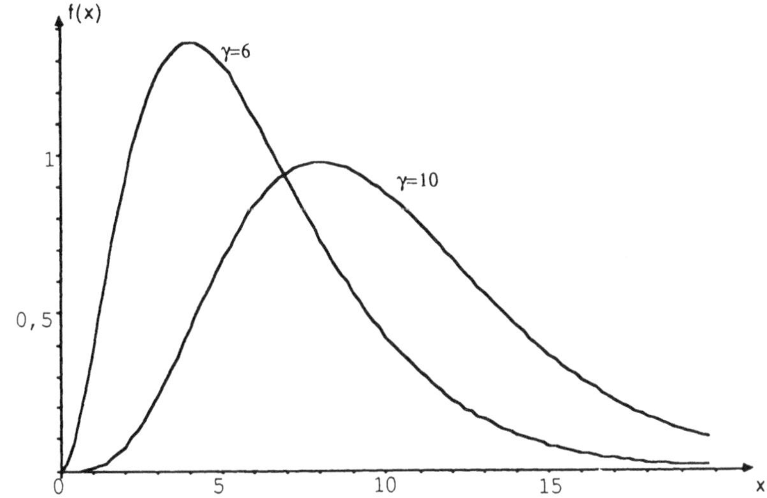

Die χ^2-Verteilung kann auch aus der F-Verteilung heraus, d.h. aus der Beta-Verteilung spezialisiert werden: Man wähle $x := \chi^2 := x/\gamma$, $\gamma := f_1$ und $f_2 \to \infty$.

10.17 Die Weibull-Gamma-Verteilung

Eine Zufallsvariable mit der Dichte
heißt **Weibull-Gamma-verteilt mit Parametern b, d und k.**

$$f(x) := \begin{cases} \dfrac{bkdx^{b-1}}{(x^b + d)^{k+1}}, & x \geq 0 \\ 0, & x < 0 \end{cases}, \quad 0 < b,d,k$$

Ein erster Sonderfall ist die sog. **Burr**-Dichte (d=1):

$$f(x) := \begin{cases} \dfrac{bkx^{b-1}}{(x^b)^{k+1}}, & x \geq 0 \\ 0, & x < 0 \end{cases}, \quad 0 < b,k$$

Ein zweiter Sonderfall ist die **Pareto-Dichte** f(y) mit d=b=1 und y:=1+x:

$f: \mathbf{R} \to \mathbf{R}$

$$f(y) := \begin{cases} \frac{k}{y^{k+1}}, & y \geq 1 \\ 0, & y < 1 \end{cases}, \quad 0 < k$$

10.19 Übersicht über den Zusammenhang der stetigen Verteilungen

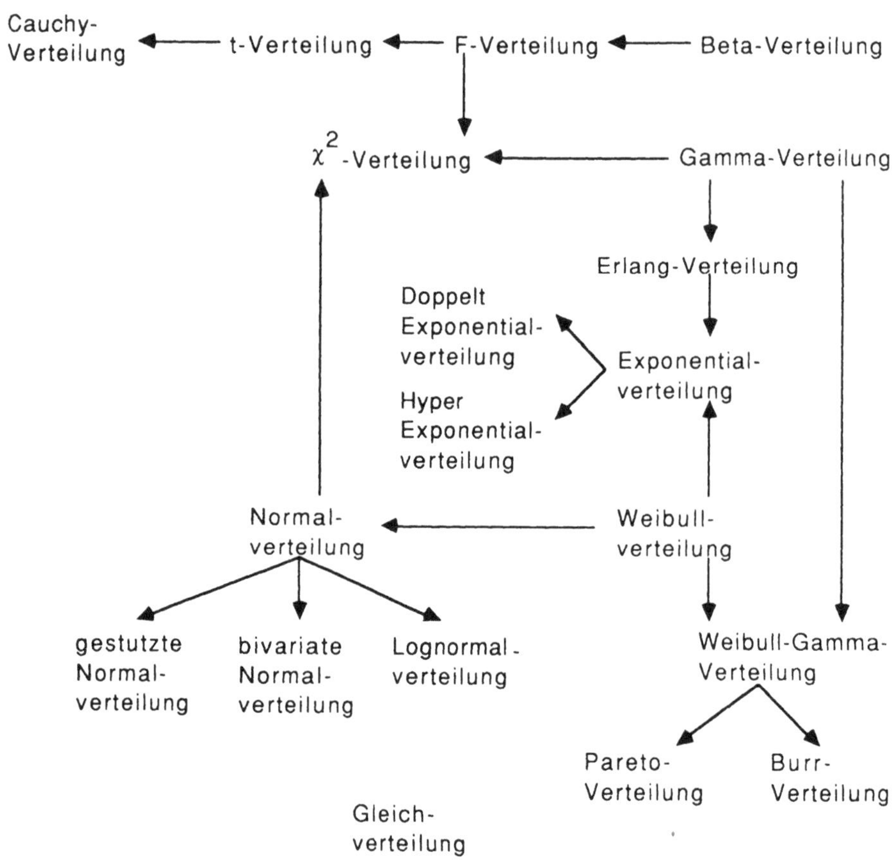

10.20 Aufgaben

Aufgabe 10.20.1
Zeigen Sie, daß die folgende doppelt exponentielle Funktion als Verteilung dienen kann:

$$P[X \le x] = F(x) = e^{-e^{-x}}.$$

Bestimmen Sie einen geeigneten Definitionsbereich.

Aufgabe 10.20.2
Bestimmen Sie die Parameter a und b derart, daß die im folgenden aufgeführte beidseitig exponentielle Funktion als Dichte dienen kann:

$$f(x) := \begin{cases} ae^{ax}, & x \le 0 \\ be^{bx}, & x > 0 \end{cases}.$$

Aufgabe 10.20.3
Zeigen Sie, daß $f(x) = xe^{-x}$ und $F(x) = 1-(1+x)e^{-x}$, $0<x<\infty$ als Dichte und Verteilung angesehen werden können. Wie beurteilen Sie diese *parameterfreie* Form ?

Aufgabe 10.20.4
Zeigen Sie, für welche Spezifikation von α und β die folgende Funktion, die Logistik, als Verteilung dienen kann.

$$F(x) = \frac{1}{1+e^{-(\alpha+\beta x)}}, \quad 0<x<\infty, 0<\alpha, 0<\beta.$$

Aufgabe 10.20.5

Zeigen Sie, daß $F(n) = 1 - \frac{1}{a+n}$, $a \ge 0$, $n = 1,2,3,\ldots$ eine diskrete Verteilungsfunktion und die zugehörige

Zähldichte $f(n) = \frac{1}{(a+n)(a+n-1)}$ ist.

Aufgabe 10.20.6
Die Stutzung einer Verteilung: Sei eine Zufallsvariable X beliebig über dem Intervall $[a_1, b_1]$ verteilt und sei A das Ereignis,daß X auf ein Teilintervall$[a_2, b_2]$, $a_1 \le a_2$, $b_2 \le b_1$ eingeschränkt sei (z.B. für die Normalverteilung $\mathcal{N}(0,\sigma^2)$ $a_1 = -\infty$, $b_1 = +\infty$ und $a_2 = -\sigma$, $b_2 = +\sigma$).
Zeigen Sie , daß, falls F(x) eine Verteilung über $[a_1, b_1]$ ist, F(x|A) eine Verteilung über $[a_2, b_2]$. ist und

$$F(x \mid A) = \frac{F(x) - F(a_2)}{F(b_2) - F(a_2)}.$$

11 Erwartungswert und Varianz

Ähnlich wie im Rahmen der deskriptiven Statistik die empirischen Verteilungen durch Lage- und Streuungsparameter beschrieben wurden (siehe Kapitel 2 und 3) können auch Verteilungen von Zufallsvariablen mit Hilfe von Maßzahlen grob beschrieben werden. Analog zu Kapitel 3 werden deshalb hier Maßzahlen für die Lage und die Streuung von Zufallsvariablen bereitgestellt. Dabei wird die Rolle der relativen Häufigkeiten nun von den entsprechenden Wahrscheinlichkeiten übernommen.
Dem arithmetischen Mittel aus Kapitel 3 entspricht der sogenannte Erwartungswert:

11.1 Der Erwartungswert

11.1.1 Definition (Erwartungswert)

a) Sei X eine diskrete Zufallsvariable mit Zähldichte $p_k = P(X=x_k)$ ($k \in \mathcal{K}$, $\mathcal{K}$ ist diejenige Indexmenge, mit der die Elemente des Ereignisraums Ω bezeichnet werden: $\Omega = \{\omega_k \mid k \in \mathcal{K}\}$. Dann heißt die Zahl

$$E(X) := \sum_{k \in \mathcal{K}} p_k x_k$$

Erwartungswert von X.

b) Sei X eine stetige Zufallsvariable mit der Dichtefunktion $f\colon D \to \mathbf{R}$. Dann heißt die Zahl

$$E(X) := \int_D x f(x) dx$$

Erwartungswert von X.

11.1.2 Beispiel

Der faire (ideale, ungezinkte) Würfel (s.o.):

$$\Omega = \{k \in \mathcal{K} \mid \mathcal{K}=\{1,2,3,4,5,6\}\} = \{1, 2, 3, 4, 5, 6\} \text{ sowie } p_k = \frac{1}{6} \quad (k=1,2,3,4,5,6)$$

gibt:

$$E(X) = \sum_{k=1}^{6} p_k x_k = \frac{1}{6} \sum_{k=1}^{6} k = 3.5.$$

11.1.3 Beispiel

Sei X eine Zufallsvariable $X : \Omega \to \mathbf{R}$ mit

$$\Omega = \{ k \in \mathcal{K} \mid \mathcal{K}=\{1,2,\ldots,K\}\} = \{ 1, 2, 3, \ldots, K\} \text{ sowie } p_k = ak \quad (k=1,2,\ldots,K).$$

Dann folgt für a (wegen der Eigenschaften der Wahrscheinlichkeit)

$$1 = \sum_{k=1}^{K} p_k = a \sum_{k=1}^{K} k = \frac{aK(K+1)}{2} \Rightarrow a = \frac{2}{K(K+1)}$$ und

$$E(X) = \sum_{k=1}^{K} p_k x_k = a \sum_{k=1}^{K} k^2 = \frac{2K+1}{3}.$$

11.1.4 Beispiel (Eine Dreiecksverteilung)

Sei X gemäß der Dreiecksverteilung 10.2 mit Parametern a=b=0, c=2 und h=1 verteilt. Dann hat X die Dichte

$$f(x) = 1 - 0.5x\,, \quad 0 \le x \le 2$$

und das Aussehen:

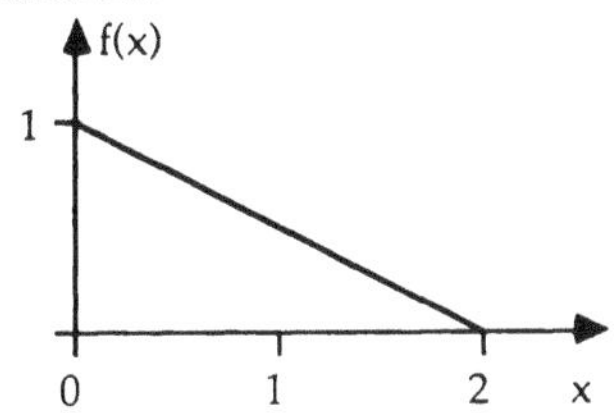

Es ist

$$E(X) = \int_D x f(x)dx = \int_0^2 (1-0.5x)x dx = \frac{x^2}{2} - \frac{x^3}{6} \Big|_0^2 = \frac{2}{3}.$$

11.1.5 Beispiel (Eine stetige Verteilung)

Sei X eine Zufallsvariable mit der Dichtefunktion

$$f(x) = ax^b, \; 0<x<b \quad (\text{d.h. } D = (0,b)).$$

Aus der Bedingung $\int_D f(x)dx = 1$ erhält man:

$$1 = \int_0^b f(x)dx = \frac{ab^{b+1}}{b+1} \Rightarrow a = \frac{b+1}{b^{b+1}}$$

und

$$E(X) = \int_D x f(x)dx = \int_0^b \left(\frac{b+1}{b^{b+1}}\right) x^{b+1} dx = \frac{b(b+1)}{b+2}.$$

11.1.6 Beispiel (Die Exponentialverteilung)

Die Zufallsvariable X sei exponentialverteilt (siehe 10.4) mit Parameter λ. Dann ist

$$E(X) = \int_D x f(x)dx = \int_0^\infty x\lambda e^{-\lambda x} dx = \frac{1}{\lambda}.$$

Dieses Ergebnis erhält man durch partielle Integration mit

$e^{-\lambda x}dx = du$ und $v = x$.

Dann ist $-\frac{1}{\lambda}e^{-\lambda x} = u$ und $dv = dx$.

Außerdem ist zu beachten, daß gilt:

$$(-xe^{-\lambda x} - \frac{1}{\lambda}e^{-\lambda x}) \to 0 \text{ für } x \to \infty .$$

11.1.7 Bemerkung (Transformation von Zufallsvariablen)
Sei g: **R** → **R** eine integrierbare Funktion. Dann gilt:

$$E(g(X)) = \sum_k g(x_k)p_k, \text{ falls X diskret ist und}$$

$$E(g(X)) = \int_D g(x)f(x)dx, \text{ falls X stetig ist.}$$

Insbesondere gilt mit $Y := a + bX$ $(a,b \in \mathbf{R})$: $E(Y) = a + b(E(X)$.

Beweis:
Ist X diskret, dann ist auch Y diskret und es gilt:

$$E(Y) = \sum_k p_k y_k = \sum_k p_k(a + bx_k) = a\sum_k p_k + b\sum_k p_k x_k = a + bE(X) .$$

Ist X stetig, dann ist auch Y stetig und es gilt:

$$E(Y) = \int_D yf(y)dy = \int_D (a+bx)f(x)dx = a\int_D f(x)dx + b\int_D xf(x)dx = a + bE(X) .$$

■

11.1.8 Satz (Ungleichung von Markov)
Sei X eine Zufallsvariable mit nichtnegativen Werten, dann gilt die folgende Markovsche Ungleichung:

$$P[X \geq c] \leq \frac{E(X)}{c}, c > 0.$$

Beweis:
Hier wird nur der diskrete Fall vorgeführt. Falls X stetig ist, verläuft der Beweis analog.

$$E(X) = \sum_k p_k x_k = \sum_{k:x_k < c} p_k x_k + \sum_{k:x_k \geq c} p_k x_k \geq$$

$$\sum_{k:x_k \geq c} p_k x_k = c \sum_{k:x_k \geq c} p_k = c\,P(X \geq c) .$$

■

11.2 Die Varianz

11.2.1 Definition (Varianz)

a) Sei X eine diskrete Zufallsvariable mit Zähldichte $p_k = P(X=x_k)$.

Dann heißt die Zahl

$$\text{var}(X) := \sum_{k\in\mathcal{K}} p_k(x_k - E(X))^2$$

Varianz von X, abgekürzt var(X).

b) Sei X eine stetige Zufallsvariable mit der Dichte $f(x)$, $x\in\mathbf{D}$, dann ist die **Varianz von X**

$$\text{var}(X) := \int_D (x - E(X))^2 f(x)dx$$

11.2.2 Satz

Es gilt: $\text{var}(X) = E(X^2) - (E(X))^2$.

Beweis:

Sei X diskret, dann gilt

$$\text{var}(X) = \sum_{k\in\mathcal{K}} p_k(x_k - E(X))^2 = \sum_{k\in\mathcal{K}} p_k[x_k^2 - 2x_kE(X) + (E(X))^2] =$$

$$= \sum_{k\in\mathcal{K}} x_k^2 p_k - 2E(X)\sum_{k\in\mathcal{K}} x_k p_k + (E(X))^2 \sum_{k\in\mathcal{K}} p_k = E(X^2) - (E(X))^2.$$

Ist X eine stetige Zufallsvariable, dann folgt entsprechend:

$$\text{var}(X) = \int_D (x - E(X))^2 f(x)dx = \int_D [x^2 - 2xE(X) + (E(X))^2] f(x)dx$$

$$= \int_D x^2 f(x)dx - 2E(X)\int_D x f(x)dx + (E(X))^2 \int_D f(x)dx = E(X^2) - (E(X))^2 \blacksquare$$

Oft ist dies eine bequemere Berechnungsweise für die Varianz als Definition 11.2.1.

11.2.3 Beispiel (Fortsetzung von Beispiel 11.1.2)

Der faire (ungezinkte) Würfel (s.o.)

$$\text{var}(X) = \sum_{k=1}^{6} p_k(X_k - E(X))^2 = \sum_{k=1}^{6} \tfrac{1}{6}(k - \tfrac{7}{2})^2 = \frac{35}{12}.$$

11.2.4 Beispiel (Fortsetzung von Beispiel 11.1.3)

$$\text{var}(X) = \sum_{k=1}^{K} p_k(x_k - E(X))^2 = \sum_{k=1}^{K} p_k x_k^2 - E(X)^2 = \frac{(K^2+K-2)}{18}.$$

11.2.5 Beispiel (Fortsetzung von Beispiel 11.1.4)
Eine Dreiecksverteilung

$$\operatorname{var}(x) = \int_D (x - E(X))^2 f(x)dx = \int_0^2 (x - \tfrac{2}{3})^2 (1 - \tfrac{1}{2}x)dx = \frac{2}{9}.$$

11.2.6 Beispiel (Fortsetzung von Beispiel 11.1.5)

$$E(X^2) = \int_D x^2 f(x)dx = \int_0^b \left(\frac{b+1}{b^{b+1}}\right) x^{b+2} dx = \frac{b^2(b+1)}{(b+3)} \quad \text{und}$$

$$\operatorname{var}(X) = \int_D (x - E(X))^2 f(x)dx = \frac{b^2(b+1)}{(b+2)^2(b+3)}.$$

11.2.7 Bemerkung (Lineare Transformation der Zufallsvariablen)
Ist X eine Zufallsvariable und $Y = a + bX$, $a,b \in \mathbf{R}$, d.h. X wird linear transformiert, dann gilt:

$$\operatorname{var}(Y) = b^2 \operatorname{var}(X).$$

Beweis:
Sei X diskret, dann ist:

$$\operatorname{var}(Y) = \sum_{k \in \mathcal{K}} p_k (y_k - E(Y))^2 = \sum_{k \in \mathcal{K}} p_k [a + bx_k - a - bE(X)]^2$$

$$= b^2 \sum_{k \in \mathcal{K}} p_k (x_k - E(X))^2 = b^2 \operatorname{var}(X).$$

Ist X eine stetige Zufallsvariable, dann ist auch Y stetig, und für die Varianz folgt entsprechend

$$\operatorname{var}(Y) = \int_D (y - E(Y))^2 f(y)dy = \int_D (a + bx - a - bE(X))^2 f(x)dx$$

$$= \int_D (bx - bE(X))^2 f(x)dx = \int_D b^2 (x - E(X))^2 f(x)dx = b^2 \operatorname{var}(X). \quad \blacksquare$$

Verallgemeinerungen der Definitionen von Erwartungswert und Varianz sind die folgenden Definitionen:

11.2.8 Definition (r-tes Moment $E(X^r)$, r=1,2,3,...)
Sei X eine diskrete Zufallsvariable, dann ist das
r^te^ (theoretische) Moment von X, abgekürzt $E(X^r)$, r=1,2,3,....

$$E(X^r) := \sum_{k \in \mathcal{K}} p_k x_k^r .$$

Sei X eine stetige Zufallsvariable mit der Dichte f(x), $x \in \mathbf{D}$, dann ist das
r^te^ (theoretische) Moment von X, abgekürzt $E(X^r)$, r=1,2,3,...

$$E(X^r) := \int_D x^r f(x)dx .$$

Mit der Ersetzung von X^r bzw. x^r durch $[X - E(X)]^r$ bzw. $[x - E(X)]^r$ in Definition 11.2.8 folgt

11.2.9 Definition (r-tes zentriertes Moment $E[X-E(X)]^r$, r=1,2,3,...)

$$E[X - E(X)]^r := \sum_{k \in \mathcal{K}} p_k (x_k - E(X))^r ,$$

$$E[X - E(X)]^r := \int_D (x - E(X))^r f(x)dx .$$

Definitionen 11.2.8 und 11.2.9 geben ein allgemeines Bildungsgesetz für Momente.

11.3 Allgemeine Momente

Stellt man die beiden Begriffe des Mittelwerts in empirischen Zahlen und des Erwartungswerts in Zufallszahlen gegenüber, so sieht man, daß beide nach dem gleichen Prinzip konstruiert sind und damit eine gemeinsame Bezeichnung als **Moment** gerechtfertigt ist. Für diskrete Elemente ist es offensichtlich, für stetige Zufallszahlen folgt der Übertrag analog.

das empirische Moment (allgemeiner Mittelwert)	**das theoretische Moment** (allgemeiner Erwartungswert)
$\overline{x^r} := \sum_{k=1}^{K} \frac{1}{K} x_k^r$, r=1,2,...	$E(X^r) := \sum_{k \in \mathcal{K}} p_k x_k^r$

An die Stelle der Zähldichte tritt in empirischen Momenten 1/K.

11.3.1 Beispiel
Für die **Bernoulli-Verteilung** lassen sich Erwartungswert und Varianz unmittelbar hinschreiben:

$$E(X) = 1\,p + 0\,(1-p) = p,$$
$$var(X) = (1-p)^2\,p + (0-p)^2\,(1-p) = p(1-p) = pq\ (q:=1-p).$$

11.3.2 Beispiel
Für die **Binomial-Verteilung** gilt für Erwartungswert und Varianz

$$E(X) = np \quad \text{und} \quad var(X) = np(1-p) = npq.$$

Die direkte Bestimmung von Erwartungswert und Varianz für die **Binomial-Verteilung**, nämlich für

$$E(X) = \sum_{k=0}^{n} k \binom{n}{k} p^k (1-p)^k \quad \text{und} \quad var(X) = \sum_{k=0}^{n} (k-np)^2 \binom{n}{k} p^k (1-p)^k$$

führt in einige kunstreiche Umformungen von Binomialkoeffizienten und soll hier nur für den Mittelwert vorgeführt werden:

$$E(X) = \sum_{k=0}^{n} k \binom{n}{k} p^k (1-p)^k = \sum_{k=0}^{n} \frac{n!k}{(n-k)!k!} p^k (1-p)^k$$

$$= np \sum_{k=1}^{n} \frac{(n-1)!}{(k-1)!(n-k)!} p^{k-1} (1-p)^{(n-1)-(k-1)}$$

$$= np \sum_{j=0}^{m} \binom{m}{j} p^j (1-p)^{m-j}, \quad m:=n-1,\ j:=k-1$$

$$= np.$$

Es gibt auch einen zweiten Zugang, auf den später eingegangen wird (s.u. 13.1.5 die **Binomial-Verteilung** als Summe von n unabhängig und identisch verteilten Bernoulli-Zufallsvariablen).

11.3.3 Beispiel
Für die **geometrische Verteilung** können Erwartungswert und Varianz durch einen Kunstgriff besonders einfach bestimmt werden.

$$E(X) = \sum_{k=0}^{\infty} kp_k = \sum_{k=0}^{\infty} kp(1-p)^k = p(1-p) \sum_{k=0}^{\infty} k(1-p)^{k-1}.$$

Für eine Identität wie die geometrische Reihe $\sum_{k=0}^{\infty} (1-p)^k = \frac{1}{p}$

müssen die Ableitungen auf beiden Seiten übereinstimmen.
Daher gilt für den Erwartungswert, daß die letzte Summe in (10.3.3.1), die

Summe der folgenden ersten Ableitungen

$$\frac{d((1-p)^k)}{d(1-p)}, \; k=0,1,2,...$$

mit der Ableitung von $\frac{1}{p}$ übereinstimmen muß.

Damit folgt:

$$E(X) = p(1-p)\frac{d(\frac{1}{p})}{d\,p}\,\frac{d\,p}{d(1-p)} = \frac{1-p}{p} =: \frac{q}{p}.$$

In gleicher Weise wird für die Varianz die zweite Ableitung benutzt, d.h.

$$E(X^2) = \sum_{k=0}^{\infty} k^2 p_k = \sum_{k=0}^{\infty} k^2 p(1-p)^k = \sum_{k=0}^{\infty} \{(1-p)^2 p[k(k-1)(1-p)^{k-2}] + kp(1-p)^k\}$$

woraus nach einiger Umrechnung folgt:

$$\mathrm{var}(X) = \frac{1-p}{p^2} = \frac{q}{p^2}.$$

Für die Verallgemeinerung der geometrischen Verteilung, die Pascalverteilung, folgen für den Mittelwert und die Varianz ($0<p<1$; $q:=1-p$):

$$E(X) = \frac{rq}{p} \quad \text{und} \quad \mathrm{var}(X) = \frac{rq}{p^2}.$$

Der allgemeine Beweis ist am einfachsten aus der Analyse der Momenterzeugenden Funktion, die hier nicht vorgeführt wird, oder aber aus der Summe von Zufallsvariablen (s.u. Satz 13.1.1) zu vollziehen.

11.3.4 Beispiel

Für die **Poisson-Verteilung** können Erwartungswert und Varianz ebenfalls (siehe Definition 6.1.1) besonders einfach bestimmt werden.

$$E(X) = \sum_{k=0}^{\infty} kp_k = \sum_{k=0}^{\infty} k\frac{\lambda^k e^{-\lambda}}{k!} = \lambda \sum_{k=1}^{\infty} \frac{\lambda^{k-1} e^{-\lambda}}{(k-1)!} = \lambda e^{-\lambda} \sum_{k=0}^{\infty} \frac{\lambda^k}{k!} = \lambda$$

Für die Varianz kann mit der folgenden Beziehung zwischen Momenten

$$E[X(X-1)] = \sum_{k=0}^{\infty} k(k-1)p_k = \sum_{k=0}^{\infty} k(k-1)\frac{\lambda^k e^{-\lambda}}{k!} = \lambda^2 \sum_{k=2}^{\infty} \frac{\lambda^{k-2} e^{-\lambda}}{(k-2)!} = \lambda^2 e^{-\lambda} \sum_{k=0}^{\infty} \frac{\lambda^k}{k!} = \lambda^2$$

dann gefolgert werden:

$$\mathrm{var}(X) = E[X(X-1)] - E(X)[E(X)-1] = \lambda^2 - \lambda(\lambda-1) = \lambda.$$

M.a.W. für die Poisson-Zähldichte stimmen Erwartungswert und Varianz *identisch* überein.

11.3.5 Beispiel
Für die **hypergeometrische Verteilung** folgen Erwartungswert und Varianz aus einer geschickten Umformung verschiedener Binomialkoeffizienten (vergl. Mood-Graybill):

$$E(X) = \frac{Mn}{N}, \quad Var(X) = \frac{M(N-M)(N-n)n}{N^2(N-1)}.$$

11.3.6 Beispiel
Ein Beispiel einer Zähldichte, für die der Mittelwert nicht existiert, ist

$$p_j = P[X=j] = \frac{1}{j(j+1)}, \quad j=1,2,\ldots$$

Damit ist tatsächlich eine Zähldichte gegeben, denn

$$\sum_{j=1}^{n} \frac{1}{j(j+1)} = \frac{n}{n+1} \text{ und damit } \lim_{n \to \infty} \frac{n}{n+1} = 1.$$

Zur Bestimmung des Erwartungswertes

$$E(X) = \sum_{j=1}^{n} p_j\, j = \sum_{j=1}^{n} \frac{j}{j(j+1)} = \sum_{j=1}^{n} \frac{1}{j+1}$$

wird die folgende Abschätzung benutzt:

$$\sum_{k=2^j+1}^{2^{j+1}} \frac{1}{k} \geq \frac{1}{2}, \; j = 0, 1, 2, \ldots,$$

denn insgesamt treten in der Teilsumme $(2^{j+1} - 2^j) = 2^j$ Terme auf; multipliziert mit dem kleinsten Wert gibt es die untere Schranke

$$\frac{(2^{j+1} - 2^j)}{2^{j+1}} = \frac{1}{2}, \; j = 0,1,2,\ldots$$

und folglich

$$\lim_{n \to \infty} \sum_{j=0}^{n} \sum_{k=2^j+1}^{2^{j+1}} \frac{1}{k} \geq \lim_{n \to \infty} \sum_{j=0}^{n} \frac{1}{2} = \lim_{n \to \infty} \frac{n}{2}.$$

Damit ist E(X) beliebig groß.

11.3.7 Beispiel
Für die **Normalverteilung** sei nur darauf hingewiesen (ohne Beweis), daß

(1) $E(X) = \mu$

(2) $var(X) = \sigma^2$.

M.a.W. die in der Spezifikation der Normaldichte auftretenden Parameter sind Erwartungswert und Varianz. Ein einfacher Beweis für (1) folgt aus dem Satz 11.3.8 zur Symmetrie einer (Zähl-)Dichte. Für (2) siehe man z.B. M. Fisz.

11.3.8 Satz

Eine um den Punkt S symmetrisch verteilte Zufallsvariable X hat den Mittelwert S.

Beweis:
Sei X diskret. Dann gibt es zu jeder Realisierung $S+x_k =: y_k$ mit $p_k = P[X = y_k]$ ein anderes $y_i=S-x_k$ mit gleichem $p_k = p_i = P[X = y_i]$; damit ist der Beweis für den diskreten Fall abgeschlossen.
Sei X stetig. Dann gilt für die Dichte $f(S+x) = f(S-x)$. ■

11.3.9 Beispiel
Sei $p_1 = P[X = -2]$, $p_2 = P[X = -1]$, $p_3 = P[X = 1]$, $p_4 = P[X = 2]$ und $p_1 = p_4$ und $p_2 = p_3$, dann ist S=0.

11.3.10 Beispiel
Für die **stetige Gleichverteilung** auf dem Intervall [a,b] folgen Erwartungswert und Varianz aus einfacher und direkter Integration (unter mehrfachem Ausnutzen von $b^2 - a^2 = (b + a)(b - a)$

$$E(X) = \int_a^b xf(x)dx = \frac{1}{(b-a)}\int_a^b xdx = \frac{x^2}{2(b-a)}\Big|_a^b = \frac{b+a}{2}$$

$$var(X) = \int_a^b (x - \frac{b+a}{2})^2 f(x)dx = \frac{1}{(b-a)}\int_a^b (x - \frac{b+a}{2})^2 dx$$

$$= \frac{(4x^3 - 6(a+b)x^2 + 3(a+b)^2 x)}{12(b-a)}\Big|_a^b = \frac{(b-a)^2}{12}.$$

Für die diskrete Gleichverteilung sind die beiden Momente mit den obigen identisch übereinstimmend (trotz der unterschiedlichen Definition von Dichte und Zähldichte).

11.3.11 Beispiel

Für die **Paretoverteilung** werden Erwartungswert und Varianz mit der Variablentransformation

$$z := \frac{1}{x}, \quad dz = -\frac{1}{x^2}\,dx$$

bestimmt. Für den Erwartungswert folgt:

$$E(X) = \int_b^\infty x\, f(x)\, dx = ab^a \int_b^\infty \left(\frac{1}{x}\right)^{a-2} dx =$$

$$= -ab^a \int_{1/b}^{0} z^{a-2}\, dz = -ab^a \frac{z^{a-1}}{a-1} \Big|_{1/b}^{0} = \frac{ab}{a-1} \quad \text{für } a > 1$$

Für die Varianz folgt:

$$\operatorname{var}(X) = E(X^2) - E(X)^2$$

mit:

$$E(X^2) = \int_b^\infty x^2 f(x)\, dx = ab^a \int_b^\infty \left(\frac{1}{x}\right)^{a-1} dx$$

$$= -ab^a \int_{1/b}^{0} z^{a-3}\, dz = -ab^a \frac{z^{a-2}}{a-2} \Big|_{1/b}^{0} = \frac{ab^2}{a-2} \quad \text{für } a > 2,$$

also

$$\operatorname{var}(X) = \frac{ab^2}{a-2} - \frac{a^2 b^2}{(a-1)^2} = \frac{ab^2}{(a-2)(a-1)^2}.$$

11.3.12 Beispiel

Die Dichte dieses Beispiels zeigt, daß eine stetige Verteilung keinen Erwartungswert zu besitzen braucht. Sei die Dichte

$$f(x) = \begin{cases} \frac{10}{x^2}, & 10 < x \\ 0, & x \le 10. \end{cases}$$

Dann ist die Verteilung

$$F(x) = 1 - \frac{10}{x}, \quad 10 < x,$$

und für den Erwartungswert folgt

$$E(X) = \int_{10}^{\infty} x f(x) dx = \int_{10}^{\infty} \frac{10}{x} dx = 10 \ln x \,\Big|_{10}^{\infty}.$$

Dieser Ausdruck ist aber nicht definiert, da er beliebig groß wird.

Ein weiterer Begriff, der Erwartungswert und Varianz in einer dimensionslosen Kennzahl verbindet, ist der Variationskoeffizient.

11.3.13 Definition (Variationskoeffizient):
Sei X eine Zufallsvariable (diskret oder stetig) mit E(X) und var(X) verschieden von Null, dann heißt

$$V(X) := \frac{+\sqrt{var(X)}}{E(X)}$$

Variationskoeffizient.

Für die Binomialverteilung gilt z.B. $V(X) := \sqrt{\frac{q}{np}}$,

während für die geometrische Verteilung gilt $V(X) := \frac{1}{\sqrt{q}}$

und für die Poisson-Verteilung: $V(X) := \frac{1}{\sqrt{\lambda}}$.

11.3.14 Satz (Die Standardisierung einer Zufallsvariablen)
Sei X eine Zufallsvariable mit Erwartungswert $E(X) =: \mu$
und Varianz, bzw. Standardabweichung $var(X) =: \sigma^2, \sqrt{var(X)} = \sigma$,
dann gilt für die normalisierte (standardisierte) Zufallsvariable, d.h. für die Zufallsvariable $Y := \frac{X - \mu}{\sigma}$:

$$E(Y) = 0, \; var(Y) = 1.$$

Beweis:
Für den Beweis gibt es zwei Wege: der **erste Weg** benutzt die Definitionen (a,b seien die transformierten Integrationsgrenzen):

$$E(Y) = \int_a^b \left(\frac{x-\mu}{\sigma}\right) f(x)dx = \frac{1}{\sigma}\left[E(X) - \mu \int_a^b f(x)dx\right] = 0,$$

$$var(Y) = \int_a^b \left(\frac{x-\mu}{\sigma}\right)^2 f(x)dx = \frac{1}{\sigma^2}\int_a^b (X - \mu)^2 f(x)dx = 1.$$

Für den diskreten Fall ist der Beweis entsprechend:

$$E(Y) = \Sigma\, Y_j\, p_j = \Sigma \frac{X_j - E(X)}{\sigma} p_j = \frac{\Sigma X_j p_j - E(X) \Sigma p_j}{\sigma} = 0,$$

$$\mathrm{var}(Y) = \Sigma\, (Y_j - 0)^2 p_j = \frac{\Sigma [X_j - E(X)]^2 p_j}{\sigma^2} = \frac{\sigma^2}{\sigma^2} = 1.$$

Der **zweite, elegantere Weg** benutzt die Tatsache, daß Y eine lineare Transformation von X ist:

$$Y = \frac{1}{\sigma} X - \frac{\mu}{\sigma}.$$

Folglich gilt (s.o. die Bemerkungen 11.1.7 und 11.2.7):

$$E(Y) = \frac{1}{\sigma} E(X) - \frac{\mu}{\sigma} = 0 \quad \text{und}$$

$$\mathrm{var}(Y) = \frac{1}{\sigma^2} \mathrm{var}(X) = 1. \qquad \blacksquare$$

Aus dem Satz folgt unmittelbar, daß durch Subtraktion des Erwartungswerts eine Zufallsvariable entsteht, die den Mittelwert Null hat, d.h. sei

$$Y := X - E(X), \text{ dann gilt } E(Y) = 0.$$

Dies Ergebnis kann man auch direkt zeigen:

Fall 1 (der diskrete Fall)
Für den Erwartungswert von Y folgt:

$$E(Y) = \Sigma\, Y_j\, p_j = \Sigma\, [X_j - E(X)]\, p_j = \Sigma\, X_j p_j - E(X) \Sigma\, p_j = 0$$

Fall 2 (der stetige Fall)
Für den Erwartungswert von Y folgt:

$$E(Y) = \int y f(y) dy = \int (x - E(X)) f(x) dx = E(X) - E(X) \int f(x) dx = 0.$$

11.4 Übersicht über einige Erwartungswerte und Varianzen

Verteilung	Erwartungswert	Varianz
Binomial-Verteilung **B(n,p)**	np	$np(1-p)$
geometrische Verteilung **NB(1,p)**	$\frac{1-p}{p}$	$\frac{1-p}{p^2}$
Pascal-Verteilung **NB(r,p)**	$\frac{r\,(1-p)}{p}$	$\frac{r\,(1-p)}{p^2}$
hypergeometrische Verteilung **H(M,N,n)**	$\frac{M\,n}{N}$	$\frac{M\,(N-M)(N-n)n}{N^2(N-1)}$
Poisson-Verteilung **P(λ)**	λ	λ
stetige Gleichverteilung **U(a,b)**	$\frac{a+b}{2}$	$\frac{(b-a)^2}{12}$
Pareto-Verteilung	$\frac{a\,b}{a-1}$	$\frac{a\,b^2}{(a-1)^2(a-2)^2}$, $a\neq1$, $a\neq2$
Exponential-Verteilung **P(1,λ)**	$\frac{1}{\lambda}$	$\frac{1}{\lambda^2}$
Erlang-Verteilung **P(n,λ)**	$\frac{n}{\lambda}$	$\frac{n}{\lambda^2}$
Weibull-Verteilung	$\frac{\Gamma(\frac{1+n}{n})}{\sqrt[n]{\lambda}}$	$\frac{\Gamma(\frac{2+n}{n})-(\Gamma(\frac{1+n}{n}))^2}{\sqrt[n]{\lambda^2}}$

beidseitige Exponential-Verteilung	0	$\frac{1}{\lambda^2}$
Normal-Verteilung $\mathcal{N}(\mu, \sigma)$	μ	σ^2
Lognormal-Verteilung	$e^{a + \frac{\sigma^2}{2}}$	$e^{2a + \sigma^2}(e^{\sigma^2} - 1)$
Cauchy-Verteilung	gibt es nicht	gibt es nicht
Students t-Verteilung (Standardfall der Tabelle)	0	$\frac{n}{n-2}$, $n>2$
Beta-Verteilung	$\frac{\alpha}{\alpha + \beta}$	$\frac{\alpha \beta}{(\alpha + \beta)^2 (\alpha + \beta + 1)}$
F-Verteilung	$\frac{f_1}{f_1 - 2}$	$\frac{2 f_1^2 (f_2 + f_1 - 2)}{f_2 (f_1 - 2)^2 (f_1 - 4)}$
Gamma-Verteilung $G(\alpha, \beta)$	$\alpha \beta$	$\alpha \beta^2$
Chi-Quadrat-Verteilung $G(\alpha, 2) = \chi^2(g)$	g	2g

11.5 Aufgaben

Aufgabe 11.5.1

Sei u normalverteilt $\mathcal{N}(\mu,\sigma^2)$; zeigen Sie, daß gilt

$$E(e^{au}) = e^{a\mu} + \frac{1}{2}\sigma^2 .$$

(Dieser Fall spielt in der Ökonometrie, z. B. der Schätzung loglinearer Gleichungen eine große Rolle und zeigt außerdem, daß die einfache Regel der linearen Transformation (Bemerkung 11.1.7) hier nicht zutrifft.)

Aufgabe 11.5.2

Ein bedeutsamer Anwendungsfall für den Variationskoeffizienten ist in der Zuverlässigkeitstheorie, in der Verteilungen danach klassifiziert werden, ob V(X) größer, kleiner oder gleich 1 ist. Ein Hauptfall sind Verteilungen mit V(X) = 1; dies sind z.B. die Exponentialverteilung oder die lognormale Verteilung mit Parameter σ^2 = ln2 (s.o. 10.10).
Zeigen Sie dies für die Weibull- und Gammaverteilung.

Aufgabe 11.5.3

Sei X ~ **U**(0,1). Bestimmen Sie Erwartungswert und Varianz für X^n, n=1,2,3,....
[Hinweis: Die Lösung folgt direkt aus den Definitionen, und ist

$$E(X^n) = \frac{1}{n+1} \quad \text{und} \quad var(X^n) = \frac{1}{2n+1} - \frac{1}{n+1^2} \;]$$

Aufgabe 11.5.4

Sei X eine beliebig verteilte nichtnegative, ganzzahlige Zufallsvariable. Beweisen Sie folgende Abschätzung.

$$P[X \mid X>0] \geq \frac{E(X^2)}{E(X)^2} .$$

[Hinweis: Wie in 7.2 ausgeführt, sind *bedingte* Wahrscheinlichkeiten ebenfalls Wahrscheinlichkeiten; damit gelten auch alle Ergebnisse, was die Erwartungswertbildung anlangt. Für eine bestimmte Bedingung A gilt:

$$E(X \mid A)\,P[A] + E(X \mid \bar{\mathcal{A}})\,P[\bar{\mathcal{A}}] = E(X).$$

Mit {A} = {X>0} sowie der Verteilungsannahme folgen:

$$E(X \mid \mathcal{A})\,P[\mathcal{A}] = E[X \mid X>0]\,P[X>0] = E(X)$$

$$E(X^2 \mid \mathcal{A})\,P[\mathcal{A}] = E[X^2 \mid X>0]\,P[X>0] = E(X^2), \text{ usw.}$$

Aus der Definition der Varianz folgt dann die Ungleichung:

(*) $$E(X^2) \geq E[X \mid X>0]^2\,P[X>0] ,$$

sowie aus der Verteilungsannahme, daß der bedingte Mittelwert nur größer als der unbedingte ist:

$$E(X^2) \geq E[X]^2\,P[X>0] .$$

Dies gibt eine erste, triviale, obere Abschätzung:

$$P[X>0] \leq 1 \leq \frac{E(X^2)}{E(X)^2}$$

Durchmultiplikation in (*) mit P[X>0] aber gibt:

$$E(X^2)P[X>0] \geq E[X \mid X>0]^2\,P[X>0]^2 = E[X]^2$$

und damit eine nichttriviale, untere Schranke:

$$0 < \frac{E(X)^2}{E(X^2)} \leq P[X>0] .$$

Anwendung 1:

Sei X gleichverteilt über {0, 1, 2}. Damit sind E(X)=1, $E(X^2)$=5/3, und die Ungleichung liefert:

$$0<\frac{E(X)^2}{E(X^2)}=\frac{3}{5}=0.6\le P[X\mid X>0]=P[X>0]=\frac{2}{3}=0.\bar{6}.$$

Anwendung 2:

Sei X Poissonverteilt mit Parameter λ. Damit sind E(X)=λ, $E(X^2)=\lambda(1+\lambda)$und die Ungleichung liefert

$$0<\frac{E(X)^2}{E(X^2)}\ \frac{\lambda^2}{\lambda(1+\lambda)}=\frac{\lambda}{1+\lambda}\le P[X>0]=1-P_0=1-e^{-\lambda}.$$

Für λ = 1, z.B. $1/2 \le 1-e^{-1} = 0.6321$

Aufgabe 11.5.5

Bestimmen Sie die Erwartungswerte für Erlang (bzw. Gamma)- und Weibull-Verteilung.

a) Die Erlangverteilung (1.Verallgemeinerung der Exponentialverteilung)

$$E(X)=\int_D xf(x)dx=\int_0^\infty \frac{x^n\lambda^n e^{-\lambda x}}{(n-1)!}dx=\frac{n}{\lambda},$$

$$\mathrm{var}(X)=\frac{n}{\lambda^2}.$$

b) Die Weibullverteilung (2.Verallgemeinerung der Exponentialverteilung)

$$E(X)=\int_D xf(x)dx=\int_0^\infty x^n\lambda e^{-\lambda x^n}dx=\frac{\Gamma(\frac{1+n}{n})}{\lambda}.$$

Aufgabe 11.5.6

Zeigen Sie, daß, falls E(X) nicht existiert, dann auch alle weiteren Momente nicht existieren:

Nichtexistenz von E(X) ⇒ Nichtexistenz von $E(X^r)$, r>1.

Hinweis: Als erstes zeige man dies für Beispiel 11.3.12, in dem dies auf jeden Fall durch eine direkte Integration gelingt. Aber das gilt auch allgemein!

Aufgabe 11.5.7

Sei eine 3-punktige Zähldichte

$$P[X=n/3] = 1/n$$
$$P[X=n^2/3] = 1/n^2$$
$$P[X=n^2/[3(n^2-n-1)]] = (n^2-n-1)/n^2.$$

Zeigen Sie, daß der Erwartungswert E(X) = 1 (für alle n) ist, aber die Varianz für n -> ∞ nicht existiert.

Aufgabe 11.5.8

Sei eine diskrete Zufallsvariable $P[X_n=2^{n-1}]=\left(\frac{1}{2}\right)^n$, n=1,2,...

a) Zeigen Sie, daß X eine Zufallsvariable ist.

b) Bestimmen Sie den Erwartungswert!

Dies Problem wird üblicherweise als St.Petersburg-Paradox bezeichnet.

12 Zweidimensionale Zufallsvariable

Wie im ersten Abschnitt über deskriptive Statistik (siehe Kapitel 4), in dem Daten bezüglich zweier Merkmale erhoben und dargestellt worden sind, wenden wir uns jetzt zwei (oder mehreren) Zufallsvariablen zu und damit insbesondere der Frage, ob zwischen beiden Zufallsvariablen ein Zusammenhang besteht und wie der Grad oder das Ausmaß dieses Zusammenhanges gemessen werden kann.

12.1 Diskrete Zufallsvariable

Seien nun X und Y zwei diskrete Zufallsvariablen mit endlichem Wertebereich, dann lassen sich deren Realisierungen und die zugehörigen Realisationswahrscheinlichkeiten (analog zu Kapitel 4) als Kontingenztabelle darstellen:

X \ Y	y_1	y_2	...	y_{m_2}	
x_1	p_{11}	p_{12}	...	p_{1m_2}	$p_{1.}$
x_2	p_{21}	p_{22}	...	p_{2m_2}	$p_{2.}$
⋮					
x_{m_1}	$p_{m_1 1}$	$p_{m_1 2}$	...	$p_{m_1 m_2}$	$p_{m_1 .}$
	$p_{.1}$	$p_{.2}$	...	$p_{.m_2}$	$p_{..}$

Kontingenztafel zweier diskreter Zufallsvariablen X und Y

Die im fett umrandeten Inneren der Tabelle auftretenden Wahrscheinlichkeiten werden als **gemeinsame Wahrscheinlichkeiten** der Zufallsvariablen (X,Y) bezeichnet, während die Wahrscheinlichkeiten in der Randspalte bzw. Randzeile **Randwahrscheinlichkeit** für die Variable X bzw. die Variable Y heißen.
Hier wird entsprechend zu Kapitel 4 von der sogenannten Punktschreibweise Gebrauch gemacht.
Die Betrachtung der einzelnen Variablen (entweder X oder Y) unterscheidet sich nicht von dem, was für eindimensionale Zufallsvariablen in Kapitel 9 und 11 gesagt wurde.

Der neue Begriff ist der der gemeinsamen Wahrscheinlichkeit p_{ij} mit $0 \le p_{ij} \le 1$, $\sum\sum p_{ij} = 1$ $(i=1,2,...,m;\ j=1,2,...n)$ Der Einfachheit der Schreibweise wegen wird $m_1 =: m$ und $m_2 =: n$ gesetzt.

12.1.1 Beispiel (Randverteilung und gemeinsame Verteilung)
Die folgenden zwei Verteilungen zeigen, daß unterschiedliche gemeinsame Verteilungen zu identischen Randverteilungen sowohl für X, als auch für Y führen können.
Die erste gemeinsame Verteilung sei:
P[X=-1,Y=0] = P[X=0,Y=1] = P[X=0,Y=-1] = P[X=1,Y=1] = 1/4.

Die Randverteilungen sind:

P[X=-1] = 1/4		P[Y=-1] = 1/4
P[X= 0] = 1/2	und (entsprechend aus Symmetriegründen)	P[Y= 0] = 1/2
P[X= 1] = 1/4		P[Y= 1] = 1/4

Die zweite gemeinsame Verteilung sei:
P[X=-1,Y= 1] = P[X=-1,Y=-1] = P[X= 1,Y= 1] = P[X= 1,Y=-1] = 1/8 und
P[X= 0,Y= 0] = 1/2.

Die Randverteilung ist die gleiche wie für die erste gemeinsame Verteilung:

P[X=-1] = 1/4		P[Y=-1] = 1/4
P[X= 0] = 1/2	und (entsprechend aus Symmetriegründen)	P[Y= 0] = 1/2
P[X= 1] = 1/4		P[Y= 1] = 1/4

Zur Verdeutlichung des Beispiels folgen zwei Abbildungen für die gemeinsamen Wahrscheinlichkeiten.

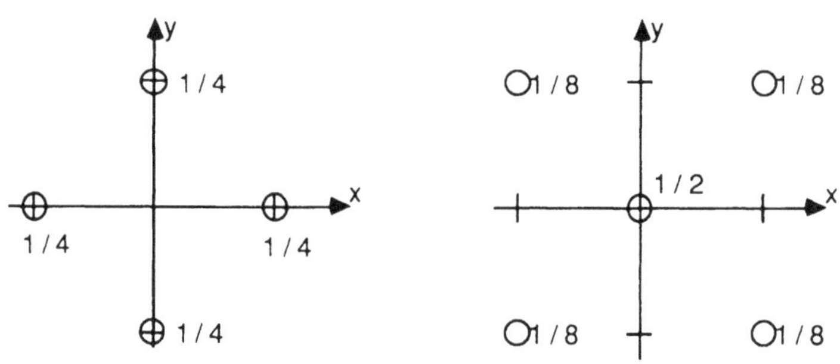

M.a.W. aus den gemeinsamen Wahrscheinlichkeiten folgen die Randwahrscheinlichkeiten, aber im Regelfall *nicht* umgekehrt. Eine bedeutsame Ausnahme ist der Fall der Unabhängigkeit (s.u. Definition 12.1.4), für den aus den Randwahrscheinlichkeiten auf die gemeinsamen Wahrscheinlichkeiten geschlossen werden kann.

Zu den Begriffen Erwartungswert und Varianz der Einzelvariablen X und Y kommen jetzt noch analoge Meßzahlen (Lageparameter) bezüglich des gemeinsamen Auftretens von Realisierungen von X und Y. Der wichtigste Begriff ist der der Kovarianz:

12.1.2 Definition (Kovarianz)
Die Zahl

$$\mathrm{Cov}(X,Y) := \sum_{j=1}^{n} \sum_{i=1}^{m} [x_i - E(X)]\,[y_j - E(Y)]\, p_{ij}$$

heißt **Kovarianz** von X und Y.

Eine oft bequeme Formel zur Bestimmung der Kovarianz wird durch die folgende Bemerkung gegeben:

12.1.3 Bemerkung (Berechnung der Kovarianz)

$$\mathrm{Cov}(X,Y) = E(XY) - E(X)E(Y)\,.$$

Beweis:

$$\begin{aligned}\mathrm{Cov}(X,Y) &= \sum_{j=1}^{n} \sum_{i=1}^{m} [x_i - E(X)]\,[y_j - E(Y)]\, p_{ij}\\ &= \sum_{j=1}^{n} \sum_{i=1}^{m} [x_i\, y_j - x_i\, E(Y) - y_j E(X) + E(X)E(Y)]\, p_{ij}\\ &= \sum_{j=1}^{n} \sum_{i=1}^{m} x_i\, y_j p_{ij} - E(Y)\sum_{i=1}^{m} x_i\, p_{i\,.} - E(X)\sum_{j=1}^{n} y_j p_{.\,j} + E(X)E(Y)\\ &= E(XY) - E(X)E(Y)\,.\end{aligned}$$

■

Der neue Ausdruck E(XY) ist dabei entsprechend dem in Kapitel 11 vorgestellten allgemeinen Bildungsgesetz für Erwartungswerte wie folgt definiert:

$$E(XY) := \sum_{j=1}^{n} \sum_{i=1}^{m} x_{i\,.}\, y_{.\,j} p_{ij}\,.$$

12.1.4 Definition (Unabhängigkeit)
Zwei Zufallsvariable X und Y heißen **unabhängig**, wenn gilt:

$$p_{ij} = P(X = x_i, Y = y_j) = P(X = x_i)\, P(Y = y_j) = p_{i.}\; p_{.j}\,.$$

12.1.5 Satz (Kovarianz unabhängiger Zufallsgrößen)
Falls die Zufallsvariablen X und Y unabhängig sind, gilt:

$$\mathrm{Cov}(X,Y) = 0.$$

Beweis:
Die Behauptung folgt unmittelbar aus der Definition der Unabhängigkeit. Für unabhängige X und Y gilt

$$p_{ij} = p_{i.} \cdot p_{.j}$$

Damit folgt

$$E(XY) = [\sum_{i=1}^{m} x_{i.} p_{i.}] [\sum_{j=1}^{n} y_{.j} p_{.j}] = E(X)\, E(Y) .$$

■

12.1.6 Bemerkung (Cov(X,Y)=0 ≠> Unabhängigkeit von X und Y)
Der Umkehrschluß, daß zwei Zufallsvariable X und Y unabhängig seien, wenn Cov(X,Y) = 0 ist, ist falsch!
Da dies in Anwendungen of übersehen wird, sollen im folgenden einige Beispiele zum Zusammenhang von Kovarianz und Unabhängigkeit dargestellt werden:

12.1.7 Beispiel

X \ Y	-2	-1	1	2	
1	0	1/4	1/4	0	1/2
4	1/4	0	0	1/4	1/2
	1/4	1/4	1/4	1/4	

Es folgen E(X) = 5/2, var(X) = 9/4
E(Y) = 0, var(Y) = 5/2
E(XY) = 0
und damit Cov(X,Y)= 0, obwohl X und Y **nicht** unabhängig sind, wie die Tabelle der gemeinsamen Wahrscheinlichkeiten auf einen Blick zeigt.

12.1.8 Beispiel (Feller, 1961, S.236)
Seien U und V zwei unabhängige und identisch verteilte Zufallsgrößen, z.B. die Ergebnisse aus den Würfen zweier Würfel, und seien zwei weitere Zufallsvariablen wie folgt definiert:

X:= U+V (die Summe der *Augenzahlen*)
Y:= U-V (die Differenz der *Augenzahlen*)

Für die Kovarianz von X und Y ergibt sich folgendes:

$E(X) = E(U) + E(V);\ E(Y) = E(U) - E(V) = 0;$

$E(XY) = E[(U+V)(U-V)] = E(U^2 - V^2) = E(U^2) - E(V^2) = 0$

$Cov(X,Y) = E(XY) - E(X)E(Y) = 0 - E(X)\cdot 0 = 0$

m.a.W. beide Größen haben nichts miteinander zu tun (?!).
Gemäß Konstruktion von X und Y hängen beide Zufallsgrößen eng zusammen und sind insbesondere nicht unabhängig, und dennoch ist die Kovarianz Null.

12.1.10 Definition (Korrelationskoeffizient ρ)

Die Kovarianz zweier standardisierter Zufallsvariablen X^*, Y^* heißt **Korrelationskoeffizient** ρ:

$$\rho := Cov(X^*,Y^*) = \sum_{j=1}^{n}\sum_{i=1}^{m} [x_i^* - E(X^*)]\,[y_j^* - E(Y^*)]\,p_{ij}.$$

♉

12.1.11 Satz (Der Korrelationskoeffizient als Linearitätsmaß)

Für den Korrelationskoeffizienten gilt

(i) $-1 \le \rho \le 1$

(ii) $\rho = \pm 1 \Leftrightarrow Y = a + bX \; (a,b \in \mathbf{R})$

Beweis (Feller, 1961, S.236f):

Zu (i):

Seien X und Y zwei *beliebige* Zufallsvariable mit gemeinsamer Zähldichte und jeweils existierenden Mittelwerten E(X), E(Y) und Varianzen var(X), var(Y).

Für die Varianz der Summe Z:= X+Y gilt dann (s.o. Beispiel 14.3)

(1) $$0 \le var(Z) = E[Z - E(Z)]^2 = E[X+Y - E(X+Y)]^2 =$$
$$= E[[X-E(X)] + [Y-E(Y)]]^2 = E[[X-E(X)]^2+[Y-E(Y)]^2+2[X-E(X)][Y-E(Y)]]$$
$$= var(X) + var(Y) + 2Cov(X,Y) .$$

Um (i) zu zeigen, werden die Variablen X^* und Y^* betrachtet. Für standardisierte Zufallsvariable gilt insbesondere

(2) $$0 \le var(X^* + Y^*) = 1 + 1 + 2\rho = 2(1+\rho) .$$

Für die Varianz der Differenz Z:= X-Y (oder Z:= Y-X) gilt entsprechend

(1)' $$0 \le var(Z) = var(X) + var(Y) - 2Cov(X,Y) .$$

bzw. für die standardisierte Zufallsvariablen

(3) $$0 \le var(X^* - Y^*) = 1 + 1 - 2\rho = 2(1-\rho) .$$

Aus (2) und (3) folgen die untere und obere Schranke für ρ, d.h. (i).

Zu (ii):

Seien zwei beliebige Zufallsvariable X und Y linear verknüpft, d.h.

Y = a + bX (a,b beliebige Parameter).

Dann folgen (s.o. Bemerkungen 11.1.7 und 11.2.7):

$$E(Y) = a + b\,E(X) \text{ und}$$
$$var(Y) = b^2\,var(X) ,$$

sowie für die standardisierten Größen X^* und Y^*:

(4) $$X^* = \frac{X - E(X)}{\sigma(X)}, \; \sigma(X) = \sqrt{var(X)} .$$

(5) $$Y^* = \frac{Y - E(Y)}{\sigma(Y)}, \quad \sigma(Y) = \sqrt{var(Y)}.$$

Damit ist der Korrelationskoeffizient ρ zwischen X und Y

$$\begin{aligned}\rho &= Cov(X^*, Y^*) = E[[X^* - E(X^*)]\,[Y^* - E(Y^*)]] \\ &= E(X^*Y^*) = E[\frac{[X - E(X)]}{\sigma(X)}\,\frac{[Y - E(Y)]}{\sigma(Y)}] \\ &= E\,[\frac{X - E(X)}{\sigma(X)} \cdot \frac{a + bX - a - bE(X)}{b\sigma(X)}] \\ &= E\,[\frac{X - E(X)}{\sigma(X)} \cdot \frac{X - E(X)}{\sigma(X)}] = \frac{1}{\sigma^2(X)} E[(X - E(X))^2] = \frac{\sigma^2(X)}{\sigma^2(X)} = 1\,.\end{aligned}$$

Entprechend folgt der andere Fall für $\rho = -1$.

Die umgekehrte Beweisrichtung für (ii) beginnt mit $\rho = 1$. D.h. (siehe (3))

$$var(X^* - Y^*) = 0,$$

dies heißt jedoch, daß die Differenz von X^* und Y^* konstant ist,

$$X^* - Y^* = k.$$

Einsubstitution der Transformationen (4) und (5) gibt:

$$\frac{X - E(X)}{\sigma(X)} - \frac{Y - E(Y)}{\sigma(Y)} = k,$$

bzw.

$$X = [\frac{-\sigma(X)}{\sigma(Y)} E(Y) + k\sigma(X) + E(X)] + \frac{\sigma(X)}{\sigma(Y)} Y = a + bY.$$

Entsprechend liefert $\rho = -1$ mit $var(X^* + Y^*) = 0$ eine lineare Gleichung in X und Y, wie behauptet. ■

Ebenfalls ist das Ergebnis unabhängig von irgendwelchen Maßeinheiten.

12.1.12 Beispiel

Sei

$$P[X=0, Y=2] = 1/2,\ P[X=1, Y=1] = 1/3,\ P[X=2, Y=0] = 1/6$$

die Zähldichte der Zufallsvariable (X,Y); dann gilt offensichtlich $Y = 2 - X$ und $\rho = -1$.

Die Behauptung läßt sich auch direkt zeigen, indem für ρ alle Zwischengrößen für $Cov(X^*,Y^*)$, nämlich $E(X)$, $E(Y)$, $E(X^2)$, $E(Y^2)$, $\sigma(X)$, $\sigma(Y)$, $E(XY)$ ausgerechnet werden.

12.1.13 Definition (Bestimmtheitsmaß):
$\rho^2 =: R^2$ wird als **Bestimmtheitsmaß** bezeichnet.

Aus Satz 12.1.10. ist offensichtlich, daß $0 \leq R^2 \leq 1$.

12.1.14 Satz (Bestimmtheitsmaß und Unabhängigkeit)
Für unabhängige Zufallsvariable X und Y gilt: $\rho = 0$ und $R^2 = 0$.

Der Beweis ist eine unmittelbare Folgerung aus Satz 12.1 4. ■

Angelehnt an die Definition von ρ wird auch ein empirischer Korrelationskoeffizient benutzt:

12.1.15 Definition (empirischer Korrelationskoeffizient)
Der Ausdruck

$$\rho(X,Y) := \sum_{i=1}^{n} \frac{(x_i-\bar{x})(y_i-\bar{y})}{s(X)\ s(Y)}$$

heißt **empirischer Korrelationskoeffizient**. Dabei sind $\{x_i\}$ und $\{y_i\}$ $(i=1,2,\ldots,n)$ zwei Mengen von quantitativen Beobachtungen, und s(X) und s(Y) bezeichnen die empirischen Standardabweichungen (siehe Kapitel 3.2), d.h.

$$s^2(X) := \frac{1}{n}\sum_{i=1}^{n}(x_i-\bar{x})^2;\quad s^2(Y) := \frac{1}{n}\sum_{i=1}^{n}(y_i-\bar{y})^2 .$$

Es gilt (zur einfacheren Berechnung):

$$\rho(X,Y) = \frac{n\sum x_i y_i - \sum x_i \sum y_i}{\sqrt{[n\sum x_i^2 - (\sum x_i)^2][n\sum y_i^2 - (\sum y_i)^2]}} .$$

Zum Korrelationskoeffizienten bzw. Bestimmtheitsmaß sind einige Anmerkungen nötig. Beide Konzepte sind die in der praktischen Statistik wohl am meisten mißbrauchten. Häufig wird so argumentiert: Falls ρ nahe an ± 1 ist (oder äquivalent: R^2 nahe an eins), sagt man, Merkmale *X und Y sind hoch korreliert*, und unterstellt (oft) damit, sie seien ursächlich miteinander verbunden. Das ist ohne substanzwissenschaftliche Untermauerung im Regelfall eine **Unsinnskorrelation** (Man vergleiche den allseits bekannten Rückgang der Störche und der Geburten in deutschen Landen). Selbst wenn X und Y ursächlich zusammenhängen, gibt es ein $R^2 = 1$ nur, falls der Zusammenhang **linear** ist, und das ist i.a. nicht der Regelfall, trotz aller Bedeutung der linearen Analyse. So ist selbst bei guten *Fits* bei *jeder* Anwendung dieser Art höchste Vorsicht am Platz. Umgekehrt ist eine lineare Analyse auf jeden Fall unglaubwürdig, wenn das ausgewiesene R^2 sehr klein ist, auch wenn dabei die Behauptung mitläuft, es sei immer so mit solchen Daten (z.B. Querschnitten, sog. Panel-Daten, Befragungsdaten). Ein kleines R^2 sagt eben, daß der speziell gewählte Modellierungsansatz, ein linearer Ansatz, falsch ist.

12.2 Zweidimensionale stetige Zufallsvariablen (X,Y)

Für stetige zweidimensionale Zufallsvariable wird aus Gründen der technischen Schwierigkeiten (Integration statt Summierung) nur das allernötigste vorgestellt. Die formalen Erfordernisse werden anderenfalls schnell so groß, daß das erstrebte pädagogische Anliegen für den Wirtschaftswissenschaftler verlorengeht. Der einfachste Zugang ist die *großzügige* Übertragung der Ergebnisse der zweidimensionalen diskreten Zufallsvariablen, indem man die Summation durch Integration ersetzt. Damit sind nicht alle Ergebnisse übertragbar, wie schon der eindimensionale Vergleich zeigt (vgl. z.B. die Zähldichte für ein diskretes Ereignis und die Dichte für einen speziellen Punkt), aber vieles ist dennoch entprechend verständlich.

12.2.1 Definition (Verteilung)

Das Integral

$$P[X \leq x \text{ und } Y \leq y] = F(x,y) = \int_{-\infty}^{x} \int_{-\infty}^{y} f(u,v)\,du\,dv$$

heißt **gemeinsame Verteilung** von X und Y, und f(x,y) heißt **gemeinsame Dichte**.

Die Interpretation ist wie im eindimensionalen Fall. Mit dem folgenden Begriff wird auf die Ergebnisse des eindimensionalen Falles zurückgegriffen.

12.2.2 Definition (Randdichte)

Das Integral

$$\int_D f(x,y)\,dy = f(x,.) =: f(x)$$

wird als **Randdichte der Zufallsvariablen X** bezeichnet. Entsprechend heißt das Integral

$$\int_D f(x,y)\,dx = f(.,y) =: g(y)$$

Randdichte der Zufallsvariablen Y.

12.2.3 Definition (Kovarianz)
Der Ausdruck

$$\mathrm{Cov}(X,Y) := \int_D \int_D [x - E(X)][y - E(Y)]\, f(x,y)dxdy$$

heißt **Kovarianz von X und Y**.
Wie im diskreten Fall gibt es andere Darstellungen, die aus der Definition der Randverteilungen und Randdichten und deren zugehöriger Momente folgen, so auch hier:

$$\mathrm{Cov}(X,Y) = E(XY) - E(X)E(Y) \qquad \text{(siehe Bemerkung 12.1.2).}$$

Der neue Ausdruck E(XY) ist dabei entsprechend dem in Kapitel 11 vorgestellten allgemeinen Bildungsgesetz für Erwartungswerte wie folgt definiert:

$$E(X,Y) := \int_D \int_D xy\, f(x,y)\, dxdy.$$

12.2.4 Definition (Unabhängigkeit)
Zwei Zufallsvariable X und Y heißen **unabhängig**, genau dann, falls

$$f(x,y) = f(x) \cdot g(y).$$

(Die gemeinsame Dichte ist das Produkt der Randdichten.)

12.2.5 Beispiel (Die Gleichverteilung über dem Einheitsquadrat)

$$f(x,y) = 1, \qquad (x,y) \in ([0,1] \times [0,1])$$

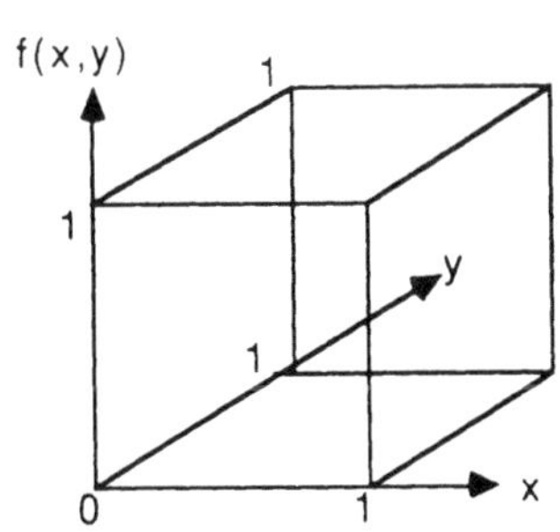

Die Gleichverteilung auf dem Einheitsquadrat

$$F(x,y) = yx, \qquad (x,y) \in \{[0,1] \times [0,1]\}.$$

12.2.6 Bemerkung (Kovarianz unabhängiger Zufallsvariablen)
Falls die Zufallsvariablen X und Y unabhängig sind, so ist die Kovarianz Null (siehe Satz 12.1.4).

Beweis:
Die Behauptung folgt unmittelbar aus der Definition der Unabhängigkeit. Für unabhängige X und Y gilt:

$$f(x,y) = f(x) \cdot g(y) .$$

Damit folgt:

$$E(X,Y) = \int_D \int_D xy\, f(x,y)\, dxdy = \int_D \int_D xy\, f(x)\, g(y)\, dxdy$$
$$= \int_D x\, f(x)\, dx \int_D y\, g(y)\, dy = E(X)E(Y) .$$

■

12.2.7 Bemerkung
Wie im diskreten Fall folgt aus der Beziehung
{Unabhängigkeit} => {Kovarianz=0} **nicht** der Umkehrschluß, d. h.
{Unabhängigkeit} <≠ {Kovarianz=0}.
Auch hierfür gibt es Gegenbeispiele (Ferguson, 1969, S.112).

12.2.8 Definition (Korrelationskoeffizient ρ)
Die Kovarianz zweier standardisierter Zufallsvariablen X^*, Y^* heißt wieder Korrelationskoeffizient ρ

$$\rho = \mathrm{Cov}(X^*,Y^*) = \int_D \int_D [x^* - E(X^*)]\, [y^* - E(Y^*)]\, f^*(x,y)\, dxdy ,$$

wobei $f^*(x,y)$ die gemeinsame Dichte von X^* und Y^* bezeichnet.

12.2.9 Bemerkung (Korrelationskoeffizient und Linearität)
Für den Korrelationskoeffizienten gilt

(i) $-1 \le \rho \le 1$

(ii) $\rho = \pm 1 \Leftrightarrow Y = a + bX \; (a,b \in \mathbf{R})$.

Der Beweis zu Satz 12.1.12 gilt für alle Zufallsvariable, also insbesondere auch hier.

12.2.10 Definition
$\rho^2 =: R^2$ wird als **Bestimmtheitsmaß** bezeichnet.

Offensichtlich ist $0 \le R^2 \le 1$.

12.2.11 Satz

Für unabhängige Zufallsvariable X und Y gilt wieder $\rho = 0$ und $R^2 = 0$.

Der Beweis ist wieder eine unmittelbare Folgerung aus Satz 12.1.4.

12.3 Bedingte Verteilungen

In Erweiterung zum eindimensionalen Fall erlaubt der Verteilungsbegriff folgende Verallgemeinerung: Aus der Definition der Verteilung

$$F(x,y) = P[X \leq x \text{ und } Y \leq y]$$

ist es offensichtlich, daß auch andere Wahrscheinlichkeiten in entsprechender Weise bestimmt werden können, etwa:

P[X ist höchstens halb so groß wie Y] =

$$P[X \leq 0.5\, Y] = \int_{y=-\infty}^{y=+\infty} \int_{x=-\infty}^{y/2} f(x,y)\, dxdy.$$

Ein weiteres Beispiel ist:

$$P[\, X+Y \leq c,\ 0<c<1]$$

$$= \int_{y=0}^{y=c} \int_{x=0}^{x=c-y} f(x,y)\, dxdy \quad \text{mit } c \in \mathbf{R}.$$

Ist f die Dichte der stetigen Gleichverteilung auf [0,1] x [0,1], dann entspricht dieser Wahrscheinlichkeit die Fläche der linken unteren Ecke:

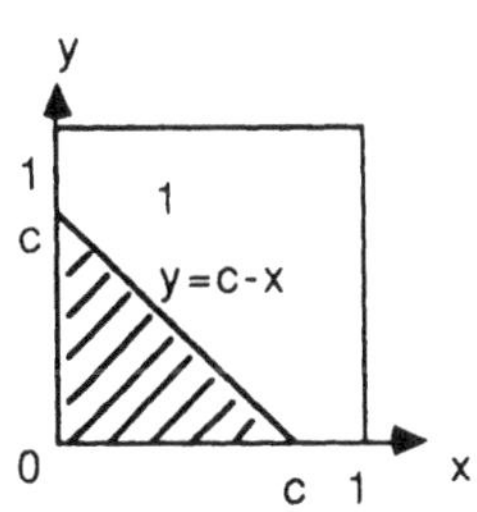

Analog zu den in Kapitel 7 eingeführten bedingten Wahrscheinlichkeiten können jetzt auch bedingte Verteilungen betrachtet werden:

12.3.1 Definition (bedingte Dichten)

Die Funktion

$$f_{X|Y}(x|y) := \frac{f(x,y)}{g(y)}$$

heißt **bedingte Dichtefunktion** von X unter der Bedingung Y = y. ♉

12.3.2 Bemerkung (bedingte Dichten und Unabhängigkeit)

Offensichtlich erhält man für unabhängige Zufallsvariable X und Y

$$f_{X|Y}(x|y) = \frac{f(x,y)}{g(y)} = \frac{f(x)\cdot g(y)}{g(y)} = f(x),$$

d.h. die Dichte von X unter der Bedingung Y = y ist identisch mit der Randdichte f(x).

12.4 Aufgaben

Aufgabe 12.4.1

Gegeben sei die folgende Kontingenztabelle:

X \ Y	0	1	2	3	·
1	2q	0	0	q	3q
2	6q	6q	6q	0	18q
3	0	6q	0	0	6q
	8q	12q	6q	q	27q

; $q = 1/27$

a) Berechnen Sie die Kovarianz von X und Y.
b) Sind X und Y unabhängig?

Aufgabe 12.4.2

Sei

$$F(x,y) = y^{a_1} x^{a_2} \quad (x,y) \in \{[0,1] \times [0,1]\}$$

Für welche Parameter a_1, a_2 ist F eine Verteilungsfunktion über dem Einheitsquadrat?

Aufgabe 12.4.3

Zeigen Sie, daß

$$f(x,y) = 3y, \quad 0<x<y<1$$

eine Dichte ist.

Verallgemeinern Sie auf den Fall $f(x,y) = \alpha y$, $0<x<y<\beta$!

Wie hängen α und β zusammen?

Aufgabe 12.4.4
Zeigen Sie, daß

$$f(x,y) = \frac{(1-\rho)\rho^y \mu e^{-\mu x}(\mu x)^y}{y!} \quad \text{mit } 0 \le x;\ y=0,1,2,\ldots;\ 0<\rho<1;\ \mu>0$$

eine Dichte ist, und daß die Randdichten geometrisch (mit dem Parameter $\rho=\lambda/\mu$, d.h. ρ ist Vielfaches des Erwartungswerts von X) bzw. exponential (mit dem Parameter μ) verteilt sind. (Hinweis: Beachten Sie, daß für diese Dichte die eine Variable stetig und die andere diskret ist. Benutzen Sie die Reihen-Entwicklung für e^z, bzw. integrieren Sie mehrfach partiell mit $u' = e^{-\mu x}$) Diese Dichte spielt in der Warteschlangentheorie eine bedeutsame Rolle; die empirische Bedeutung ist X = Wartezeit und Y = Zahl der Personen im System.

Aufgabe 12.4.5
Sei $f(x,y) = xe^{-x(1+y)}$, $0<x$, $0<y$ eine Dichtefunktion.
Zeigen Sie, daß die Randdichten $f(x) = e^{-x}$ und $g(y) = 1/(1+y)^2$ und die Randverteilungen $F(x) = 1-e^{-x}$ und $G(y) = y/(1+y)$ sind.

Aufgabe 12.4.6
Seien

$f_1(x,y) = 4xy \quad (x,y) \in ([0,1] \times [0,1])$,

$f_2(x,y) = \lambda_1\lambda_2 e^{-\lambda_1 x - \lambda_2 y} \quad (x,y) \in ([0,\infty) \times [0,\infty))$,

$f_3(x,y) = \frac{6}{7}\left(x^2 + \frac{xy}{2}\right) \quad (x,y) \in \{(0,1) \times (0,2)\}$ Dichtefunktionen.

Bestimmen Sie die jeweilige Verteilungsfunktion und die zugehörigen Randdichten.

Aufgabe 12.4.7
Das folgende ist eine Aufgabe, die zeigt, daß zwischen X und Y ein Zusammenhang besteht, aber dennoch $R^2 = 0$ ist. M.a.W. ein kleines Bestimmtheitsmaß sagt gar nichts über einen ursächlichen Zusammenhang:

$$P[Y = X^2] = 1$$

Seien die Beobachtungen genau auf der Parabel gelegen:

$\{X_t\} = \{-4, -3, -2, -1, 0, 1, 2, 3, 4\}$

$\{Y_t\} = \{16, 9, 4, 1, 0, 1, 4, 9, 16\}$,

Zeigen Sie, daß $R^2 = 0$ ist.

Aufgabe 12.4.8
Die Zufallsvariablen X und Y haben die gemeinsame Wahrscheinlichkeitsfunktion

$$f(x,y) = \begin{cases} \frac{1}{16}x, & y=1 \\ \frac{2}{16}, & y=2 \\ \frac{3}{16}x, & y=3 \\ 0, & \text{sonst} \end{cases}, \quad x \in \{1,2\}.$$

a) Stellen Sie f in einer Tabelle (Kontingenztabelle) explizit dar.

b) Ist $f(1,1) = f_x(1) \cdot f_y(1)$?

c) Sind X und Y unabhängig?

d) Berechnen Sie E(X Y).

Induktive Statistik

Der erste Teil des Buches befaßte sich im Rahmen der *beschreibenden Statistik* mit der Darstellung von Daten. Dabei wurde nicht unterschieden zwischen Gesamterhebungen und Teilerhebungen (= Stichproben). Die Darstellung der erhobenen Daten ist in beiden Fällen die gleiche. Will man jedoch Schlüsse daraus ziehen, dann muß bei der Erhebung von Stichproben berücksichtigt werden, daß die vorliegenden Beobachtungsdaten von der Auswahl der Merkmalsträger (m. a. W. von der Zusammensetzung und vom Umfang der Stichproben) abhängen. Bei einer Gesamterhebung hingegen liefern die erhobenen Daten (von Schwierigkeiten bei der Durchführung von Gesamterhebungen einmal abgesehen) ein vollständiges Bild der Population bezüglich der beobachteten Merkmale zum Zeitpunkt der Erhebung.
Im folgenden werden wir uns nur noch mit Teilerhebungen und zwar mit Zufallsstichproben befassen. Was genau Zufallsstichproben sind, ist dabei gar nicht ganz einfach zu beschreiben, wird jedoch in der Vorgehensweise deutlich werden.
Hierzu werden wir den zweiten Teil des Buches, der Grundlagen der Wahrscheinlichkeitsrechnung bereitstellte, heranziehen, um bestehende Unsicherheiten, eventuelle Verzerrungen und Fehlermöglichkeiten, die durch die Zufallsauswahl der Merkmalsträger hervorgerufen werden, darzustellen und zu quantifizieren. Ziel und Ergebnis dieses Abschnitts soll sein, die Schlüsse, die aus Stichproben auf die Grundgesamtheit rückübertragen werden - daher die Bezeichungung *induktive Statistik* (Inferenz) - mit der gehörigen Vorsicht bewerten zu können.

13 Stichprobenverteilungen

Wird aus einer Grundgesamtheit eine Stichprobe erhoben, um Aufschluß über ein bestimmtes Merkmal zu erhalten, dann ist in der Regel über die Verteilung dieses Merkmals, bzw. über die Parameter dieser Verteilung wenig oder nichts bekannt. Aufgabe der induktiven Statistik ist es nun, aufgrund der Stichprobenergebnisse Schlüsse über Verteilung und/oder Verteilungsparameter zu ziehen.
Diese Schlüsse werden unmittelbar beeinflußt durch die Auswahl der Stichproben. Da wir ausschließlich Zufallsstichproben betrachten, ist immer zu beachten, daß der Zufall über die Auswahl der beobachteten statistischen Einheiten das Ergebnis in die eine oder andere Richtung verschieben kann.
Deshalb beschäftigen wir uns in diesem Kapitel mit Funktionen, die von den Stichproben, die ausgewählt worden sind, abhängen.

Besteht eine **Stichprobe** aus n beobachteten statistischen Elementen, dann sagt man, sie habe die **Länge** oder den **Umfang n**. Die Auswahl der jeweiligen statistischen Einheit erfolgt zufällig, folglich kann eine Stichprobe der Länge n durch **n Zufallsvariablen** $(X_1, X_2, ..., X_n)$ beschrieben werden, deren **Realisierung** $(x_1, x_2, ..., x_n)$ wir wie bisher mit kleinen Buchstaben bezeichnen. Eine solche Realisierung wird auch als Stichprobenergebnis bezeichnet.
Unbeschadet der Tatsache, daß über die Verteilung des beobachteten Merkmals nichts oder nur wenig bekannt ist, soll im Regelfall davon ausgegangen werden, daß alle Stichprobenvariablen der gleichen Verteilung unterliegen. Sie sind **identisch verteilt**. Eine Zufallsvariable T, die eine Funktion der n-dimensionalen Stichprobenvariablen $(X_1, X_2, .., X_n)$ ist, also

$$T = f(X_1, X_2, ..., X_n),$$

heißt eine ***Stichprobenfunktion*** oder eine ***Statistik***.
Mit Hilfe solcher Stichprobenfunktionen soll im folgenden versucht werden, Aussagen über Verteilungen und Verteilungsparameter eines bestimmten Merkmals auf der zugehörigen Grundgesamtheit zu gewinnen.
Deswegen stellen wir einige der häufigsten gebrauchten Stichprobenfunktionen zusammen. Als erstes benötigen wir einige Aussagen über Summen von Zufallsvariablen. Der Einfachheit halber betrachten wir vorerst nur den Fall n=2, d.h. wir beschäftigen uns mit der Zufallsvariablen $S = X + Y$, wobei X und Y zwei beliebige, aber identisch verteilte Zufallsvariablen seien. Im Vergleich zur Notation oben gilt jetzt $X := X_1, Y := X_2$.

13.1 Summen von Zufallsvariablen

13.1.1 Satz

Sei $S := X + Y$, wobei X und Y zwei beliebige Zufallsvariablen sind, die identisch verteilt sind, dann gilt :

$$E(S) = E(X) + E(Y)$$

und

$$\mathrm{var}(S) = \mathrm{var}(X) + \mathrm{var}(Y) + 2\mathrm{Cov}(X,Y).$$

Beweis: (nur für den stetigen Fall)

$$\begin{aligned} E(X+Y) &= \int_{-\infty}^{\infty}\int_{-\infty}^{\infty}(x+y)\, f(x,y)\, dxdy \\ &= \int_{-\infty}^{\infty}\int_{-\infty}^{\infty}x\, f(x,y)\, dydx + \int_{-\infty}^{\infty}\int_{-\infty}^{\infty}y\, f(x,y)\, dxdy \\ &= \int_{-\infty}^{\infty}x\, f(x)dx + \int_{-\infty}^{\infty}y\, g(y)dy \\ &= E(X) + E(Y). \end{aligned}$$

Die Varianz der Summe zweier Zufallsvariablen wurde bereits im Beweis des Satzes 12.1.11 bestimmt. ■

13.1.2 Bemerkung (Unabhängigkeit)
Wenn X und Y unabhängig sind, dann ist Cov(X,Y) = 0, und folglich ist in diesem Fall var(X+Y) = var(X) + var(Y).

13.1.3 Bemerkung (Differenzen von Zufallsvariablen)
Sei S := X - Y, wobei X und Y zwei beliebige Zufallsvariablen sind, die identisch verteilt sind, dann gilt, wie sich in gleicher Weise für die Summe beweisen läßt,:

$$E(S) = E(X) - E(Y)$$

und

$$\text{var}(S) = \text{var}(X) + \text{var}(Y) - 2\text{Cov}(X,Y).$$

Insbesondere ist zu sehen, daß Differenzen **nicht** varianzreduzierend wirken müssen: bei Unabhängigkeit addieren sich die Varianzen!

13.1.4 Bemerkung (Summen beliebig vieler Zufallsvariablen)
Die Ergebnisse von Satz 13.1.1 lassen sich unmittelbar auf n ≥ 2 Zufallsvariablen $X_1, X_2, \ldots, X_n$ erweitern:

$$E(\sum_{k=1}^{n} X_k) = \sum_{k=1}^{n} E(X_k)$$

und

$$\text{var}(\sum_{k=1}^{n} X_k) = \sum_{k=1}^{n} \text{var}(X_k) + 2\sum_{i \neq k} \text{Cov}(X_i, X_k).$$

Die folgenden Beispiele gehen weit über die Anwendung des Satzes 13.1.1 hinaus, da außerdem in den Beispielen Aussagen über den Verteilungstyp der Summe getroffen werden. Für die folgenden Überlegungen ist dies oft hilfreich zu wissen.

13.1.5 Beispiel (Binomialverteilte Zufallsvariable)
Seien X und Y zwei unabhängige, binomialverteilte Zufallsvariable mit gemeinsamem Parameter p. Dann ist X+Y ebenfalls binomialverteilt:

$$X \sim B(n_1,p) \text{ und } Y \sim B(n_2,p) \Rightarrow (X+Y) \sim B(n_1+n_2,p).$$

Die Verallgemeinerung auf beliebig viele Binomial-Zufallsvariablen ist offensichtlich.

13.1.6 Beispiel (Poissonverteilte Zufallsvariable)

Seien X und Y zwei unabhängige, poissonverteilte Zufallsvariable mit Parametern λ_1 und λ_2. Dann ist X+Y ebenfalls poissonverteilt mit Parameter

$$\lambda := \lambda_1 + \lambda_2.$$

Die Verallgemeinerung auf beliebig viele Poisson-Zufallsvariable ist offensichtlich.

13.1.7 Beispiel (Gleichverteilte Zufallsvariable)

Seien X und Y zwei unabhängige, diskret gleichverteilte Zufallsvariable. Dann ist X+Y **nicht** gleichverteilt.

Zwei faire Würfel werden unabhängig voneinander geworfen und ihre Augenzahlen addiert. Die Ergebnisse sind in der folgenden Matrix dargestellt:

Würfel 1		1	2	3	4	5	6
Würfel 2	1	2	3	4	5	6	7
	2	3	4	5	6	7	8
	3	4	5	6	7	8	9
	4	5	6	7	8	9	10
	5	6	7	8	9	10	11
	6	7	8	9	10	11	12

Die Zähldichte der Zufallsvariablen Z, die Summe der Augenzahlen, ist:

$$P[Z=2] = 1/36 = P[Z=12]$$
$$P[Z=3] = 2/36 = P[Z=11]$$
$$P[Z=4] = 3/36 = P[Z=10]$$
$$P[Z=5] = 4/36 = P[Z=9]$$
$$P[Z=6] = 5/36 = P[Z=8]$$
$$P[Z=7] = 6/36$$

Damit ist Z offenbar nicht gleichverteilt.

Die Ergebnisse über Mittelwert und Varianz von Z, die keine Aussage über den Verteilungstyp der Summe Z = X + Y treffen (Satz 13.1.1), bleiben aber selbstverständlich gültig:

Ist X die Augenzahl des 1. Würfels und Y die Augenzahl des 2. Würfels, dann gilt

$$E(X) = E(Y) = \frac{7}{2}$$

und

$$\operatorname{var}(X) = \operatorname{var}(Y) = \frac{35}{12}$$

und damit aus Satz 13.1.1 in Verbindung mit Bemerkung 13.1.2:

$$E(Z) = 7 \text{ und } var(Z) = \frac{35}{6}.$$

13.1.8 Beispiel (Normalverteilte Zufallsvariable)
Seien X und Y zwei unabhängige, normalverteilte Zufallsvariable:

$$X \sim \mathcal{N}(\mu_1, \sigma_1^2) \text{ und } Y \sim \mathcal{N}(\mu_2, \sigma_2^2).$$

Dann ist X+Y ebenfalls normalverteilt:

$$(X+Y) \sim \mathcal{N}(\mu_1+\mu_2, \sigma_1^2+\sigma_2^2).$$

13.1.9 Beispiel (Gamma-verteilte Zufallsvariable)
Seien X und Y zwei unabhängige, gamma-verteilte Zufallsvariable:

$$X \sim \mathbf{G}(\alpha_1,\beta), Y \sim \mathbf{G}(\alpha_2,\beta).$$

Dann ist X+Y ebenfalls gamma-verteilt:

$$(X+Y) \sim \mathbf{G}(\alpha_1+\alpha_2,\beta).$$

13.1.10 Beispiel (Exponential-verteilte Zufallsvariable)
Seien X und Y zwei unabhängige und identisch exponentialverteilte Zufallsvariable:

$$X \sim \mathbf{P}(1,\lambda) \text{ und } Y \sim \mathbf{P}(1,\lambda).$$

Dann ist X+Y Erlangverteilt:

$$(X+Y) \sim \mathbf{P}(2,\lambda) \; (= \mathbf{G}(2,\lambda)).$$

Die folgenden zwei Beispiele sind keine Summen von Zufallsvariablen, passen aber, wie gleich deutlich sein wird, gut in diese Übersicht.

13.1.11 Beispiel (Lineare Transformationen von gamma-verteilten Zufallsvariablen)
Sei X eine gamma-verteilte Zufallsvariable und

$$Y:=cX, \quad c>0, \quad X \sim \mathbf{G}(\alpha,\beta).$$

Dann gilt, daß Y ebenfalls gamma-verteilt ist,

$$Y \sim \mathbf{G}(\alpha,c\beta).$$

13.1.12 Beispiel (χ^2-verteilte Zufallsgröße)
Sei X eine gamma-verteilte Zufallsvariable, und

$$Y := \frac{2X}{\beta}, \quad \beta>0, \quad X \sim \mathbf{G}(\alpha,\beta).$$

Dann gilt, daß Y ebenfalls gamma-verteilt ist, und zwar χ^2-verteilt:

$$Y \sim \mathbf{G}(\alpha,2) \Leftrightarrow Y \sim \chi^2(2\alpha).$$

Aus Beispiel 13.1.12 und Beispiel 13.1.10 folgt weiter:

13.1.13 Beispiel (Identisch exponentialverteilte Zufallsvariable)
Seien X_i (i=1,2,...n) unabhängige und identisch exponentialverteilte Zufallsvariable:

$$X_i(i=1,2,\ldots n) \sim \mathbf{G}(1,\lambda).$$

Dann ist:

$$\Sigma X_i \sim \mathbf{G}(n,\lambda) \text{ und } \left(\frac{2\Sigma X_i}{\lambda}\right) \sim \chi^2(2,n) \, .$$

13.1.14 Beispiel (Identisch Cauchy-verteilte Zufallsvariable)
Seien X und Y zwei unabhängige und identisch Cauchy-verteilte Zufallsvariable:

$$X \sim \mathbf{C}(k,m) \text{ und } Y \sim \mathbf{C}(k,m).$$

Dann ist $\frac{(X+Y)}{2}$ Cauchy-verteilt:

$$\frac{(X+Y)}{2} \sim \mathbf{C}(k,m).$$

Die Verallgemeinerung auf mehr als zwei Variable ist jeweils analog durchführbar.

13.2 Gewichtete Summen von Zufallsvariablen

Das wohl empirisch wichtigste Beispiel einer Summenbildung ist das Stichprobenmittel, die übliche Mittelwertbildung, die in ihrer Bedeutung kaum überschätzt werden kann.

13.2.1 Beispiel (Arithmetischer Mittelwert)
Seien $(X_1, X_2, \ldots, X_n)$ n Beobachtungen einer identisch aber *beliebig* verteilten Zufallsvariablen mit Erwartungswert μ und Varianz σ^2, d.h. eine beliebige Stichprobe der Länge n. Alleinige Voraussetzung sei, daß jede Beobachtung mit der gleichen Wahrscheinlichkeit in die Stichprobe gelangt. Dies charakterisiert eine Zufallsstichprobe.

Dann gilt für den Mittelwert $\overline{X}$ der Stichprobe:

$$E(\overline{X}) = \frac{1}{n} E(\sum_{i=1}^{n} X_i) = \frac{1}{n} \sum_{i=1}^{n} E(X_i) = \mu .$$

Die Varianz von $\overline{X}$ ergibt sich gemäß den üblichen Regeln zur Varianzbestimmung (s.o. Bemerkung 11.2.7 und 13.1.4):

$$\mathrm{var}(\overline{X}) = \mathrm{var}(\frac{1}{n} \sum_{i=1}^{n} X_i) = \frac{1}{n^2} \sum_{i=1}^{n} \mathrm{var}(X_i) = \frac{\sigma^2}{n},$$

da die Stichprobenbeobachtungen unabhängig sind.

Die Standardisierung der Zufallsvariablen $\overline{X}$ (s.o. Satz 11.3.14) liefert dann offensichtlich:

$$E(\frac{\overline{X} - \mu}{\sigma} \sqrt{n}) = 0 \qquad \text{und} \qquad \mathrm{var}(\frac{\overline{X} - \mu}{\sigma} \sqrt{n}) = 1.$$

13.2.2 Definition
Die Stichprobenfunktion

$$T := \frac{\overline{X} - \mu}{\sigma} \sqrt{n}$$

heißt **Gauß-Statistik**.

Eine weitere häufig benötigte Stichprobenfunktion, die keine einfache Summe im Sinne des Satzes 13.1.1 wie die vorhergehenden Beispiele ist, ist die mittlere quadratische Abweichung bezüglich des *wahren* (im Regelfall unbekannten) Erwartungswerts μ. In ihrer Bedeutung als Stichprobenfunktion gehört sie aber ebenfalls in diese Reihe.

13.2.3 Beispiel (Mittlere theoretische quadratische Abweichung)
Mit den Voraussetzungen des Beispiels 13.2.1 heißt die folgende Statistik **mittlere quadratische Abweichung** (oder im deutsch-englischen Fachjargon MSE-Statistik = **m**ean **s**quare **e**rror)

$$T = \frac{1}{n} \sum_{i=1}^{n} (X_i - \mu)^2.$$

Hier gilt:

$$E(T) = \frac{1}{n} \sum_{i=1}^{n} E(X_i - \mu)^2 = \frac{1}{n} \sum_{i=1}^{n} \text{var}(X_i) = \text{var}(X).$$

13.2.4 Beispiel (Mittlere empirische quadratische Abweichung S^2)
Mit den Voraussetzungen des Beispiels 13.2.1 und der Ersetzung des zumeist unbekannten Erwartungswert μ durch das Stichprobenmittel $\overline{X}$ in Beispiel 13.2.3 erhält man die aus Kapitel 3 bekannte mittlere quadratische Abweichung:

$$S^2 = \frac{1}{n} \sum_{i=1}^{n} (X_i - \overline{X})^2.$$

Zur Auswertung des Erwartungwerts $E(S^2)$ sind einige Zwischenschritte hilfreich:

$$\frac{1}{n} \sum_{i=1}^{n} (X_i - \overline{X})^2 = \frac{1}{n} \sum_{i=1}^{n} (X_i - \mu)^2 - (\overline{X} - \mu)^2$$

denn:

$$\frac{1}{n} \sum_{i=1}^{n} (X_i - \mu)^2 - (\overline{X} - \mu)^2$$

$$= \frac{1}{n} \sum_{i=1}^{n} X_i^2 - \frac{1}{n} 2\mu \sum_{i=1}^{n} X_i + \frac{1}{n} n \mu^2 - \overline{X}^2 + 2\mu\overline{X} - \mu^2$$

$$= \frac{1}{n} \sum_{i=1}^{n} X_i^2 - \overline{X}^2 = \frac{1}{n} \sum_{i=1}^{n} (X_i - \overline{X})^2.$$

Folglich ist:

$$E(S^2) = E\left(\frac{1}{n} \sum_{i=1}^{n} (X_i - \mu)^2 - (\overline{X} - \mu)^2\right) = \sigma^2 - E(\overline{X} - \mu)^2 = \sigma^2 - \text{var}(\overline{X})$$

$$= \sigma^2 - \frac{\sigma^2}{n} = \frac{n-1}{n} \sigma^2.$$

Der Vorfaktor $\frac{n-1}{n}$ von σ^2, im folgenden als *Verzerrungsfaktor* der geschätzten Varianz bezeichnet (- eine Begründung hierzu wird später im Kapitel 15 geliefert -), wird durch die folgende Modifikation von Beispiel 13.2.4 beseitigt:

13.2.4 Beispiel (Modifizierte empirische Varianz S^{*2})
Mit den Voraussetzungen des Beispiels 13.2.3 und Modifikation des Vorfaktors erhält man die Stichprobenvarianz S^{*2}:

$$S^{*2} = \frac{1}{n-1} \sum_{i=1}^{n} (X_i - \overline{X})^2 ;$$

dann gilt offensichtlich:

$$E(S^{*2}) = \sigma^2 .$$

13.3 Chebyshevsche Ungleichung

Sind von einer Zufallsvariablen X **nur** Erwartungswert und Varianz bekannt, nicht jedoch die Verteilung von X, wie in den meisten der Beispiele angenommen, dann läßt sich über die Wahrscheinlichkeit von Realisierungen von X in einer gewissen Umgebung von E(X) die folgende Aussage der Chebyshevschen Ungleichung machen. Sie ist in ihrer Bedeutung, ähnlich der Rolle des Stichprobenmittels, kaum zu überschätzen.

13.3.1 Satz (Chebyshevsche Ungleichung)
Sei X eine beliebig verteilte Zufallsvariable mit Mittelwert $E(X)= \mu$ und Varianz $var(X) = \sigma^2$ und k eine beliebige positive reelle Zahl. Dann gilt:

$$P[\,|X-\mu| > k\,] \le \frac{\sigma^2}{k^2} .$$

Zum Beweis seien zwei Alternativen vorgeführt, einmal der direkte Beweis, zum anderen die Ableitung aus der Markovschen Ungleichung (Satz 11.1.8):

Beweis:
1. (aus den Definitionen):

Fall 1: X ist eine diskrete Zufallsvariable:
Aus der Definition der Varianz folgt:

$$\begin{aligned} 0 \le \sigma^2 &= var(X) = \sum_j p_j (x_j - E(X))^2 = \sum_j p_j (x_j - \mu)^2 \\ &\ge \sum_{j:|x_j-\mu|>k} p_j (x_j-\mu)^2 \ge \sum_{j:|x_j-\mu|>k} p_j k^2 = k^2 \sum_{j:|x_j-\mu|>k} p_j \\ &= k^2 P[|X-\mu| > k]. \end{aligned}$$

Fall 2: X ist eine stetige Zufallsvariable:

Aus der Definition folgt eine entprechende Abschätzung einer Integrationsfolge:

$$\begin{aligned} 0 \le \sigma^2 = \mathrm{var}(X) &= \int_a^b f(x)(x - E(X))^2 dx = \int_a^b f(x)(x-\mu)^2 dx \\ &\ge \int_{x:|x-\mu|>k} f(x)(x-\mu)^2 dx \ge \int_{x:|x-\mu|>k} f(x)k^2 dx \\ &= k^2 \int_{x:|x-\mu|>k} f(x)dx = k^2 P[|x-\mu| > k]. \end{aligned}$$

2. (Spezialisierung der Markovschen Ungleichung):
Für die Zufallsvariable $Y := (X-\mu)^2 \ge 0$ gilt die Markovsche Ungleichung. Sei dazu die Konstante $c = k^2$ gewählt. Mit dem Ergebnis $E(Y) = E[(X-\mu)^2] = \sigma^2$ gilt dann:

$$P[(X-\mu)^2 \ge k^2\,] \le \frac{\sigma^2}{k^2}.$$

Da weiter gilt:

$$(X-\mu)^2 \ge k^2 \Leftrightarrow |X-\mu| > k,$$

ist alles bewiesen:

$$P[|X-\mu| > k] \le \frac{\sigma^2}{k^2}. \qquad \blacksquare$$

Angesichts der schwachen Vorausetzungen - nur Existenz und Kenntnis von Erwartungswert und Varianz der Zufallsvariablen X - ist es nicht verwunderlich, daß die *Chebyshev*sche Ungleichung (andere Schreibweise: *Tschebischeff*sche Ungleichung) im Regelfall sehr schwache Ergebnisse zeitigt:

13.3.2 Beispiel (Binomialverteilung)

Sei X eine $B(3,\frac{1}{2})$-verteilte Zufallsvariable, d.h.:

$$(p_0, p_1, p_2, p_3) = (\frac{1}{8}, \frac{3}{8}, \frac{3}{8}, \frac{1}{8}),$$

$$E(X) = np = \frac{3}{2}, \ \mathrm{var}(X) = np(1-p) = \frac{3}{4}.$$

Sei für die *Chebyshev*sche Abschätzung k= $\frac{3}{2}$ gewählt, dann gilt:

$$P[|X-\frac{3}{2}|>\frac{3}{2}] \le \frac{\sigma^2}{k^2} = \frac{\frac{3}{4}}{\frac{9}{4}} = \frac{3}{9} = \frac{1}{3}.$$

Tatsächlich ist aber

$$P[|X-\frac{3}{2}|>\frac{3}{2}] = 0.$$

Für k = 1 folgt aus der *Chebyshev*schen Abschätzung:

$$P[|X-\frac{3}{2}|>1] \le \frac{\sigma^2}{1} = \frac{3}{4},$$

während für die tatsächliche Abweichung gilt:

$$P[|X-\frac{3}{2}|>1] \le p_0 + p_3 = \frac{1}{4}.$$

13.3.3 Beispiel (Gleichverteilung)

Sei X ~ **U**(a,b) = **U**(0,1); dann gilt:

$$E(X) = \frac{a+b}{2} = \frac{1}{2},\ var(X) = \frac{(b-a)^2}{12} = \frac{1}{12}.$$

Sei für die *Chebyshev*sche Abschätzung k= $\frac{1}{4}$ gewählt,

dann folgt eine ganz wertlose obere Schranke:

$$P[|X-\frac{1}{2}|>\frac{1}{4}] \le \frac{4}{3}.$$

Für k = 1 folgt aus der *Chebyshev*schen Abschätzung:

$$P[|X-\frac{1}{2}|>1] \le \frac{\sigma^2}{1} = \frac{1}{12},$$ während tatsächlich $P[|X-\frac{1}{2}|>1] = 0$ gilt.

13.3.4 Beispiel (mσ-Regel)

Eine verbreitete Anwendung ist die sog. mσ-Regel für eine beliebige Verteilung mit

$$E(X) = 0,\ var(X) = \sigma^2.$$

Sei für die *Chebyshev*sche Abschätzung k= mσ (m=1,2,3,...), dann gilt

$$P[|X| > m\sigma] \le \frac{\sigma^2}{m^2\sigma^2} = \frac{1}{m^2}.$$

Im Vergleich zur Normalverteilung $\mathcal{N}(0,\sigma^2)$ erhält man die Abschätzungen:

Chebyshev:	Normalverteilung:
$P[\,\lvert X\rvert > 1\,] \leq 1$	$P[\,\lvert X\rvert > 1\,] = 0.3174$
$P[\,\lvert X\rvert > 2\,] \leq \frac{1}{4}$	$P[\,\lvert X\rvert > 2\,] = 0.0456$
$P[\,\lvert X\rvert > 3\,] \leq \frac{1}{9}$	$P[\,\lvert X\rvert > 3\,] = 0.0018$.

M.a.W. die *Chebyshev*sche Ungleichung sollte nur dann zu Rate gezogen werden, wenn man nichts Besseres weiß, oder einen schnellen, möglicherweise auch sehr mangelhaften Überblick gewinnen will. Außerdem ist zu beachten, daß die Abschätzung nur für einen um den Mittelwert symmetrisch gelegenen Realisierungsbereich gilt.

13.3.5 Bemerkung
(Alternative Schreibweise der Chebyshevschen Ungleichung)

Die *Chebyshev*sche Ungleichung läßt sich auch umkehren:

$$P(\lvert X-\mu\rvert \leq k) > 1 - \frac{\sigma^2}{k^2}.$$

13.3.6 Beispiel (Anwendung auf das Stichprobenmittel $\overline{X}$)

Für das Stichprobenmittel $\overline{X}$ des Beispiels 13.2.1 gilt wegen

$$E(\overline{X}) = \mu \text{ und } \operatorname{var}(\overline{X}) = \frac{\sigma^2}{n}$$

offensichtlich

$$P(\lvert\overline{X}-\mu\rvert > k) \leq \frac{\sigma^2}{nk^2},$$

bzw.

$$P(\lvert\overline{X}-\mu\rvert \leq k) > 1 - \frac{\sigma^2}{nk^2}.$$

Eine häufige Anwendung der *Chebyshevschen* Ungleichung ist die Bestimmung der Stichprobenlänge bei bekannter Varianz der zugrundeliegenden Zufallsvariable X, Vorgabe der Schranke k und Festlegung einer Wahrscheinlichkeit, mit der diese Schranke k von den Realisierungen von X nicht überschritten werden soll. Diese Wahrscheinlichkeit kann als Risikobereitschaft interpretiert werden hinsichtlich der "Fehler", die bei der Stichprobenerhebung durch den Einfluß des Zufalls entstehen können. (Siehe auch Kapitel 16 "Die Theorie der Konfidenzbereiche" sowie das folgende Beispiel).

13.3.7 Beispiel (Bestimmung der Stichprobenlänge)
Sei X ein fairer Würfel, d.h. $p_i=1/6$ (i=1,...,6). Wie lange muß man würfeln, damit das Stichprobenmittel mit Wahrscheinlichkeit von mindestens 0.95 nicht mehr als um 1% vom *wahren* Mittel abweicht?
Mit der der *Chebyshev*schen Ungleichung erhält man

$$P[|\overline{X} - 0.5| \leq 0.01] > 1 - \frac{\frac{35}{12}}{n\ 0.0001} \geq 0.95.$$

Das Ergebnis ist $n \geq \dfrac{35}{12 \cdot 0.05 \cdot 0.0001} = 583334$.

Schließlich ist dies Ergebnis der Grundstein für die im Alltagsleben verwurzelte Überzeugung über die Richtigkeit von Befragungen. Wenn man nur genügend viele Wähler, potentielle Käufer, usw. befragt, dann wird das erfragte Verhalten schon mit dem wahren Verhalten übereinstimmen. In der Praxis ist das aber oft ein Fehlschluß, da die Modellvoraussetzungen nicht zuzutreffen brauchen.

Dieses Ergebnis scheint insofern unbefriedigend, als die Erhebung einer Stichprobe von mehreren Hunderttausend in der Praxis häufig nicht durchführbar (bzw. zu teuer) ist. Deshalb werden im nächsten Abschnitt Methoden zusammengestellt, die es ermöglichen, praktikablere Ergebnisse zu erhalten.

13.4 Grenzwertsätze

Nach Einführung von Summen von Zufallsvariablen und einiger im wesentlichen aus (gewichteten) Summen von Zufallsvariablen gebildeten Stichprobenfunktionen, wenden wir uns jetzt Folgen von Zufallsvariablen zu. Auch dies ist ins Alltagsleben in den *Gesetzen der großen Zahlen* fest eingegangen. Eine unmittelbare Anwendung solcher Folgen liegt z.B. in der Prüfung, wie weit die Aussagekraft von Stichprobenergebnissen von der Stichprobenlänge abhängt.

13.4.1 Satz (Das schwache Gesetz der Großen Zahl)
Sei $(X_1, X_2, ..., X_n)$ eine Zufallsstichprobe aus der Grundgesamtheit der Zufallsvariablen X mit E(X) = μ und var(X) = σ^2, d.h. X_i (i=1,2,...,n) sind unabhängige, identisch verteilte Zufallsvariable. Für das Stichprobenmittel

$$\overline{X} = \frac{1}{n} \sum_{i=1}^{n} X_i$$

gilt

$$\lim_{n \to \infty} P[|\overline{X} - \mu| > k] = 0 .$$

Beweis:
Der Beweis ist die Anwendung der *Chebyshev*schen Ungleichung auf das Stichprobenmittel:

$$P(|\overline{X}-\mu| \geq k) < \frac{\sigma^2}{nk^2},$$

daraus folgt:

$$0 \leq \lim_{n\to\infty} P(|\overline{X}-\mu| \geq k) < \lim_{n\to\infty} \frac{\sigma^2}{nk^2} = 0. \qquad \blacksquare$$

Ähnlich wie in der *Chebyshev*schen Ungleichung sind die Voraussetzungen sehr schwach, insbesondere wird keine spezielle Verteilung der X_i angenommen. Sind die Voraussetzungen hingegen stärker, dann kann das Ergebnis noch verschärft werden, etwa im sog. Klassischen Gesetz der großen Zahl:

13.4.2 Bemerkung (Das klassische Gesetz der großen Zahl)
Sei $(X_1, X_2, \ldots X_n)$ eine Zufallsstichprobe aus der Grundgesamtheit einer Bernoulli-Zufallsvariablen X mit:

$$E(X) = \mu = p \; (0<p<1)$$

und

$$var(X) = \sigma^2 = p(1-p),$$

d.h. X_i $(i=1,2,\ldots,n)$ sind unabhängige, identisch Bernoulli-verteilte Zufallsvariablen. Für das Stichprobenmittel

$$\overline{X} = \frac{1}{n}\sum_{i=1}^{n} X_i$$

gilt:

$$\lim_{n\to\infty} P[|\overline{X}-p| > k] = 0 .$$

Das bedeutet, daß bei Bernoulli-verteilten Zufallsvariablen das Stichprobenmittel sich mit wachsender Stichprobenlänge der Wahrscheinlichkeit p nähert.

Man beachte, daß das Ergebnis, nicht davon abhängt, daß $p=\frac{1}{2}$ ist; m.a.W. es gilt auch für nicht faire Münzen!

13.4.3 Satz (Zentraler Grenzwertsatz)

Sei $(X_1, X_2, \ldots, X_n)$ eine Zufallsstichprobe aus der Grundgesamtheit der Zufallsvariablen X mit $E(X) = \mu$ und $var(X) = \sigma^2$, d.h. X_i $(i=1,2,\ldots,n)$ sind unabhängige, identisch verteilte Zufallsvariable.
Sei weiter

$$Y_n = \sum_{i=1}^{n} X_i$$

und sei die zugehörige standardisierte Zufallsgröße

$$Z_n = \frac{\sum_{i=1}^{n} X_i - n\mu}{\sigma\sqrt{n}}.$$

Dann gilt:

$$\lim_{n \to \infty} P(Z_n \leq z) = \Phi(z),$$

wobei $\Phi(z)$ der Wert der Verteilungsfunktion der Standard-Normalverteilung ist.

Dieser Satz ist eines der wichtigsten Ergebnisse der Statistik, denn er sagt aus, daß ungeachtet der zugrundeliegenden Verteilung bei genügend großen Stichproben stets die Normalverteilung angewendet werden kann.

13.5 Approximationen diskreter Zufallsvariablen

Ist X eine hypergeometrisch verteilte Zufallsvariable, dann liegt ein Modell zugrunde, bei dem aus einer Urne mit N Kugeln, von denen M Kugeln eine bestimmte Eigenschaft aufweisen, n Kugeln ohne Zurücklegen gezogen werden.
Ist nun die Anzahl n der gezogenen Kugeln im Verhältnis zur Gesamtanzahl N und der Anzahl M der Kugeln mit der bestimmten Eigenschaft relativ klein, dann haben schon gezogene Kugeln keinen sehr großen Einfluß mehr auf die Art der anschließend noch zu ziehenden Kugeln. D.h. man kann in diesem Falle von der hypergeometrischen Verteilung zur Binomial-Verteilung übergehen:
Dies sieht man besonders deutlich, wenn man Erwartungswert und Varianz einander gegenüberstellt:

Mit $p \approx \frac{M}{N}$, $(1-p) \approx \frac{N-M}{N}$ und $\frac{N-n}{N-1} \approx 1$ erhält man:

für den Erwartungswert $\frac{Mn}{N} \approx np$ und für die Varianz $\frac{M(N-M)(N-n)n}{N^2(N-1)} \approx np(1-p)$.

Damit erhält man:

Faustregel 1:

Ab $n \leq \frac{1}{20}M$ und $n \leq \frac{1}{20}(N-M)$ ist die $\mathbf{B}(n,\frac{M}{N})$-Verteilung als Approximation für die **H**(M,N,n)-Verteilung brauchbar.

Eine zweite Faustregel zur Annäherung verbindet die Binomialverteilung und die Poissonverteilung. Die Poisson-Verteilung kommt immer dann zur Anwendung, wenn ein Zufallsexperiment sehr oft unabhängig von den Vorversuchen wiederholt wird und die Wahrscheinlichkeit, daß ein bestimmtes Ereignis eintritt, sehr klein ist. Korrekterweise wäre also die Binomial-Verteilung anzuwenden. Die Poisson-Verteilung ist im Grunde eine Vereinfachung der Rechnung.
Deswegen läßt sich bei bestimmten Konstellationen die Binomial-Verteilung durch die Poisson-Verteilung ersetzen:

Für kleines p (d.h. $p \approx 0$) hat man $1-p \approx 1$ und damit

$$\lambda \approx np \text{ und } \lambda \approx np(1-p).$$

So erhält man dann

Faustregel 2:

Ab $n \geq 20$, $p \leq \frac{1}{10}$ und $np \leq 10$ ist die Poisson-Verteilung mit Parameter $\lambda = np$ als Approximation für die $\mathbf{B}(n,p)$-Verteilung brauchbar.

Ungeachtet dieser speziellen Approximationsregeln gilt selbstverständlich immer der Zentrale Grenzwertsatz, d.h. alle Verteilungen gleichen sich bei genügend großem n der Normalverteilung an.

13.5.1 Übersicht zu den Approximationsregeln diskreter Zufallsvariablen

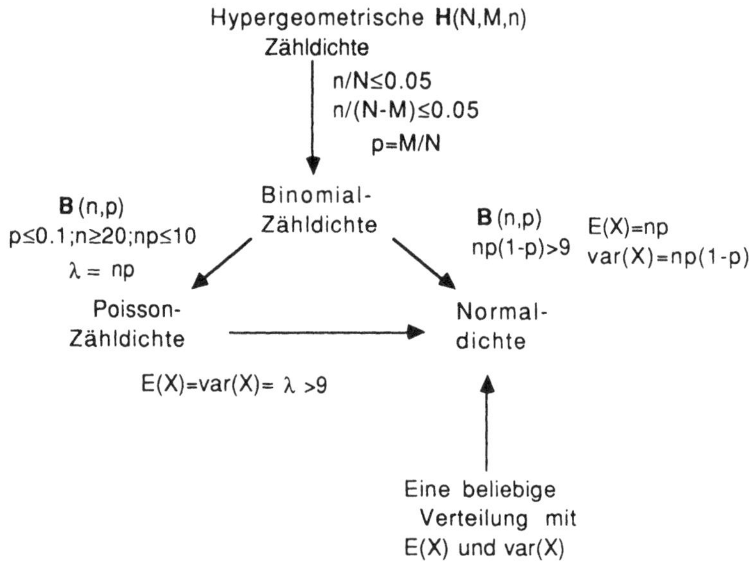

13.6 Aufgaben:

Aufgabe 13.6.1:
In vielen Anwendungen der Binomialverteilung **B**(n,p) ist n groß und p klein und außerdem das Produkt np:= λ konstant sowie sehr klein. In dieser Situation kann die Binomialverteilung wie folgt durch die Poissonverteilung **P**(λ) wie folgt angenähert werden. Sei p_0 von **B**(n,p) durch eine Taylorreihe angenähert, d.h.

$$p_0 = (1-p)^n = (1-\frac{n}{\lambda})^n \Leftrightarrow \ln p_0 = n \ln(1-p) = n \ln(1-\frac{n}{\lambda})$$

und

(1) $$\ln p_0 = -\lambda - \frac{\lambda^2}{2n} - \ldots \text{ bzw für große n } \ln p_0 \approx -\lambda \Leftrightarrow p_0 = e^{-\lambda}$$

Für zwei aufeinanderfolgende Werte der Zähldichte von **B**(n,p), d.h. das Verhältnis

$$\frac{p_k}{p_{k-1}} = \frac{\lambda}{k} + \frac{np(\frac{\lambda}{n} - \frac{k}{n} - \frac{1}{n})}{k(1-p)}, \quad k>0$$

ergibt sich mit den Voraussetzungen (np const.; n → ∞) für ein festes beliebiges k

(2) $$\frac{p_k}{p_{k-1}} \approx \frac{\lambda}{k}, \quad k>0$$

Daraus ergibt sich jedoch die Poissonverteilung (s.o. 9.7): $p_k = \frac{\lambda^k}{k!} e^{-\lambda}, \; k=0,1,2,\ldots$

Zeigen Sie die Annäherungschritte im Detail und beweisen Sie damit (1) und (2).

Aufgabe 13.6.2
Wie groß ist näherungsweise die Wahrscheinlichkeit dafür, daß bei 10 000 Würfen mit einem fairem Würfel das arithmetische Mittel der Augenzahlen um höchstens 0.035 von dem Mittelwert 3.5 abweicht (1 % Abweichung) ?

Aufgabe 13.6.3
Die Sterblichkeitsrate von Ratten, die mit einer bestimmten Seuche infiziert worden sind, beträgt 0.8. In einer Versuchsreihe werden 120 Ratten infiziert. Wie groß ist die Wahrscheinlichkeit, daß weniger als 90 Ratten sterben?

Aufgabe 13.6.4
Ein Prozent einer bestimmten Population sei farbenblind. Mit welcher Wahrscheinlichkeit sind von 500 zufällig ausgewählten Personen dieser Population

a) höchstens drei Personen farbenblind,
b) mindestens zwei Personen farbenblind?
c) Bestimmen Sie Erwartungswert und Varianz der Zufallsvariablen, welche die Anzahl der Farbenblinden unter den 500 Untersuchten Personen beschreibt.

Aufgabe 13.6.5
In einem Fertigungslos von N = 1000 Sicherungen sind M = 10 Sicherungen defekt. Zur Kontrolle werden n = 30 Sicherungen ohne Zurücklegen entnommen und überprüft.
Bestimmen Sie die Wahrscheinlichkeit, daß

a) genau zwei der entnommenen Sicherungen,
b) höchstens drei der entnommenen Sicherungen defekt sind.

14 Punktschätzverfahren

Im allgemeinen sind die Parameter von Verteilungen, die bei statistischen Untersuchungen auftreten, nicht bekannt.
Deshalb versucht man, Werte für diese Parameter mit Hilfe von Stichproben und deren Realisierungen so zu bestimmen, daß begründet davon ausgegangen werden kann, daß die so erhaltenen Parameterwerte den *wahren*, aber unbekannten Parametern entsprechen. Da die so bestimmten numerischen Werte mit den wahren Parametern nicht übereinstimmen müssen - der numerische Wert ist immer mit einem gewissen Fehler behaftet -, werden sie daher als **Schätzwerte** bezeichnet.
Man geht also davon aus, daß ein zu untersuchendes Merkmal auf einer Grundgesamtheit einer bestimmten Verteilung unterliegt, deren Parameterwerte mit Hilfe einer Stichprobe ermittelt werden.
Sei $f(x;\Theta)$ die (Zähl)-Dichte einer Verteilung einer Zufallsvariablen X mit den unbekannten Parameter $\Theta \in \mathbf{R}^p$ (Der Einfachheit halber wird im folgenden oft davon ausgegangen daß p=1 ist, d.h., daß nur ein Parameter zu bestimmen ist. (Tatsächlich gelten die Überlegungen jedoch allgemein für $p \geq 1$). Sei $(X_1, X_2, \ldots, X_n)$ eine Zufallsstichprobe aus der betrachteten Grundgesamtheit.
Dann sind alle X_i (i= 1,2,...,n) entsprechend der (Zähl)-Dichte $f(x;\Theta)$ verteilt.
Ein Schätzwert ist dann eine Realisierung der **Stichprobenfunktion** (**Schätzfunktion**) $g: \mathbf{R}^n \to \mathbf{R}^p$

$$\hat{\Theta} = g(X_1, X_2, \ldots, X_n)$$

d.h. bei vorliegender Stichprobenrealisierung $(x_1, x_2, \ldots, x_n)$

$$\hat{\theta} = g(x_1, x_2, \ldots, x_n).$$

M.a.W. die Menge der n Beobachtungen $(x_1, x_2, \ldots, x_n)$ sind Realisierungen unabhängiger und identisch verteilter Zufallsvariablen, deren (Zähl-) Dichte von dem p-dimensionalen Parameter Θ abhängt. Offensichtlich ist $\hat{\Theta}$ eine Zufallsvariable.

14.1 Das Maximumlikelihood-Prinzip von R.A.Fisher

Sei $(X_1, X_2, \ldots, X_n)$ eine Zufallsstichprobe, d.h. alle X_i (i= 1,2,...,n) sind unabhängig und identisch verteilte Zufallsvariablen mit der (Zähl)-Dichte $f(x;\Theta)$, wobei der Parameter Θ unbekannt ist.

Dann wird die Funktion

$$(1) \qquad \mathcal{L} = \prod_{i=1}^{n} f(x_i | \Theta)$$

als **Likelihoodfunktion**, und ihr Logarithmus

(2) $$L = \sum_{i=1}^{n} \ln f(x_i | \Theta)$$

als **Loglikelihoodfunktion** bezeichnet.
Mit diesen Vereinbarungen kann das Problem der Schätzung wie folgt angegangen werden.

Für die **Schätzung** von Θ, d.h. die numerische Bestimmung von Werten $\hat{\theta}$ für $\hat{\Theta}$ wird die Likelihoodfunktion maximiert, d.h. es werden Werte $\hat{\Theta}$ so gewählt, daß (1) bzw. äquivalent (2) möglichst groß wird. Dieses Optimierungsproblem wird als *Fisher*sche Maximumlikelihoodschätzung bezeichnet.
Den Übergang von der Likelihoodfunktion zur Loglikelihoodfunktion vollzieht man häufig, weil das Maximum der Loglikelihoodfunktion in vielen Fällen leichter als das Maximum der Likelihoodfunktion zu bestimmen ist.
Außerdem interessiert man sich beim Maximum-Likelihood Verfahren nicht für den Maximalwert selbst, sondern nur für dessen Lage. Diese wird jedoch durch Logarithmieren nicht verändert, wie der folgende Satz zeigt. Der formalen Einfachheit wegen wird dies nur für den eindimensionalen Fall gezeigt (p=1).

14.1.1 Satz (Monotone Transformationen in der Optimierung)

Sei f(z) eine beliebige Funktion $\mathbf{R} \to \mathbf{R}$ und sei für einen Optimalpunkt z_0 dessen Umgebung U betrachtet.

$$f(z_0) \geq f(z), \quad z \in U(z_0)$$

Mit einer monotonen Transformation g: $R \to R$ bleibt die Lage des Optimalpunkts unberührt, d.h.:

$$g(f(z_0)) \geq g(f(z)), \quad z \in U(z_0).$$

Beweis:

Ein Extremum wird durch f'(z) = 0 charakterisiert. Für die monoton transformierte Funktion gilt:

$$\frac{dg}{dz} = \frac{dg}{df}\frac{df}{dz}, \quad \frac{df}{dz} = 0 \Rightarrow \frac{dg}{dz} = 0 \text{ und}$$

$$\frac{d^2g}{dz^2} = \frac{d}{dz}\left(\frac{dg}{df}\frac{df}{dz}\right) = \left(\frac{dg}{df}\right)\left(\frac{d^2f}{dz^2}\right),$$

woraus nach Monotonie von g das Vorzeichen der zweiten Ableitung (und damit die Entscheidung, ob Maximum oder nicht) ausschließlich aus f bestimmt wird. ♉

Ein Hauptfall einer monotonen Transformation in der Maximumlikelihood-Schätzung ist der Logarithmus.

14.1.2 Beispiel (Der ML-Schätzer für die Exponentialverteilung)
Für die Dichte

$$f(x) = \begin{cases} \lambda e^{-\lambda x}, & 0 \leq x \\ & \lambda > 0 \\ 0 & \text{sonst} \end{cases}$$

sowie eine Zufallstichprobe $\{X_1, X_2, \ldots, X_n\}$ ist die Likelihoodfunktion:

$$\mathcal{L} = \prod_{i=1}^{n} \lambda e^{-\lambda x_i},$$

bzw. die Loglikelihoodfunktion:

$$L = n \ln\lambda - \lambda \sum_{i=1}^{n} x_i .$$

Eine notwendige Extremumsbedingung 1. Ordnung ist:

$$\frac{dL}{d\lambda} = \frac{n}{\lambda} - \sum_{i=1}^{n} x_i = 0.$$

Die zweite Ableitung ist:

$$\frac{d^2L}{d\lambda^2} = -\frac{n}{\lambda^2} < 0 .$$

Damit ist die Lösung, der ML-Schätzer,

$$\hat{\lambda} = \overline{X}$$

ein maximierendes λ.

14.1.3 Beispiel
(Der ML-Schätzer für die stetige Gleichverteilung U(a,b))
Für die Dichte f: **R** → **R**

$$f(x) = \frac{1}{b-a}, \quad -\infty < a \leq x \leq b < +\infty$$

sowie eine Zufallsstichprobe $(X_1, X_2, \ldots, X_n\}$ ist die Likelihoodfunktion:

$$L = \prod_{i=1}^{n} \left(\frac{1}{b-a}\right) = \left(\frac{1}{b-a}\right)^n,$$

sowie die Loglikelihoodfunktion:

$$L = -n\ln(b-a).$$

Notwendige Extremumsbedingungen 1. Ordnung sind:

$$\frac{\partial L}{\partial a} = \frac{n}{b-a} = 0\,; \quad \frac{\partial L}{\partial b} = \frac{-n}{b-a} = 0 \ .$$

Zur weiteren Untersuchung des Extremums werden die zweiten Ableitungen:

$$\frac{\partial^2 L}{\partial a \partial a} = \frac{n}{(b-a)^2}, \quad \frac{\partial^2 L}{\partial a \partial b} = -\frac{n}{(b-a)^2}$$

$$\frac{\partial^2 L}{\partial b \partial a} = -\frac{n}{(b-a)^2}, \quad \frac{\partial^2 L}{\partial b \partial b} = \frac{n}{(b-a)^2}$$

bzw. die Hesse-Matrix:

$$H = \frac{n}{(b-a)^2}\begin{pmatrix} 1 & -1 \\ -1 & 1 \end{pmatrix}$$

benötigt. Die Determinante ist dann:

$$\det(H) = \frac{1}{(b-a)^2}\,0 = 0.$$

Die Auswertung der ersten Ableitungen zeigt nun, daß diese nur dann verschwinden, wenn b beliebig groß bzw. a beliebig klein wird, d.h.
$a \to -\infty$ oder $b \to \infty$!
Als Hilfskonstruktion wären aus den Realisationen der Stichproben die ML-Schätzwerte

$$\hat{a} := x_k = \underset{j}{\mathrm{Min}}\,(x_1, x_2, \ldots, x_n) \quad (k \in \{1, \ldots, n\})$$

und

$$\hat{b} := x_i = \underset{j}{\mathrm{Max}}\,(x_1, x_2, \ldots, x_n) \quad (i \in \{1, \ldots, n\})$$

zu setzen. Dies ist die übliche Wahl. Tatsächlich zeigen jedoch die zweiten Ableitungen mit der singulären Hesse-Matrix, daß diese Entscheidung nicht wohlbegründet ist. Die ML-Schätzer fallen außerhalb des zulässigen Parameterintervalls.
Daß dieses Ergebnis nichts mit der Frage zu tun hat, ob eine stetige oder diskrete Gleichverteilung vorliegt, zeigt das folgende Beispiel:

14.1.4 Beispiel (Die diskrete Gleichverteilung)

Für die Zähldichte

$$p_k = \frac{1}{b-a+1}, \quad -\infty < a \le x \le b < +\infty$$

sowie eine Zufallstichprobe $(X_1,X_2,...,X_n)$ ist die Likelihoodfunktion

$$L = \prod_{i=1}^{n} (\frac{1}{b-a+1}) = (\frac{1}{b-a+1})^n ,$$

sowie die Loglikelihoodfunktion

$$L = -n \ln(b-a+1) .$$

Nahezu unveränderte notwendige Extremumsbedingungen 1.Ordnung sind:

$$\frac{\partial L}{\partial a} = \frac{n}{b-a+1} = 0 ; \qquad \frac{\partial L}{\partial b} = \frac{-n}{b-a+1} = 0$$

mit den ebenfalls nahezu unveränderten zweiten Ableitungen:

$$\frac{\partial^2 L}{\partial a \partial a} = \frac{n}{(b-a+1)^2} , \qquad \frac{\partial^2 L}{\partial a \partial b} = - \frac{n}{(b-a+1)^2}$$

$$\frac{\partial^2 L}{\partial b \partial a} = - \frac{n}{(b-a+1)^2} , \qquad \frac{\partial^2 L}{\partial b \partial b} = \frac{n}{(b-a+1)^2}$$

bzw.

$$H = \frac{n}{(b-a+1)^2} \begin{pmatrix} 1 & -1 \\ -1 & 1 \end{pmatrix} ; \quad \det(H) = \frac{1}{(b-a+1)^2} 0 = 0$$

Der Schluß in bezug auf die ML-Schätzer ist unverändert.

Sei die Realisierung einer Zufallstichprobe $(x_1,x_2,...,x_n) = (1,2,3,2,0)$. In beiden Fällen (14.1.3) und (14.1.4) sind die Schätzwerte

$$\hat{a} := 0 = \text{Min}\,(1,2,3,2,0), \ \hat{b} := 3 = \text{Max}\,(1,2,3,2,0).$$

Ein gravierender Mangel der Schätzfunktionen ist, daß nur ein Bruchteil der in der Stichprobe enthaltenen Information zur Bestimmung von $\hat{a}$ und $\hat{b}$ benutzt wird.

Eine geringfügige Verbesserung ist der sog. *Lückenschätzer*, d.h. man ordne die Stichprobe der Größe nach, so daß Min $\{x_i\} = x_1$ und Max $\{x_i\} = x_n$, und setze:

$$\hat{a} := x_1 - \frac{1}{n}, \ \hat{b} := x_n + \frac{1}{n} .$$

M.a.W. die *ursprünglichen* ML-Schätzer werden um eine Korrekturgröße 1/n modifiziert. Eine Berechtigung dieser Korrektur (über die Verlängerung des Intervalls hinaus) wird im folgenden Kapitel gegeben. Für die diskrete Gleichverteilung ist diese Korrektur nicht einsichtig.

(Für eine bessere Ausschöpfung siehe den Momentenschätzer (Kapitel 14.2)).

14.1.5 Beispiel (Der ML-Schätzer für die Pareto-Verteilung)
Für die Dichte

$$f(x) = \left(\frac{a}{b}\right)\left(\frac{b}{x}\right)^{a+1}, \; 0<a, \, a\neq 1, \, 0<b<x$$

sowie eine Zufallstichprobe $\{X_1, X_2, \ldots, X_n\}$ ist die Likelihoodfunktion

$$\mathcal{L} = \prod_{i=1}^{n} \left(\frac{a}{b}\right)\left(\frac{b}{x_i}\right)^{a+1},$$

sowie die Loglikelihoodfunktion:

$$L = n \ln a + an \ln b - (a+1) \sum_{i=1}^{n} \ln x_i \,.$$

Notwendige Extremumsbedingungen sind

(3) $$0 = \frac{\partial L}{\partial a} = \frac{n}{a} + n \ln b - \sum_{i=1}^{n} \ln x_i \quad \text{und}$$

(4) $$0 = \frac{\partial L}{\partial b} = \frac{an}{b} \,.$$

Wie aus (4) deutlich wird, wäre für ein a>0 ein $b \to \infty$ zu wählen; aber wie (3) allein zeigt, ist auch das nicht zulässig, ein ML-Schätzer ist nicht definiert. Die Normalgleichungen haben keine *innere* Lösung, die wegen des offenen Intervalls für den Definitionsbereich von f verlangt wird. Die Schwierigkeit wird auch aus den zweiten Ableitungen sichtbar:

$$\frac{\partial^2 L}{\partial a \partial a} = \frac{-n}{a^2}, \quad \frac{\partial^2 L}{\partial a \partial b} = \frac{n}{b}$$

$$\frac{\partial^2 L}{\partial b \partial a} = \frac{n}{b}, \quad \frac{\partial^2 L}{\partial b \partial b} = \frac{-an}{b^2}$$

bzw.

$$H = n \begin{pmatrix} \frac{-1}{a^2} & \frac{1}{b} \\ \frac{1}{b} & \frac{-a}{b^2} \end{pmatrix}; \qquad \det(H) = \frac{n}{b^2}\left(\frac{1}{a} - 1\right).$$

Dann gilt: det (H) = 0, für a =1,
det (H) < 0, für a >1,
det (H) > 0, für a <1.

M.a.W. die notwendigen Bedingungen liefern ein unbeschränktes Maximum für $a \to 0$. Außerdem wird der Ausschluß von $a=1$ in der Definition der Dichte verständlich.
Hält man einen der beiden Parameter konstant, dann kann der andere durchaus mit dem ML-Verfahren geschätzt werden (siehe etwa Schlittgen 1990, S.206).

14.1.6 Beispiel (Der ML-Schätzer für die Normalverteilung (Gauß-Verteilung))
Für die Dichte

$$f(x) = \frac{1}{\sqrt{2\pi\sigma^2}} e^{-\frac{(x-\mu)^2}{2\sigma^2}}$$

mit den beiden Parameter $\mu \in \mathbf{R}$, $\sigma^2 > 0$, sowie einer Zufallstichprobe $\{X_1, X_2, \ldots, X_n\}$ ist die Likelihoodfunktion

$$\mathcal{L} = \prod_{i=1}^{n} \frac{1}{\sqrt[2]{2\pi\sigma^2}} e^{-\frac{(x_i-\mu)^2}{2\sigma^2}}$$

sowie die Loglikelihoodfunktion

$$(5) \qquad L = -n \ln(\sqrt{2\pi}) - \frac{n}{2} \ln\sigma^2 - \frac{\sum_{i=1}^{n}(x_i-\mu)^2}{2\sigma^2}.$$

Der erste Term in (5) ist für die ML-Schätzung unbeachtlich (er verschwindet beim Ableiten!) und wird daher oft gar nicht aufgeführt. Notwendige Extremumsbedingungen sind

$$(6) \qquad \frac{\partial L}{\partial \mu} = \frac{\sum_{i=1}^{n}(x_i-\mu)}{\sigma^2} = 0 \text{ und}$$

$$(7) \qquad \frac{\partial L}{\partial \sigma^2} = \frac{-n}{2\sigma^2} + \frac{\sum_{i=1}^{n}(x_i-\mu)^2}{2(\sigma^2)^2} = 0.$$

Gleichung (6), die sog. erste Normalgleichung (die Bezeichnung *Normalgleichung* hat nichts mit der Bezeichnung der Normalverteilung zu tun!) kann für *beliebiges* $\sigma^2 > 0$ nach $\hat{\mu}$ aufgelöst werden. Ebenso folgt aus der zweiten Normalgleichung (7) eine Bestimmungsgleichung für σ^2, nachdem $\hat{\mu}$ eingesetzt ist. Weiter beachte man, daß aus historischen Gründen nach σ^2

und nicht nach σ abgeleitet wurde!
Als Ergebnis folgen die Schätzer

$$\hat{\mu} = \frac{1}{n} \sum_{i=1}^{n} x_i = \bar{X} \text{ und}$$

$$\widehat{\sigma^2} = \frac{1}{n} \sum_{i=1}^{n} (x_i - \hat{\mu})^2 = s^2.$$

Die Tatsache, daß es sich um ein Maximum handelt, wird aus den zweiten Ableitungen unter Berücksichtigung der Bedingungen erster Ordnung klar:

$$\frac{\partial^2 L}{\partial\mu\partial\mu} = -\frac{n}{\sigma^2} < 0, \qquad \frac{\partial^2 L}{\partial\mu\partial\sigma^2} = -\frac{\sum_{i=1}^{n}(x_i-\mu)}{(\sigma^2)^2} = 0$$

$$\frac{\partial^2 L}{\partial\mu\partial\sigma^2} = -\frac{\sum_{i=1}^{n}(x_i-\mu)}{(\sigma^2)^2} = 0, \qquad \frac{\partial^2 L}{\partial\sigma^2\partial\sigma^2} = \frac{n}{2\sigma^4} - \frac{\sum_{i=1}^{n}(x_i-\mu)^2}{\sigma^6} = \frac{n}{2\sigma^4} - \frac{n}{\sigma^4} = -\frac{n}{2\sigma^4} < 0$$

bzw.

$$H = \frac{-n}{\sigma^2}\begin{pmatrix} 1 & 0 \\ 0 & \frac{1}{2\sigma^2} \end{pmatrix}; \quad \det(H) = -\frac{n}{\sigma^2}\frac{1}{2\sigma^2} < 0.$$

Hiermit ist das Determinantenkriterium für ein Maximum erfüllt.

14.1.7 Beispiel (Der ML-Schätzer für eine ein(-zwei)parametrige Verteilung)

Sei X eine diskret verteilte Zufallsvariable mit der Zähldichte

$$P(X=x_1) = a\,p$$
$$P(X=x_2) = (1-a)\,p; \qquad 0<p<1;\ 0<a<1$$
$$P(X=x_3) = 1-p$$

Bei Vorgabe von a ist der Schätzwert für den Parameter p zu bestimmen.

Bei einer Stichprobe vom Umfang n seien die Realisierungen x_1, x_2, x_3 mit den jeweiligen Häufigkeiten n_1, n_2, n_3 beobachtet worden (d.h. $n_1 + n_2 + n_3 = n$)
Dann ist die Likelihoodfunktion

$$\mathcal{L}(p) = [ap]^{n_1}[(1-a)p]^{n_2}[1-p]^{n_3}$$

bzw. die Loglikelihoodfunktion

$$L(p) = n_1 \ln[ap] + n_2 \ln[(1-a)p] + n_3 \ln[1-p]$$

mit der notwendigen Extremumsbedingung

$$\frac{dL}{dp} = \frac{n_1}{p} + \frac{n_2}{p} - \frac{n_3}{1-p} = 0$$

mit der Lösung

$$\hat{p} = \frac{n - n_3}{n}; \qquad n = n_1 + n_2 + n_3.$$

Der zweite Parameter a spielt gar keine Rolle für $\hat{p}$!

14.1.8 Beispiel (Der ML-Schätzer für die Bernoulli- und Binomial-Verteilung)

Für die Bernoulli-Zähldichte

(8) $$p_x = \binom{1}{x} p^x (1-p)^{1-x}; \; x=0,1$$

sowie eine Zufallsstichprobenrealisierung $\{x_1, x_2, \ldots, x_n \mid x_i \in \{0,1\}, \; i=1,2,\ldots,n\}$ ist die Likelihoodfunktion

$$\mathcal{L} = \prod_{i=1}^{n} \binom{1}{x_i} p^{x_i} (1-p)^{1-x_i}$$

sowie die Loglikelihoodfunktion

(9) $$L = \sum_{i=1}^{n} \left(\ln \binom{1}{x_i} + x_i \ln p + (1-x_i) \ln (1-p) \right)$$

bzw. unter Vernachlässigung der in der folgenden Optimierung unbeachtlichen Terme

$$L \approx \sum_{i=1}^{n} x_i \ln p + (1-x_i) \ln (1-p) .$$

Eine notwendige Extremumsbedingung 1. Ordnung ist

$$\frac{dL}{dp} = \frac{\sum_{i=1}^{n} x_i}{p} - \frac{\sum_{i=1}^{n} (1-x_i)}{1-p} = 0$$

mit der unmittelbaren Lösung

$$\hat{p} = \bar{X}.$$

Ihre Interpretation ist ebenfalls einleuchtend als Zahl der Erfolge geteilt durch die Zahl der Versuche, m.a.W die Erfolgsquote. Zur weiteren Untersuchung des Extremums wird die zweite Ableitung betrachtet:

$$\frac{d^2L}{dp^2} = -\frac{\sum_{i=1}^{n} x_i}{p^2} - \frac{\sum_{i=1}^{n} (1-x_i)}{(1-p)^2} < 0 .$$

$\hat{p}$ ist offenbar ein Maximum, wie verlangt.

Für die Binomial-Zähldichte lassen sich die Ergebnisse unmittelbar verallgemeinern:

(8)' $$p_x = \binom{K}{x} p^x (1-p)^{K-x}, \quad x=0,1,2,\dots,K$$

Eine Zufallstichprobe ist $\{x_1, x_2, \dots, x_n | x_i \in \{0,1,2,\dots,K\};\ i=1,2,\dots,n\}$. Die Likelihoodfunktion ist

(9)' $$L = \sum_{i=1}^{n} \left(\ln\binom{K}{x_i} + x_i \ln p + (K-x_i) \ln (1-p) \right).$$

Gegenüber der Bernoulli-Verteilung besteht die einzige Veränderung in dem erweiterten Definitionsbereich $\{0,1,2,\dots K\}$ gegenüber $\{0,1\}$.

Der ML-Schätzer ist dann $\hat{p} = \frac{\overline{X}}{K}$.

14.2 Das Momenten-Verfahren

Immer dann, wenn der Maximumlikelihoodschätzansatz versagt, sollte man den Momentenschätzer versuchen. Wie insbesondere in der jüngsten Zeit sich gezeigt hat, hat der Momentenschätzer oft nicht derart *schöne* Eigenschaften, wie der ML-Schätzer, aber der Momentenschätzer erlaubt fast immer, für eine parametrisch festgelegte Zähldichte (Dichte) einen zulässigen Parametersatz aus den Beobachtungen herauszuholen. In der Praxis geht es eben darum, Entscheidungen zu treffen, auch wenn nicht alle Feinheiten einer Struktur von Voraussetzungen vorliegen. M.a.W. die Daten sind zu beschreiben, und wenn eine spezielle Dichte (Zähldichte) dafür in Frage kommt, muß auch ein Weg gefunden werden, sie festzulegen.

Das Prinzip der Momenten-Schätzung

Sei eine Menge von n Zufallsvariablen $\{X_1, X_2, \dots, X_n\}$ unabhängig und identisch verteilt. Die zugehörige Dichte bzw. Zähldichte wird durch p Parameter $\Theta = (\Theta_1, \Theta_2, \dots, \Theta_p)$ festgelegt, d.h. $\{X_1, X_2, \dots, X_n\}$ ist eine parametrisch festgelegte Zufallsstichprobe; seien außerdem für die Dichten bzw. Zähldichten die Existenz hinreichend vieler Momente gesichert, d.h. es gibt die Erwartungswerte $E(X^r)$ $(r=1,2,3,\dots)$ (siehe Kapitel 11.3). Mit r=1 und r=2 ist die Existenz von E(X) und var(X) gesichert.

Daß die Existenz eines Erwartungswertes nicht selbstverständlich ist, zeigt die Cauchy-Verteilung (s.o. Übersicht 11.4).

Die *empirischen* Momente sind offensichtlich **Stichprobenfunktionen.** Mit diesen Vereinbarungen kann das Problem der Schätzung wie folgt angegangen werden.

Für die **Schätzung** von Θ, d.h. die numerische Bestimmung von Werten $\hat{\theta}$ für die unbekannten Parameter Θ aus der Zufallsstichprobe $\{X_1, X_2, \ldots, X_n\}$, werden die empirischen und die theoretischen Momente gleichgesetzt, d.h. es werden Werte $\hat{\theta}$ so gewählt, daß (etwa bei einer zweiparametrigen Dichte)

(10) $$E(X) = g_1(\Theta) = g_1(\hat{\Theta}) = \overline{X}$$

(11) $$\operatorname{var}(X) = E(X^2) - E(X)^2 = g_2(\Theta) = g_2(\hat{\Theta}) = \frac{1}{n}\sum_{i=1}^{n} X_i^2 - \overline{X}^2$$

gelten.
Dieses Verfahren wird als **Pearsonsche Momentenschätzung** bezeichnet. Im folgenden werden eine Reihe von Verteilungen und der dabei typischerweise in der Momenten-Schätzung (MO-Schätzung) auftretenden Probleme behandelt.

14.2.1 Beispiel (Eine einfache diskrete Verteilung)
Sei X eine diskret verteilte Zufallvariable mit der Zähldichte

$$P[X=1] = a$$
$$P[X=2] = 3a; \qquad 0 \le a \le \frac{1}{4}.$$
$$P[X=3] = 1-4a$$

Dann gilt:

$$E(X) = a + 6a + 3 - 12a = 3 - 5a.$$

Also ergibt sich für den Schätzwert $\hat{a} = \frac{3-\overline{X}}{5}$.

14.2.2 Beispiel (Der Momenten-Schätzer für die Gleichverteilung)
Zur Bestimmung der beiden Parameter a und b hat man folgende Gleichungen:

(12) $$E(X) = \frac{(b+a)}{2} = \overline{X}$$

(13) $$\operatorname{var}(X) = \frac{(b-a)^2}{12} = s^2$$

Auflösen von (12) nach a und Einsetzen in (13) gibt

$$\hat{a} = 2\overline{X} - b \qquad \text{bzw.}$$
$$\hat{b} = S\sqrt{3} + \overline{X}$$

und damit

$$\hat{a} = \overline{X} - S\sqrt{3}.$$

Für den Sonderfall **U**(0,b) folgt aus

$$E(X) = \frac{b}{2} = \overline{X}:$$

$$\hat{b} = 2\overline{X}.$$

In beiden Fällen ($a \neq 0, a = 0$) folgen ganz andere Schätzwerte als im ML-Schätzansatz.

14.2.3 Beispiel (Der Momenten-Schätzer für die Normalverteilung)
Für die Normalverteilung ist die Situation besonders einfach, denn die Momentenschätzer stimmen mit den ML-Schätzern überein, wie der direkte Ansatz zeigt:

$$\mu = E(X) =: \overline{X} = \hat{\mu},$$

$$\sigma^2 = var(X) =: S^2 = \widehat{\sigma^2}.$$

14.2.4 Beispiel
(Der Momenten-Schätzer für die Gamma-Verteilung)
Sei eine Zufallsvariable X (z.B. die Ausfallzeiten einer Maschine) gamma-verteilt; d.h. die Dichte ist gegeben durch:

$$f(\theta,\lambda) := \frac{\lambda^{\theta} x^{\theta-1} e^{-\lambda x}}{\Gamma(\theta)}, \; x>0.$$

Dann sind die Momentenschätzer

$$\tilde{\theta} := \overline{X}\tilde{\lambda}, \quad \tilde{\lambda} := \frac{\overline{X}}{S^2}, \quad \text{also } \tilde{\Theta} = \frac{\overline{X}^2}{S^2}.$$

Das Ergebnis folgt aus den Momenten: $E(X) = \theta/\lambda$ und $var(X) = \theta/\lambda^2$.

Der ML-Schätzer ist bedeutend komplizierter (s.o. die Exponentialverteilung: $\theta=1$). Hier zieht das Argument der **Einfachheit** im Vergleich zur ML-Schätzung.

14.2.5 Beispiel
(Der Momenten-Schätzer für die Exponentialverteilung)
Für die Exponentialverteilung

$$f(x) = \begin{cases} \lambda e^{-\lambda x}, & 0 \le x \\ 0 & \text{sonst} \end{cases}, \quad \lambda > 0$$

mit $E(X) = 1/\lambda;\ var(X) = 1/\lambda^2$

folgt der Momentenschätzer $\hat{\lambda} = \frac{1}{\overline{X}}$.

14.2.6 Beispiel
(Der Momenten-Schätzer für die Geometrische Verteilung)
Für die Geometrische Verteilung folgt der Momentenschätzer

$$\frac{1-p}{p} = E(X) := \overline{X}$$

bzw.

$$\hat{p} = \frac{1}{\overline{X} + 1}.$$

14.2.7 Beispiel (Der Momenten-Schätzer für die Pareto-Verteilung)
Für die Dichte

$$f(x) = \frac{a}{b}\left(\frac{b}{x}\right)^{a+1}, \quad 0<a,\ a\neq 1,\ 0<b<x$$

gilt (siehe Übersicht 11.4):

$$E(X) = \frac{ab}{(a-1)}, \quad 0<a,\ a\neq 1 \text{ und } \operatorname{var}(X) = \frac{ab^2}{(a-2)\,(a-1)^2}, \quad a>2,$$

und folglich

$$\overline{X} = \frac{ab}{a-1} \text{ und } S^2 = \frac{ab^2}{(a-2)\,(a-1)^2}.$$

Nach einigem Umformen (Quadrieren von $\overline{X}$, Einsetzen in die Gleichung für S^2) folgt:

$$\hat{a}_{1,2} = 1 \pm \sqrt{\frac{\overline{X}^2}{S^2}}$$

Da a>2 voraussgesetzt wurde, kann nur gelten

$$\hat{a} = 1 + \sqrt{\frac{\overline{X}^2}{S^2}}.$$

14.3 Aufgaben

Aufgabe 14.3.1
Zeigen Sie, daß die Momentenschätzer für λ aus Beispiel 14.2.4 und 14.2.5 für $\Theta = 1$ übereinstimmen.

Aufgabe 14.3.2
Sei X eine Zufallsvariable mit der Dichtefunktion

$$f(x) = \begin{cases} \alpha x^2, & 0 < x \leq 2 \\ 1 - \frac{8}{3}\alpha, & 2 < x \leq 3 \\ 0, & \text{sonst} \end{cases} \quad , \alpha < \frac{3}{8}$$

a) Welche Werte kann α annehmen?
b) Bestimmen Sie zu der Stichprobenrealisierung (1,2,3,1) den Maximum-Likelihood-Schätzer.

Aufgabe 14.3.3
Bestimmen Sie zu einer Zufallsstichprobe der Länge n, deren Beobachtungen unabhängig voneinander sind, den Maximum-Likelihood-Schätzer, sowie den Momentenschätzer für den Parameter b der folgenden (der Stichprobe zugrundeliegenden) Dichtefunktion:

$$f(x) = \begin{cases} \frac{1}{b^2} x e^{-\frac{x}{b}} & , x \geq 0 \\ 0 & , \text{sonst.} \end{cases}$$

Welche Schätzwerte erhalten Sie bei der Stichprobenrealisation (3, 2, 4, 7)?

Aufgabe 14.3.4
Eine Zufallsvariable X besitze die Zähldichte

$$P(X=x) = \begin{cases} \frac{\mu^x}{(1+\mu)^{x+1}} & , x = 0,1,2,\ldots \\ 0 & , \text{sonst,} \end{cases}$$

wobei μ eine positive Konstante ist. Eine Stichprobe ergab folgende Beobachtungen: 2, 3, 0, 1.
Schätzen Sie μ mit der Maximum-Likelihood-Methode.

Aufgabe 14.3.5
Eine Zufallsvariable X besitze die Dichtefunktion

$$f(x) = \begin{cases} 2bxe^{-bx^2} & , x \geq 0 \\ 0 & , \text{sonst.} \end{cases}$$

Eine Stichprobe vom Umfang n = 4 ergab die Werte

$$(x_1, x_2, x_3, x_4) = (2, \frac{3}{2}, \frac{4}{3}, 1).$$

Schätzen Sie den Parameter b mit der Maximum-Likelihood-Methode.

Aufgabe 14.3.6

a) Bestimmen Sie zu einer Zufallsstichprobe der Länge n, deren Beobachtungen unabhängig voneinander sind, den Maximum-Likelihood-Schätzer, sowie den Momentenschätzer für den Parameter b der folgenden (der Stichprobe zugrundeliegenden) Dichtefunktion:

$$f(x) = \begin{cases} \frac{1}{b^2} x e^{-\frac{x}{b}} & , x \geq 0 \\ 0 & , \text{sonst.} \end{cases}$$

b) Die Stichprobenwerte seien (3, 2, 4, 7). Welchen Schätzwert erhalten Sie?

Aufgabe 14.3.7

Aus einer Grundgesamtheit, auf der ein beobachtetes Merkmal gemäß der Verteilungsfunktion

$$f(x) = \begin{cases} 0 & , x < 500 \\ 1 - \left(\frac{500}{x}\right)^{\alpha} & , x \geq 500 \end{cases}$$

verteilt ist, wird eine Stichprobe der Länge n gezogen.

Schätzen Sie den Parameter α mit dem Maximum Likelihood- und dem Momenten-Schätzansatz.

15 Eigenschaften von Schätzern

Nachdem im letzten Kapitel verschiedene Methoden zur Punktschätzung vorgestellt worden sind, wenden wir uns jetzt Kriterien für die Auswahl geeigneter Schätzer zu.

15.1 Erwartungstreue

15.1.1 Definition (Unverzerrtheit; Erwartungstreue):
Sei $X = \{X_1, X_2, \ldots, X_n\}$ eine Zufallsstichprobe und X_i genüge der Dichte $f(\Theta)$, $\Theta \in \mathbf{R}^K$. Sei außerdem $\widehat{\Theta}_k := f_k(X)$ $(k=1,2,\ldots K)$ die Stichprobenfunktion für den Parameter Θ_k. Dann heißt $\widehat{\Theta}_k$ **unverzerrt**, **ohne Bias**, bzw. **erwartungstreu** falls gilt:

$$E(\widehat{\Theta}_k) = \Theta_k \ (k=1,2,\ldots K).$$

Die Größe

$$\mathrm{bias}(\widehat{\Theta}_k) = E(\widehat{\Theta}_k) - \Theta_k \ (k=1,2,\ldots K)$$

wird als **Verzerrung** (**Bias**) bezeichnet.

15.1.2 Beispiel (Erwartungstreue des Mittelwertschätzers):
Sei $\widehat{\mu} = \overline{X}$, dann gilt $E(\overline{X}) = \mu$. Man beachte daß dieses Ergebnis allein aus den Rechenregeln für Erwartungswerte folgt!

15.1.3 Beispiel (Erwartungstreue des Momentenschätzers für U(0,b))
Sei X gleichverteilt $\mathbf{U}(0,b)$ und $2\overline{X} = \widehat{b}$, dann gilt $E(\widehat{b}) = 2E(\overline{X}) = 2\frac{b}{2} = b$.

15.1.4 Verzerrtheit des Varianzschätzers:
Sei X beliebig verteilt mit Erwartungswert μ und Varianz σ^2. Für

$$(1) \qquad \widehat{\sigma^2} = \frac{1}{n}\sum_{i=1}^{n}(X_i - \overline{X})^2$$

gilt:

$$E(\widehat{\sigma^2}) = E\Big(\frac{1}{n}\sum_{i=1}^{n}(X_i - \overline{X})^2\Big) = \frac{n-1}{n}\sigma^2.$$

M.a.W. der Schätzer ist verzerrt. Zum Beweis wähle man n=2, und dann verallgemeinere man induktiv auf n≥2 (siehe oben Beispiel 13.2.4). Um diese Verzerrung zu beheben, wird statt (1)

$$(2) \qquad \widetilde{\sigma^2} = \frac{1}{n-1}\sum_{i=1}^{n}(X_i - \overline{X})^2$$

ein modifizierter (korregierter) Schätzer eingeführt, der dann unverzerrt ist. Dies wird als endliche Verzerrungskorrektur bezeichnet (siehe oben Beispiel 13.2.5).
Ein zweiter Weg, der oft eine Verzerrung (zumindest teilweise) behebt, besteht darin, die Stichprobe zu vergrößern, d.h. eine asymptotische Überlegung: $n \to \infty$. Damit folgt der Begriff der asymptotischen Erwartungstreue:

15.1.5 Definition (Asymptotische Unverzerrtheit)

Der Schätzer $\hat{\Theta}_k := f_k(X)$ (k=1,2,...,K) für den Parameter Θ_k sei verzerrt, d.h.

$$E(\widehat{\Theta_k}) \neq \Theta_k \quad (k=1,2,...K).$$

Falls die Verzerrung für $n \to \infty$ verschwindet, heißt der Schätzer **asymptotisch unverzerrt**, d.h. es gilt:

(3) $$\lim_{n \to \infty} E(\widehat{\Theta_k}) = \Theta_k \quad (k=1,2,...K) \text{ bzw.}$$

(3)' $$\lim_{n \to \infty} \text{bias}(\widehat{\Theta_k}) = 0 .$$

15.1.6 Beispiel (Asymptotische Erwartungstreue des Varianzschätzers)

Sei X beliebig mit Varianz σ^2 verteilt und die Stichprobe beliebig groß. Dann folgt:

$$\lim_{n \to \infty} E(\widehat{\sigma^2}) = \lim_{n \to \infty} E(S^2) = \lim_{n \to \infty} \frac{n-1}{n} \sigma^2 = \sigma^2 .$$

15.2 Effizienz

15.2.1 Definition (Effizienz)

Ein Schätzer $\hat{\Theta}$ heißt **effizienter als ein Schätzer** $\tilde{\Theta}$, falls in einer Teilmenge sonstiger Eigenschaften sich beide nur in der Varianz unterscheiden und

$$\text{var}(\hat{\Theta}) \leq \text{var}(\tilde{\Theta})$$

ist.

Mit diesem Begriff hängt ebenfalls die Bezeichnung zusammen, daß ein Schätzer **bestens** sei. Es heißt, daß dieser beste Schätzer in einer Klasse (z.B. den linearen und unverzerrten) von Schätzern die kleinste Varianz hat.

15.2.2 Beispiel (Mittelwertschätzer)
Man vergleiche die drei Mittelwertschätzer

$$\hat{\mu} = \overline{X}, \quad E(\overline{X}) = \mu,$$

$$\tilde{\mu} = a\left(\frac{1}{n-1}\sum_{i=1}^{n-1} X_i\right) + (1-a)\, X_n, \; 0<a<1, \quad E(\tilde{\mu}) = \mu.$$

$$\bar{\mu} = \sum_{i=1}^{n} a_i X_i, \quad 0<a_i<1, \; \sum_{i=1}^{n} a_i = 1, \quad \text{zumindest ein } a_i \neq \frac{1}{n}, \; E(\bar{\mu}) = \mu.$$

Für die Varianzen folgt:

$$\text{var}(\hat{\mu}) = \frac{\sigma^2}{n},$$

$$\text{var}(\tilde{\mu}) = \sigma^2 \left[\frac{n\, a^2}{n-1} + (1-2a)\right],$$

$$\text{var}(\bar{\mu}) = \sigma^2 \left[\sum_{i=1}^{n} a_i^2\right] > \text{var}(\hat{\mu}) = \frac{\sigma^2}{n}.$$

15.2.4 Definition (asymptotische Effizienz)
Ein Schätzer $\hat{\Theta}$ heißt **asymptotisch effizienter** als ein Schätzer $\tilde{\Theta}$, falls

$$\lim_{n\to\infty} \text{var}(\hat{\Theta}) \leq \lim_{n\to\infty} \text{var}(\tilde{\Theta}).$$

15.3 Mittlerer quadratischer Fehler

15.3.1 Definition (Mittlerer quadratischer Fehler)
Die Größe

$$\text{MSE} := E[(\hat{\Theta}_k - \Theta_k)^2] \quad (k=1,2,\ldots K)$$

bzw.

$$\text{MSE} := E[(\hat{\Theta} - \Theta)^2] \quad \text{für } K=1$$

wird als **mittlerer quadratischer Fehler** ("**M**ean **S**quare **E**rror") von $\hat{\Theta}_k$ bzw. $\hat{\Theta}$ bezeichnet.

15.3.2 Definition (Varianzzerlegung des MSE)
Die Umschreibung des MSE zu

$$\begin{aligned} MSE &= E[(\hat{\Theta} - \Theta)^2] = E\{[[\hat{\Theta} - E(\hat{\Theta})] - [\Theta - E(\hat{\Theta})]]^2\} \\ &= E[\hat{\Theta} - E(\hat{\Theta})]^2 + \{E[\Theta - E(\hat{\Theta})]\}^2 + 2\, E[\hat{\Theta} - E(\hat{\Theta})]\, E[\Theta - E(\hat{\Theta})]\} \\ &= var(\hat{\Theta}) + bias(\hat{\Theta})^2 \end{aligned}$$

wird als **Varianzzerlegung des mittleren quadratischen Fehlers** bezeichnet.

Der folgende Satz ist offensichtlich:

15.3.3 Satz
Der mittlere quadratische Fehler ist genau dann Null, wenn Varianz **und** Verzerrung null sind.

5.3.4. Bemerkung
Die Bedingung, daß die Varianz des Schätzers Null sein muß, falls der mittlere quadratische Fehler verschwinden soll, bedeutet, daß der Schätzer keine Zufallsvariable mehr ist, sondern deterministisch festgelegt ist.
In der Praxis gibt es einen solchen Fall nur bei Gesamterhebungen, nicht jedoch bei Stichprobenerhebungen.

15.4 Konsistenz

15.4.1 Definition (Konvergenz nach Wahrscheinlichkeit)
Eine Folge von unabhängigen, identisch verteilten Zufallsvariablen heißt **konvergent nach Wahrscheinlichkeit gegen x**, wenn gilt:

$$\lim_{n\to\infty} P[|X_n - x| \geq k] = 0.$$

15.4.2 Definition (Konsistenz)
Ein Schätzer $\hat{\Theta}$ heißt **konsistent**, falls er nach Wahrscheinlichkeit gegen Θ konvergiert, d.h.:

$$\lim_{n\to\infty} P[\,|\hat{\Theta} - \Theta| \geq c\,] = 0, \quad c > 0.$$

15.4.3 Bemerkung:
Konsistenz ist keine Aussage über den Mittelwert der Zufallsvariable $\hat{\Theta}$, sondern über die Zufallsvariable $\hat{\Theta}$ selbst. Es bedeutet außerdem nicht, daß $\hat{\Theta}$ nicht von Θ abweicht; das kann durchaus so sein, wenn auch die Wahrscheinlichkeit dafür *sehr* gering ist (vergl. Chebyshevsche Ungleichung 13.3.1).
Für erwartungstreue und konsistente Schätzer wird mit größerem n die Varianz kleiner und folglich konzentrieren sich die Dichten immer mehr um den zu schätzenden Parameter: Zur Illustration siehe die folgende Abbildung:

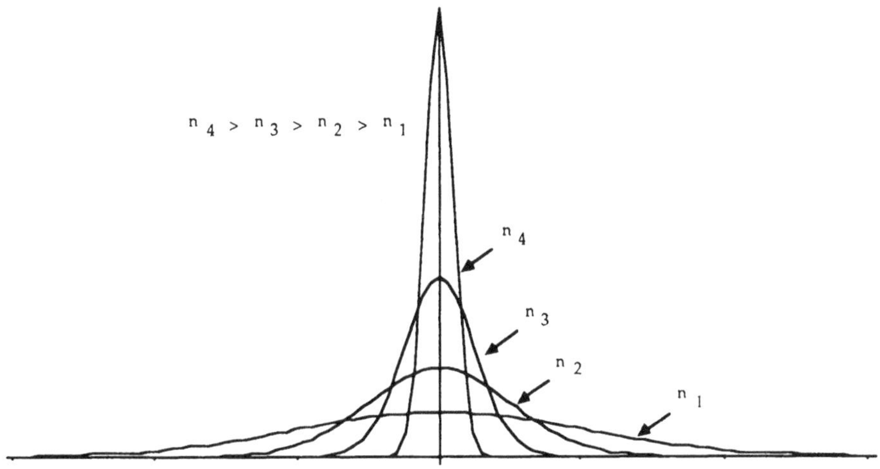

15.4.4 Bemerkung:

Eine Kurzschreibweise für die Konsistenz von $\hat{\Theta}$ ist plim $\hat{\Theta} = \Theta$.

15.4.5 Bemerkung:

Konsistenz ist ein asymptotisches Ergebnis, sie gilt nur für $n \to \infty$, was jedoch nicht ausschließt, daß schon relativ kleine Stichproben (z.B. n > 30) Ähnliches zeigen können.

15.4.6 Beispiel (Mittelwertschätzer)

Der Mittelwertschätzer $\bar{X}$ ist eine konsistente Schätzfunktion für μ.

$$E(\bar{X}) = \mu \, , \quad \lim_{n\to\infty} \operatorname{var}(\bar{X}) = \lim_{n\to\infty} \frac{\sigma^2}{n} = 0 \text{ und folglich:}$$

$$0 \leq \lim_{n\to\infty} P(|\bar{X} - E(\bar{X})| > c) \leq \lim_{n\to\infty} \frac{\operatorname{var}(\bar{X})}{c^2} = 0.$$

15.4.7 Beispiel: (Schönfeld, 1969, S.170)

Sei $\hat{\Theta}$ mit einer Zweipunkt-Verteilung versehen:

$$P[\hat{\Theta} = 0] = 1 - \frac{1}{n} \text{ und } P[\hat{\Theta} = n] = \frac{1}{n} \quad [E(\hat{\Theta}) = 1;\ \operatorname{var}(\hat{\Theta}) = n-1] .$$

Für die Konsistenz von $\hat{\Theta}$ folgt dann:

$$\lim_{n\to\infty} P[\,|\hat{\Theta} - 0\,|\,] = 0 \Leftrightarrow \operatorname{plim} \hat{\Theta} = \Theta = 0,$$

denn für ein beliebig kleines positives ε gilt:

$$1 \geq P[\,|\,\hat{\Theta}\,| < \varepsilon] \geq 1 - \frac{1}{n}.$$

M.a.W. $\hat{\Theta}$ kann beliebig klein gemacht werden. Dies ist aber nicht die Chebyshevsche Ungleichung, die hier nichts Vernünftiges bringt, da die Varianz für $n \to \infty$ nicht definiert ist,

$$P[\,|\,\hat{\Theta} - E(\hat{\Theta})\,| \leq k] \geq 1 - \frac{var(\hat{\Theta})}{k^2}$$

$$P[\,|\,\hat{\Theta} - 1\,| \leq k] \geq 1 - \frac{n-1}{k^2} \to -\infty \text{ (für } n \to \infty).$$

15.4.8 Definition (Konvergenz im Mittel):
Eine Folge von unabhängigen, identisch verteilten Zufallsvariablen heißt **konvergent im Mittel gegen x**, wenn gilt:

$$\lim_{n \to \infty} \frac{E(X_n - X)^2}{k^2} = 0.$$

Die beiden Konvergenzbegriffe hängen folgendermaßen zusammmen:

15.4.9 Satz:
Konvergenz im Mittel ⇒ Konvergenz nach Wahrscheinlichkeit.

Beweis:
Durch die verallgemeinerte Ungleichung von Chebyshev folgt:

$$P\{\,|X_n - X| \geq k\} \leq \frac{E(X_n - X)^2}{k^2},$$

also

$$\lim_{x \to \infty} P[|X_n - X| > k] = 0 \Leftrightarrow \operatorname{plim} X_n = X,$$

d.h. Konvergenz nach Wahrscheinlichkeit. ■

Die Gegenrichtung trifft nicht zu, wie folgendes Gegenbeispiel zeigt:

15.4.10 Beispiel:
Sei eine Folge $X_1, X_2, \ldots$ von Zufallsvariablen mit den jeweiligen Zähldichten

$$P[X_n=a] = 1 - \frac{1}{n} \qquad (n = 1, 2, \ldots.)$$

$$P[X_n=n^2] = \frac{1}{n}$$

gegeben.

(i) Für $n \to \infty$ schrumpft die Zähldichte auf eine 1-Punkt Verteilung (Konvergenz nach Wahrscheinlichkeit)

$$P[\,|X_n|>a] = 0 \text{ für } n \to \infty.$$

(ii) $E[(X_n - a)^2] = (a - a)^2 (1 - \frac{1}{n}) + (n^2 - a)\frac{1}{n}$

$$= 0 + (n^4 - 2an^2 + a^2)\frac{1}{n}$$

Offenbar ist:

$$\lim_{n\to\infty} (n^3 - 2an + \frac{a^2}{n}) = \infty,$$

und folglich liegt keine Konvergenz im Mittel vor.

Eine Übersicht zu einigen Eigenschaften eines Schätzers $\hat{\Theta}$ für den Parameter Θ.

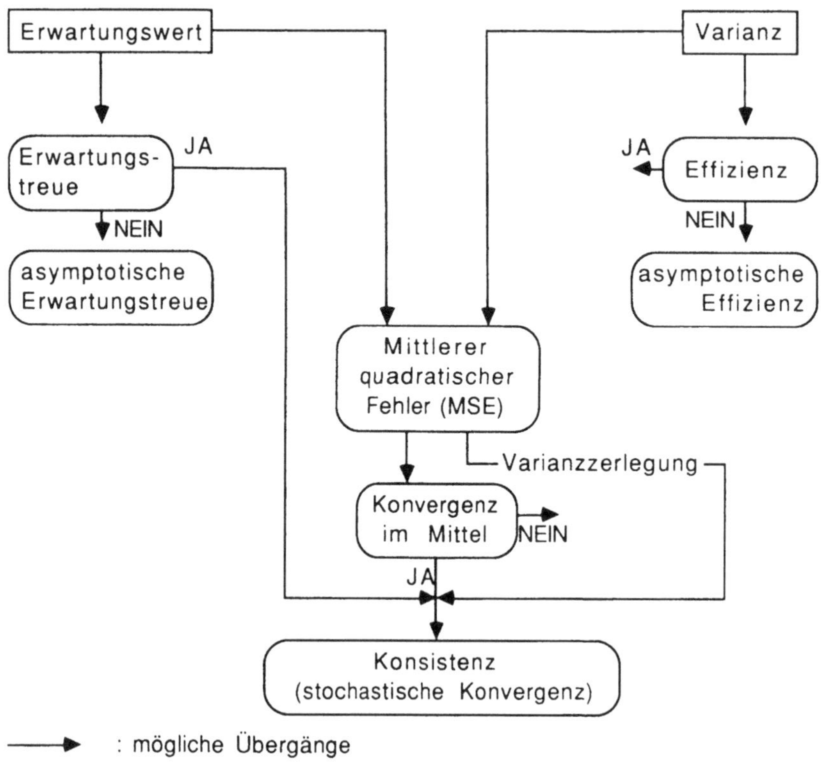

15.5 Aufgaben:

Aufgabe 15.5.1:
Bestimmen Sie für die Zufallsvariable X mit den zwei Werten: $X = 0$, $X = T$
und der Zähldichte $f(x) = 1 - \frac{1}{T}$, $f(x) = \frac{1}{T}$

den Erwartungswert und die Varianz.
(Lösung : $E(X)=1$; $var(X)=T-1$)

Aufgabe 15.5.2:

Sei X mit der stetigen Dichte $f(x) = \frac{2(a-x)}{a^2}$ für $0<x<a$ verteilt. Sei eine Stichprobe der Länge $n=1$ gegeben.
Beurteilen Sie die beiden Schätzer gemäß Maximumlikelihoodschätzung und Momentenschätzung auf Erwartungstreue und Effizienz.

Aufgabe 15.5.3:
Sei X Poisson-verteilt mit Parameter λ. Seien drei verschiedene Schätzer (Statistiken) für λ zu einer Stichprobe vom Umfang drei vorgeschlagen:

$$f_1(X) := \frac{X_1}{4} + \frac{X_2}{2} + \frac{X_3}{4}$$

$$f_2(X) := \frac{X_1}{8} + \frac{X_2}{8} + \frac{X_3}{4}$$

$$f_3(X) := \frac{X_1}{3} + \frac{X_2}{3} + \frac{X_3}{3}.$$

Beurteilen Sie die drei Schätzer f_1, f_2, f_3 nach Erwartungstreue und Effizienz. Weshalb ist der Begriff *bester* Schätzer hier anwendbar?

Aufgabe 15.5.4:

Der Schätzer $\tilde{\mu}$ aus Beispiel 15.2.2 läßt sich als $\tilde{\mu} = aS_1 + (1-a)S_2$ schreiben.

Bestimmen Sie $var(\tilde{\mu})$; benutzen Sie dabei die Regeln aus Kapitel 13.

16 Konfidenzbereiche

16.1 Die Grundidee des Konfidenzintervalls

Wie in der Theorie der Punktschätzung, sei es in der Maximumlikelihoodschätzung, sei es in der Momentenschätzung, wird in diesem Kapitel von der folgenden Situation ausgegangen:
Es gibt eine **Zufallsstichprobe** der **Länge n**, d.h. **n Zufallsvariable** $(X_1, X_2, \ldots, X_n)$, für die eine **Realisierung** $(x_1, x_2, \ldots, x_n)$ bekannt ist. Anstatt nun jedoch wie in der Punktschätzung mit Hilfe einer **Stichprobenfunktion**, einer **Schätzfunktion**,

$$\hat{\Theta} = g(X_1, X_2, \ldots, X_n)$$

bzw. bei vorliegender Stichprobenrealisierung $(x_1, x_2, \ldots, x_n)$

$$\hat{\theta} = g(x_1, x_2, \ldots, x_n)$$

einen speziellen numerischen Wert, den Schätzwert $\hat{\theta}$ für den unbekannten wahren Parameter θ aus den Realisierungen zu bestimmen, ist das Anliegen der Theorie des Konfidenzbereichs, eine Bandbreite, ein Intervall, zu finden, das θ überdeckt. Daher wird dies auch als **Intervallschätzung** bezeichnet.
M.a.W. es sind aus $\hat{\theta}$ zwei Funktionen, eine untere und eine obere Schranke $u(\hat{\theta})$ und $o(\hat{\theta})$ so zu bestimmen, so daß die Lage des *wahren* Parameters mit folgendem Ausdruck beschrieben werden kann:

16.1.1 Definition (Konfidenzintervall)

Unter den Voraussetzungen des Kapitels 12 (Vorgabe einer identisch verteilten Zufallsstichprobe der Länge n) heißt

(1) $$P[u(\hat{\theta}) \leq \Theta \leq o(\hat{\theta})] = 1 - \alpha, \quad 0 < \alpha < 1$$

Konfidenzintervall für θ zum Konfidenzniveau $1 - \alpha$, bzw.
Vertrauensintervall für θ zum Vertrauensniveau $1 - \alpha$.

16.1.2 Bemerkung (Irrtumswahrscheinlichkeit)

Der Begriff *Konfidenzniveau (Vertrauensniveau)* $1 - \alpha$ wird oft auch alternativ und äquivalent mit dem Begriff *Irrtumswahrscheinlichkeit* α bezeichnet: (1) ist ein Konfidenzintervall (Vertrauensintervall) für θ zur Irrtumswahrscheinlichkeit α.
Die Begründung für diese Sprechweise wird im folgenden deutlich werden.

16.1.3 Bemerkung (Konfidenz- (Vertrauens-) grenzen)
Die Stichprobenfunktionen $u(\hat{\theta})$, $o(\hat{\theta})$ werden als untere bzw. obere Konfidenz- (Vertrauens-) grenzen bezeichnet.

16.1.4 Bemerkung
Die Wahrscheinlichkeitsaussage (1) setzt voraus, daß für die Stichprobenfunktion $\hat{\theta} = g(x_1,x_2,...,x_n)$, aus der die Schranken $u(\cdot)$ und $o(\cdot)$ abgeleitet werden, nicht nur erste und zweite Momente bekannt sind, sondern für die Zufallsvariable $\hat{\Theta}$ muß die vollständige Verteilung bekannt sein.

16.1.5 Bemerkung (Vergleich zur Chebyshevschen Ungleichung)
Die Wahrscheinlichkeitsaussage (1) erinnert an die Chebyshevsche Ungleichung. Aber im Unterschied zu Ungleichungen jenen Typs sind die oberen und unteren Schranken $u(\cdot)$ und $o(\cdot)$ für Konfidenzintervalle Stichprobenfunktionen. Das ist ein wichtiger Unterschied.

Die Bedeutung des Konfidenzintervalls wird am schnellsten durch eine Folge von Beispielen klar.

16.1.6 Beispiel (Normal-Stichprobe für μ mit bekannter Varianz)
Die zu untersuchende Zufallsstichprobe komme aus einer Normalverteilung, d.h. jedes der $(X_1,X_2,...,X_n)$ mit der Realisierung $(x_1,x_2,...,x_n)$ sei normalverteilt

$$X_i \sim \mathcal{N}(\mu,\sigma^2) \ (i=1,2,...,n)$$

und zugleich sei σ^2 bekannt.

Damit gelten für die Stichprobenfunktion

$$\hat{\mu} = \overline{X}$$

einmal die bekannten Ergebnisse (s.o. Beispiel 13.2.1):

$$E(\hat{\mu}) = \mu, \ var(\hat{\mu}) = \frac{\sigma^2}{n}$$

und zum anderen (siehe Beispiel 13.1.8. zusammen mit Bemerkungen 11.1.7 und 11.2.7), daß $\hat{\mu}$ normalverteilt ist, d.h.:

$$\hat{\mu} \sim \mathcal{N}(\mu,\frac{\sigma^2}{n}).$$

Damit kann über die übliche Standardisierung (Normalisierung) die Standard-Normalverteilungstabelle für den Schätzer benutzt werden. Sei

$$Z := \frac{\hat{\mu} - E(\hat{\mu})}{\sqrt{var(\hat{\mu})}} = \frac{(\hat{\mu} - \mu)\sqrt{n}}{\sigma},$$

und damit gilt:

$$Z \sim \mathcal{N}(0,1),$$

so daß für die Zufallsvariable z aus der (0,1) Standardnormaltabelle das folgende Intervall durch die Wahl geeigneter Tabellenwerte z_u und z_o konstruiert werden kann:

(2) $$P[z_u \leq z \leq z_o] = 1 - \alpha, 0 < \alpha < 1.$$

Sei z.B. $\alpha = 0.05$ ($\alpha = 0.01$) und sei das Intervall $[z_u, z_o]$ symmetrisch um Null bestimmt, dann sind die Schrankenwerte:

$$z_u = -1.96,\ z_o = 1.96 \text{ für } \alpha = 0.05,$$

bzw.

$$z_u = -2.58,\ z_o = 2.58 \text{ für } \alpha = 0.01.$$

Dies ist noch *kein* Konfidenzintervall, aber es läßt sich in eines umrechnen: Einsetzen der Tafelwerte nach (2) und Umformen der standardisierten Größe Z liefert ein zugehöriges Konfidenzintervall. Die linke Ungleichung in der Wahrscheinlicheitsaussage gibt:

$$z_u \leq \frac{(\hat{\mu} - \mu)\sqrt{n}}{\sigma} \Leftrightarrow \mu \leq \hat{\mu} - \frac{z_u \sigma}{\sqrt{n}}$$

und die rechte Seite entsprechend:

$$\frac{(\hat{\mu} - \mu)\sqrt{n}}{\sigma} \leq z_o \Leftrightarrow \hat{\mu} - \frac{z_o \sigma}{\sqrt{n}} \leq \mu.$$

Mit Ausnahme des unbekannten, wahren Parameters μ ist in beiden Ungleichungen alles übrige bekannt, σ gemäß Voraussetzung, n aus der Stichprobe, $\hat{\mu} = \bar{X}$ aus der Stichprobe und die Schranken aus der Tabelle. So folgt schließlich das Konfidenzintervall:

$$P[\hat{\mu} - \frac{z_o \sigma}{\sqrt{n}} \leq \mu \leq \hat{\mu} - \frac{z_u \sigma}{\sqrt{n}}] = 1 - \alpha.$$

16.1.7 Beispiel

Zur Verdeutlichung sei ein Zahlenbeispiel betrachtet. Sei die Stichprobenrealisation (1,2,3,1) der Länge n=4 mit der Varianz $\sigma^2 = 1$.
Damit folgt für die Irrtumswahrscheinlichkeit $\alpha = 0.05$:

$$\hat{\mu} - \frac{z_o \sigma}{\sqrt{n}} = \frac{7}{4} - \frac{1.96 \cdot 1}{\sqrt{4}} = 0.77 \text{ und } \hat{\mu} - \frac{z_u \sigma}{\sqrt{n}} = \frac{7}{4} - \frac{-1.96 \cdot 1}{\sqrt{4}} = 2.73,$$

sowie für $\alpha = 0.01$:

$$\hat{\mu} - \frac{z_o \sigma}{\sqrt{n}} = \frac{7}{4} - \frac{2.58 \cdot 1}{\sqrt{4}} = 0.46 \text{ und } \hat{\mu} - \frac{z_u \sigma}{\sqrt{n}} = \frac{7}{4} - \frac{-2.58 \cdot 1}{\sqrt{4}} = 3.04,$$

d.h.:

$$P[0.77 \leq \mu \leq 2.73] = 0.95,$$
$$P[0.46 \leq \mu \leq 3.04] = 0.99.$$

16.1.8 Bemerkung (Größe des Intervalls)

Zur Größe des Intervalls ist offensichtlich, daß es umgekehrt zur Irrtumswahrscheinlichkeit α sich ausdehnt. Je geringer α, desto größer wird der Bereich. Die Wahl zu 0.01 oder 0.05 ist mehr oder minder willkürlich aber üblich. Bei der hier angenommenen Vorgabe der Varianz σ^2 wird das Intervall desto kleiner, je größer die Stichprobe wird. Dies ist die Eigenschaft der in Kapitel 15 erörterten Konsistenz des Schätzers $\hat{\mu} = \bar{X}$.

Ganz losgelöst von der Länge der Stichprobe folgt aus der Gestalt der Normalverteilung der zugrundeliegenden Stichprobenfunktion, daß das jeweils schmalste Konfidenzintervall das hier vorgeführte, symmetrisch um den unbekannten Parameter μ herum konstruierte Intervall ist. Zugleich kann die allgemeine Formel für die Schranken vereinfacht werden, da $z_u = -z_o$ und somit das Intervall von der Länge

$$\hat{\mu} \pm \frac{T\sigma}{\sqrt{n}}, \qquad \text{Tafelwert } T = -z_u = z_o.$$

Die symmetrische Konstruktionsregel ist sinnvoll, insbesondere mit Blick auf die Interpretation des Konfidenzintervalls allgemein, die nicht nur für dieses Beispiel gilt, aber hier besonders einfach zu illustrieren ist.

16.1.9 Bemerkung (Interpretation des Konfidenzintervalls)

Die Angabe des Intervalls $[u(\hat{\theta}), o(\hat{\theta})]$ heißt **nicht**, daß der unbekannte Parameter θ mit der angegebenen Wahrscheinlichkeit in diesem Intervall tatsächlich liegt. Es bedeutet stattdessen, daß bei beliebig vielen Stichproben, d.h. bei beliebig vielen Wiederholungen der Konstruktion eines solchen Intervalls aus jeweils neuen Beobachtungen, der wahre Parameter durch (1- α)% der Konfidenzintervalle überstrichen wird.

Die folgende Abbildung zeigt dies. Zugleich sollte dies Bild die Begeisterung vieler Anwender dämpfen, wenn mit der Begründung eines *kleinen* Konfidenzintervalls ein bestimmtes Ergebnis, z.B. die Größe eines Marktanteils oder einer Wählerquote, als besonders *gut gesichert* dem Abnehmer einer solchen Studie verkauft wird. Das Irren gehört zur Statistik wie das Amen in der Kirche. Das spezielle enge Konfidenzintervall kann im besonderen voll neben dem wahren Parameter sein. Dies wird im übrigen (nachträglich natürlich) als *Fehler dritter Art* bezeichnet, ein falsches Ergebnis wird besonders "wohl" begründet präsentiert. Zu den Fehlern 1. und 2. Art siehe unten das nächste Kapitel.

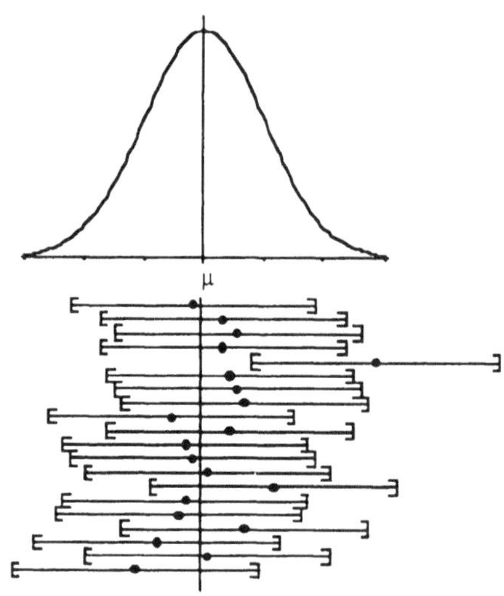

Das *Überstreichen* des *wahren* Parameters durch eine Menge von Konfidenzintervallen

16.1.10 Beispiel
(Normal-Stichprobe für μ mit unbekannter Varianz)

Wie in Beispiel 16.1.6 sei die zu untersuchende Zufallsstichprobe aus einer Normalverteilung entnommen, d.h. jedes der $(X_1, X_2, \ldots, X_n)$, mit der Realisierung $(x_1, x_2, \ldots, x_n)$ sei identisch normalverteilt:

$$X_i \sim \mathcal{N}(\mu, \sigma^2) \quad (i=1,2,\ldots,n),$$

aber zugleich sei σ^2 unbekannt. M.a.W. beide Parameter der Normalverteilung sind nicht bekannt.
Um ein Vertrauensintervall für μ zu konstruieren, wird entsprechend dem Beispiel 16.1.6 vorgegangen. Der Unterschied in den Voraussetzungen führt jedoch nicht zu einer normalverteilten, sondern einer t-verteilten Stichprobenfunktion. Um die Parallelität der Vorgehensweisen zu verdeutlichen, wird dies etwas ausführlicher dargestellt:

Für die Stichprobenfunktion des Parameters μ gilt unverändert:

$$\hat{\mu} = \bar{X}.$$

Damit hat man einmal die bekannten verteilungsunabhängigen Ergebnisse:

$$E(\hat{\mu}) = \mu, \quad var(\hat{\mu}) = \frac{\sigma^2}{n}$$

und zum anderen gilt weiter, daß $\hat{\mu}$ normalverteilt ist, d.h.:

$$\hat{\mu} \sim \mathcal{N}(\mu, \frac{\sigma^2}{n}).$$

Aber σ^2 ist voraussetzunggemäß nicht bekannt, so daß dieses Ergebnis nicht benutzt werden kann. σ^2 ist ebenfalls wie μ durch einen Schätzwert zu ersetzen. Dafür wird der unverzerrte Schätzer (s.o.Beispiel 13.2.4):

$$\tilde{\sigma}^2 = \frac{1}{(n-1)} \sum_{i=1}^{n} (X_i - \bar{X})^2$$

gewählt. Dann wird die obige Standardisierung (Normalisierung) wie folgt modifiziert:

$$\tau := \frac{\hat{\mu} - E(\hat{\mu})}{\sqrt{\widehat{var}(\hat{\mu})}} = \frac{(\hat{\mu} - \mu)\sqrt{n}}{\tilde{\sigma}}.$$

Statt der *wahren* Varianz σ^2 wird ihr Schätzwert $\tilde{\sigma}^2$ zur Normalisierung benutzt. Wie der britische Industriekapitän und Gelehrte Gosset, der unter dem Pseudonym *Student* veröffentlichte, herausfand, genügt die Zufallsgröße τ der Standard-t-Verteilung mit n-1 Freiheitsgraden (zu Students t-Verteilung s.o. 10.12). Students t-Verteilung ist wie die Normalverteilung symmetrisch um den Mittelwert μ und ebenfalls tabelliert, so daß hier ganz entsprechend die folgende Wahrscheinlichkeitsaussage gemacht werden kann:

(3) $P[t_u \leq \tau \leq t_o] = 1 - \alpha, 0 < \alpha < 1$

Aus der Tabelle für τ können die Tabellenwerte t_u und t_o sofort entnommen werden. Die zusätzlich nötige Information ist die Anzahl der Freiheitsgrade, die jedoch mit der Stichprobenlänge feststeht (n-1). Um ein kürzestes Intervall zu erhalten, sei wieder von der Gestalt der Verteilung Gebrauch gemacht. Sie entspricht vollständig der Normalverteilung. Damit ist wie oben das Intervall $[t_u, t_o]$ symmetrisch zum Nullpunkt (der (0,1)-Verteilung) zu bestimmen.

In Fortsetzung des sehr einfachen Beispiels 16.1.7 ergeben sich mit 3 (=n-1) Freiheitgraden die Schrankenwerte:

$$t_u = -3.182,\ t_o = 3.182 \text{ für } \alpha = 0.05,$$

bzw.

$$t_u = -5.841,\ t_o = 5.841 \text{ für } \alpha = 0.01.$$

Genau wie für das obige Beispiel ist damit noch kein Konfidenzintervall gewonnen, aber die entsprechende Umformung der Wahrscheinlichkeitsaussage führt zu ihm. Der einzige Unterschied zum Fall der bekannten Varianz ist die Ersetzung von σ^2 durch $\tilde{\sigma}^2$ (und damit die Entnahme der Schranken t_u und t_o aus der t-Verteilung, anstatt aus der Normalverteilung), sonst sind alle Umformungsschritte gleich und liefern das Intervall von der Länge:

$$\hat{\mu} \pm \frac{T\tilde{\sigma}}{\sqrt{n}}, \quad \text{Tafelwert } T = -t_u = t_o$$

bzw. ausgeschrieben:

$$P[\hat{\mu} - \frac{T\tilde{\sigma}}{\sqrt{n}} \leq \mu \leq \hat{\mu} + \frac{T\tilde{\sigma}}{\sqrt{n}}] = 1 - \alpha.$$

Die Fortsetzung des Beispiels 16.1.7 gibt $\tilde{\sigma}^2 = \frac{11}{16} = .6875$ und $\tilde{\sigma} = .8292$ und somit:

$$P[+0.43 \leq \mu \leq 3.07] = 0.95 \quad \text{bzw.}$$
$$P[-0.67 \leq \mu \leq 4.17] = 0.99.$$

16.1.11 Bemerkung (Größe des Konfidenzintervalls)
Mit der schwächeren Information in Beispiel 16.1.10 im Vergleich zu Beispiel 16.1.6 ist es selbstverständlich, daß die t-Intervalle bei gleichem α und gleicher Stichprobe größer als die Normal-Intervalle sind.

16.1.12 Beispiel
(Konfidenzintervall für die Varianz der Normal-Stichprobe)
Für die Konstruktion eines Konfidenzintervalls für σ^2 wird als Stichprobenfunktion auf die beiden Schätzer für σ^2 zurückgegriffen (s.o. Beispiel 14.1.6)

$$\widehat{\sigma}^2 = \frac{1}{n}\sum_{i=1}^{n}(x_i - \hat{\mu})^2 \text{ und } \widetilde{\sigma}^2 = \frac{1}{(n-1)}\sum_{i=1}^{n}(x_i - \hat{\mu})^2.$$

Die zu verwendende Stichprobenfunktion (in drei äquivalenten Schreibweisen) ist:

$$z := \frac{\sum_{i=1}^{n}(X_i - \overline{X})^2}{\sigma^2} = \frac{\widehat{\sigma}^2 n}{\sigma^2} = \frac{\widetilde{\sigma}^2 (n-1)}{\sigma^2}.$$

Für diese Variable gilt der folgende Satz (hier ohne Beweis, siehe z.B. Kreyszig, Abschnitt 73):

16.1.13 Satz (χ^2-Verteilung der Varianzstatistik)
Falls die Zufallsstichprobe aus einer Normalverteilung erzeugt wird, gilt

$$z \sim \chi^2_{n-1}.$$

Damit kann wie in den Beispielen 16.1.6 und 16.1.10 folgende Wahrscheinlichkeitsaussage getroffen werden, aus der dann ein Konfidenzintervall für σ^2 abgeleitet werden kann:

(4) $$P[z_u \le z \le z_o] = 1 - \alpha, \quad 0 < \alpha < 1.$$

Aus der χ^2-Verteilungs-Tabelle können die Schranken (unter Berücksichtigung der Freiheitsgrade, die jedoch mit der Stichprobenlänge automatisch feststehen: (n-1); vergl. Beispiel 16.1.10) z_u und z_o sofort entnommen werden. Um ein kürzestes Intervall zu erhalten, kann nicht wie in den Fällen der Normalverteilung und der t-Verteilung von Symmetrie Gebrauch gemacht werden. Die χ^2-Verteilung ist nicht symmetrisch und zum zweiten die Verteilung einer ausschließlich positiven Zufallsvariablen (s.o.

10.16). Mit Einsetzen der Definition der Statistik kann dann das χ^2-Intervall zu einem Konfidenzintervall umgeformt werden. Die linke Ungleichung liefert die obere Schranke für den Parameter und die rechte Ungleichung die untere Schranke:

$$z_u \leq \frac{n\hat{\sigma}^2}{\sigma^2} \Leftrightarrow \sigma^2 \leq \frac{n\hat{\sigma}^2}{z_u} \quad \text{und} \quad \frac{n\hat{\sigma}^2}{\sigma^2} \leq z_o \Leftrightarrow \frac{n\hat{\sigma}^2}{z_o} \leq \sigma^2 .$$

Ausgeschrieben ist das Konfindenzintervall dann:

$$P\left[\frac{n\hat{\sigma}^2}{z_o} \leq \sigma^2 \leq \frac{n\hat{\sigma}^2}{z_u}\right] = 1 - \alpha .$$

Aus numerischen Bequemlichkeitsgründen werden z_u und z_o oft so gewählt, daß beide ausgeschlossenen Ränder gleich groß sind (eine gleichgroße Wahl für die Schwänze der Restverteilung), d.h. $F(z_u) = 1- F(z_o) = \alpha/2$. Aufgrund der fehlenden Symmetrie der Verteilung ist dies jedoch nicht das kürzeste Intervall, das numerisch, durch eine gezielte Suche, festzustellen wäre.

16.1.14 Beispiel (Ein Konfidenzintervall für die Varianz)
Zur Illustration sei das kleine Beispiel 16.1.7 fortgesetzt.

Aus $n\hat{\sigma}^2 = \frac{44}{16}$ und mit n-1 = 4-1 = 3 Freiheitsgraden folgen für α = 0.05 und "symmetrischer" Zuordnung der Schwänze der Verteilung z_u=9.35 und z_o=0.22 und folglich:

$$P[0.0125 \leq \sigma^2 \leq 0.294] = 0.95.$$

Die rezeptmäßig mögliche Anwendung zur Bestimmung der Konfidenzintervalle in den drei vorhergehenden Beispielen hat nicht nur dazu geführt, daß in empirischen Fragestellungen oft die drei Situationen als gegeben angesehen werden, sondern daß auch oft andere Stichproben über den Zentralen Grenzwertsatz (s.o. Satz 13.4.3) in dieses Schema gepreßt werden.

16.1.15 Bemerkung (Konfidenzintervalle für große Stichproben)
Mit Zutreffen der Voraussetzungen des Zentralen Grenzwertsatzes können sowohl Konfidenzintervalle des Beispiels 16.1.6 als auch der Beispiele 16.1.10 und 16.1.12 für Zufallsstichproben aus beliebig verteilten Zufallsvariablen konstruiert werden. Praktisch sieht es so aus, daß für eine beliebig verteilte Stichprobe, insbesondere bei Unkenntnis der Verteilung oder einer explizit formal recht anspruchsvoll definierten Verteilung, zu der man die explizite Auswertung scheut, bei hinreichend vielen Beobachtungen, z.B. $n > n_0 = 30$, nach dem Zentralen Grenzwertsatz stets das Rezept der Beispiele 16.1.6 bzw. 16.1.12 angewandt wird.

16.1.16 Beispiel (Konfidenzintervall für Binomialverteilungen)
Für die Binomialverteilung B(K,p) (s.o. 9.3 und 14.1.8) ist $\hat{p} = \frac{\bar{X}}{K}$ (sowohl der Maximumlikelihood- als auch der Momentenschätzer) die geeignete Stichprobenfunktion, um ein Konfidenzintervall zu konstruieren.
$\bar{X}$ ist dabei der *Anteil der Einsen* in der Stichprobe (in der üblichen Interpretation der Binomialverteilung). Mit den bekannten Ergebnissen zu $\hat{p}$

$$E(\hat{p}) = Kp; \quad var(\hat{p}) = \frac{p(1-p)}{Kn}$$

gilt daher für

$$Y := K\hat{p} \sim B(K,p).$$

Aus der bekannten Verteilung

$$\sum_{i=0}^{k} \binom{K}{i} p^{i} (1-p)^{K-i} = P[Y \le k]$$

können die Unter- und Obergrenzen y_u und y_o für die Wahrscheinlichkeitsaussage

(5) $$P[y_u \le y \le y_o] = 1 - \alpha, \quad 0 < \alpha < 1,$$

y_u eine Mindestzahl von Einsen in der Stichprobe und
y_o eine Höchstzahl von Einsen in der Stichprobe,

mit den üblichen Regeln diskreter Verteilung ($P_k := P[X \le k]$) über

$$P[y_u \le y \le y_o] = P_{y_o} - P_{y_u}$$

festgelegt werden. Die zugehörigen Bestimmungsgleichungen sind:

$$P_u = P_{y_u} = \frac{\alpha}{2} \text{ und } P_o = P_{y_o} = 1 - \frac{\alpha}{2}$$

und folglich:

$$\sum_{i=0}^{k} \binom{K}{i} p_u^i (1-p_u)^{K-i} = \frac{\alpha}{2} = P_u$$

und

$$\sum_{i=0}^{k} \binom{K}{i} p_o^i (1-p_o)^{K-i} = 1 - \frac{\alpha}{2} = P_o \ .$$

Dabei gibt k die Zahl der Einsen in der Stichprobe an, d.h. die Stichprobenrealisierung von $Y = K\bar{X}$ ist $K\bar{x} = k$. Aufgrund der Diskretheit von Y sind die Gleichungen für P_u und P_o nicht exakt nach p_u und p_o lösbar.

Damit folgt dann (näherungsweise) das gewünschte Konfidenzintervall

$$P[\hat{p}_u \leq p \leq \hat{p}_o] \approx 1 - \alpha.$$

Da die beiden Ungleichungen für P_u und P_o i.a. nicht ganz einfach nach p_u bzw. p_o aufgelöst werden können, gibt es auch hierfür Tabellen (vgl. etwa Kreyszig, Tafel 1e, S. 420).

Sei eine Zufallsstichprobe der Länge n=8 betrachtet, in der zwei Einsen aufgetreten sind: k=2. Für die vorgegebene Irrtumswahrscheinlichkeit wird (in Anlehnung an die obigen Beispiele) ein symmetrisches Intervall festgelegt (Wie auch sonst ist die symmetrische Festlegung willkürlich.). Die Lösung zu

$$P_u = P_{y_u} = \frac{\alpha}{2} = 0.025 \text{ und } P_o = P_{y_o} = 1 - \frac{\alpha}{2} = 0.975,$$

$$P_u = \sum_{i=0}^{2} \binom{8}{i} p_u^i (1-p_u)^{8-i} = \frac{\alpha}{2} \quad \text{und}$$

$$P_o = \sum_{i=0}^{2} \binom{8}{i} p_o^i (1-p_o)^{8-i} = 1 - \frac{\alpha}{2}$$

wird so bestimmt, daß man in der Binomialverteilungstabelle die zugehörigen p-Werte heraussucht. Auf der folgenden Seite sieht man, daß für $\alpha = 0.05$ dies die Werte $\hat{p}_u = 0.08$, bzw $\hat{p}_o = 0.75$ sind, d.h. es folgt das gewünschte Konfidenzintervall

$$P[\hat{p}_u \leq p \leq \hat{p}_o] = 1 - \alpha = 0.95 = P[0.075 \leq p \leq 0.65].$$

Mit $\alpha = 0.01$ folgen entsprechend

$$P[\hat{p}_u \leq p \leq \hat{p}_o] = 1 - \alpha = 0.99 = P[0.05 \leq p \leq 0.75].$$

In der Tabelle sind die Zahlen als **fett**, bzw. *kursiv* gekennzeichnet.

Der Maximumlikelihood-Schätzwert $\hat{p} = 0.25$ ist durchaus nicht in der Mitte des Intervalls.

Hat man dagegen eine genügend große Stichprobe, dann ist die Zufallsvariable $\frac{\hat{p}-p}{\sqrt{p(1-p)}}\sqrt{n}$ annähernd $\mathcal{N}(0,1)$-verteilt. Folglich gilt:

$$P[-z \leq \frac{\hat{p}-p}{\sqrt{p(1-p)}}\sqrt{n} \leq z] = 1-\alpha ,$$

wobei z aus der Bedingung

$$\Phi(z) = 1 - \frac{\alpha}{2}$$

bestimmt wird.

Löst man die Bedingung

$$\frac{\hat{p}-p}{\sqrt{p(1-p)}}\sqrt{n} = z$$

nach dem unbekannten Parameter p auf, so erhält man die beiden Lösungen

$$p_{u/o} = \frac{z^2 + 2n\hat{p}}{2(z^2 + n)} \pm \sqrt{\frac{(z^2 + 2n\hat{p})^2 - 4n(z^2 + n)\hat{p}^2}{4(z^2 + n)^2}}$$

als Unter- bzw. Obergrenze des Konfidenzintervalls für p.

Für z.B. n = 50, y = 20 sowie α= 0.05 (α =0.01) ergeben sich die angenäherten Konfidenzintervalle (mit den Tafelwerten z = 1.96, bzw. z = 2.58):

$$P[\hat{p}_u \leq p \leq \hat{p}_o] = 1 - \alpha = 0.95 = P[0.276 \leq p \leq 0.538]$$

bzw.

$$P[\hat{p}_u \leq p \leq \hat{p}_o] = 1 - \alpha = 0.99 = P[0.243 \leq p \leq 0.580].$$

Auch in diesem Fall ist der Maximumlikelihood-Schätzwert $\hat{p}$ = 0.4 nicht genau in der Mitte des Intervalls.

Die folgende Tabelle ist für dieses Beispiel auf dem PC erstellt worden.

Die Binomial-Verteilung für n = 8

k\p	.025	.050	.075	.100	.125	.150	.175	.200	.225	.250
0	.817	.663	.536	.430	.344	.272	.215	.168	.130	.100
1	.984	.943	.884	.813	.736	.657	.579	.503	.432	.367
2	.999	*.994*	**.982**	.962	.933	.895	.849	.797	.740	.679
3	1.000	1.000	.998	.995	.989	.979	.964	.944	.918	.886
4			1.000	1.000	.999	.997	.994	.990	.983	.973
5					1.000	1.000	.999	.999	.998	.996
6							1.000	1.000	1.000	1.000
7										
8										

Die Binomial-Verteilung für n = 8

k\p	.275	.300	.325	.350	.375	.400	.425	.450	.475	.500
0	.076	.058	.043	.032	.023	.017	.012	.008	.006	.004
1	.308	.255	.209	.169	.135	.106	.083	.063	.048	.035
2	.615	.552	.489	.428	.370	.315	.265	.220	.180	.145
3	.849	.806	.758	.706	.651	.594	.536	.477	.419	.363
4	.959	.942	.920	.894	.863	.826	.785	.740	.690	.637
5	.993	.989	.983	.975	.964	.950	.933	.912	.886	.855
6	.999	.999	.998	.996	.994	.991	.987	.982	.974	.965
7	1.000	1.000	1.000	1.000	1.000	.999	.999	.998	.997	.996
8						1.000	1.000	1.000	1.000	1.000

Die Binomial-Verteilung für n = 8

k\p	.525	.550	.575	.600	.625	.650	.675	.700	.725	.750
0	.003	.002	.001	.001	.000	.000	.000	.000	.000	.000
1	.026	.018	.013	.009	.006	.004	.002	.001	.001	.000
2	.114	.088	.067	.050	.036	**.025**	.017	.011	.007	*.004*
3	.310	.260	.215	.174	.137	.106	.080	.058	.041	.027
4	.581	.523	.464	.406	.349	.294	.242	.194	.151	.114
5	.820	.780	.735	.685	.630	.572	.511	.448	.385	.321
6	.952	.937	.917	.894	.865	.831	.791	.745	.692	.633
7	.994	.992	.988	.983	.977	.968	.957	.942	.924	.900
8	1.000	1.000	1.000	1.000	1.000	1.000	1.000	1.000	1.000	1.000

Die Binomial-Verteilung für n = 8

k\p	.775	.800	.825	.850	.875	.900	.925	.950	.975	1.000
0	.000	.000	.000	.000	.000	.000	.000	.000	.000	.000
1	.000	.000	.000	.000	.000	.000	.000	.000	.000	.000
2	.002	.001	.001	.000	.000	.000	.000	.000	.000	.000
3	.017	.010	.006	.003	.001	.000	.000	.000	.000	.000
4	.082	.056	.036	.021	.011	.005	.002	.000	.000	.000
5	.260	.203	.151	.105	.067	.038	.018	.006	.001	.000
6	.568	.497	.421	.343	.264	.187	.116	.057	.016	.000
7	.870	.832	.785	.728	.656	.570	.464	.337	.183	.000
8	1.000	1.000	1.000	1.000	1.000	1.000	1.000	1.000	1.000	1.000

16.2 Konfidenzbereiche für mehr als einen Parameter

Besteht die Aufgabe darin, daß zugleich für mehr als einen Parameter ein Konfidenzbereich bestimmt werden soll, z.B. sowohl für μ als auch σ^2 in der Normalstichprobe, dann sollte zunächst selbstverständlich sein, daß dies nicht als zwei gesonderte Intervalle nach Rezept der Beispiele 16.1.6 und 16.1.10 behandelt werden kann. Schon das Schätzproblem in Kapitel 14, Beispiel 14.1.6 zeigte, daß die Schätzwerte simultan bestimmt werden müssen. Das gleiche gilt für die auf diesen Statistiken aufbauenden Konfidenzintervallbestimmungen. Zu dieser für einen Wirtschaftswissenschaftler vorgerückteren Fragestellung sollten aber über eine Einführung hinausführende Lehrbücher zu Rate gezogen werden (Vergl. z.B. Mood-Graybill, Bickel-Doksum).

Neben den hier erörterten Beispielen werden in den Folgekapitel (s.u. z.B. zur Regression) weitere Konfidenzintervalle eine große Rolle spielen.

16.3 Aufgaben:

Aufgabe 16.3.1:
Vergleichen Sie anhand eines Binomialexperiments von 50 Ziehungen mit 20 Einsen das Ergebnis aus Beispiel 16.1.16 mit der Chebyshevschen Ungleichung.

Aufgabe 16.3.2:
Bestimmen Sie ein Konfidenzintervall für den Poisson-Parameter λ.

Aufgabe 16.3.3:
Bestimmen Sie ein Konfidenzintervall für den Exponential-Parameter λ.

(Hinweis zu Aufgaben 16.3.2 und 16.3.3: Benutzen Sie die Beziehungen zu den Summen identisch verteilter Zufallsvariablen.)

Aufgabe 16.4.3
Neun Zigaretten einer bestimmten Marke wurden auf ihren Nikotingehalt hin untersucht; dabei wurden folgende Beobachtungen gemacht:

1.5 0.9 0.7 1.2 0.6 1.1 0.8 1.2 1.0

Es wird angenommen, der Nikotingehalt sei normalverteilt.

a) Bestimmen Sie ein 99 % Konfidenzintervall für den Erwartungswert, wenn die Varianz $\sigma^2 = 0.25$ bekannt ist.
b) Bestimmen Sie ein 95 % Konfidenzintervall, ohne die Varianz zu kennen
c) Bestimmen Sie ein 90 % Konfidenzintervall für die Varianz.

17 Parametrische Tests

17.1 Einige Überlegungen zur Begründung der Testtheorie

Nach den beiden vorhergehenden Kapitel über die Punkt- und Intervallschätzung wird jetzt die wichtige Frage diskutiert, wie solche Schätzwerte beurteilt werden können.
Dazu wird eine Theorie bereitgestellt, mit der der Grad der Unsicherheit solcher Aussagen, etwa über Parameterwerte, deutlich gemacht werden kann.
Die Methodenvielfalt zeigt einmal die Bedeutsamkeit der Fragestellung, zum anderen jedoch auch, daß wie in anderen schwierigen Problemen auch in der Statistik eine Frage mehr als eine Antwort finden kann.
Die Faktenausgangslage ist unverändert die alte: Es gibt eine **Zufallsstichprobe** der **Länge n**, d.h. **n Zufallsvariable** $(X_1,X_2,\ldots,X_n)$, für die eine **Realisierung** $(x_1,x_2,\ldots,x_n)$ bekannt ist. Mit Hilfe einer **Stichprobenfunktion**, einer **Schätzfunktion**

$$\hat{\Theta} = g(X_1,X_2,\ldots,X_n)$$

bzw. bei vorliegender Stichprobenrealisierung $(x_1,x_2,\ldots,x_n)$

$$\hat{\theta} = g(x_1,x_2,\ldots,x_n),$$

geht es darum, den Schätzwert $\hat{\Theta}$ für den unbekannten wahren Parameter Θ aus den Realisierungen zu bestimmen und nach noch vorzustellenden Kriterien zu beurteilen. Dies Grundanliegen ist sehr ähnlich der Theorie des Konfidenzbereichs. Doch die formale Ausgestaltung der Tests unterscheidet sich von der des Konfidenzbereichs. Als erstes soll eine Definition des Tests allgemein vorgestellt werden, dann die in der Definition unerklärten begrifflichen Bestandteile motiviert und schließlich im Rest des Kapitels über eine Folge von Beispielen das Schema des Tests verdeutlicht werden.

17.1.1 Definition (Der statistische Test)
Unter den Voraussetzungen des Kapitels 13 (Vorgabe einer identisch verteilten Zufallsstichprobe der Länge n aus einer festgelegten Grundgesamtheit) heißt ein Verfahren, das aufgrund der Stichprobe eine Entscheidung über Annahme oder Ablehnung einer Hypothese erlaubt, ein **statistischer Test**, bzw. **Test**.

17.1.2 Bemerkung (Abraham Walds statistisches Entscheidungsschema)

Die Daten der Stichprobe werden durch drei Mengen von Objekten beschrieben:

(a) **eine Menge von Zuständen der Natur**, denen sich der Statistiker gegenübersieht (z.B. zwei Zuständen; mehr als zweien, aber endlich vielen Zuständen; einem Kontinuum von Zuständen),

(b) **eine Menge möglicher Entscheidungen**, die der Statistiker treffen kann (z.B. Nichtstun = 1 Entscheidungsmöglichkeit); zwei Entscheidungsmöglichkeiten (von dieser Regel gehen wir im folgenden fast stets aus, siehe *Jacubovsky und der Oberst*: im Leben gibt es zumindest immer zwei Möglichkeiten); beliebig viele diskrete, möglicherweise stetige Entscheidungsmöglichkeiten,

(c) **eine Menge von Konsequenzen** aus dem Zusammenwirken von Zuständen und Entscheidungen.

Sei dies an einem Problem von 2 Zuständen und drei Entscheidungen sowie 6 möglichen Folgen illustriert (Vergl. Luce, Raiffa,S. 276):
Für ein Rührei sind bereits 5 gute Eier in die Pfanne gehauen. Um das Rührei auf die richtige Größe zu bringen, ist noch ein sechstes in die Pfanne zu tun. Zur Voruntersuchung des Eis Nr. 6 kann man es vorher in eine Untertasse hauen; dies ändert nicht die Logik, erhöht aber die Menge der Zustände und Entscheidungen. Die Situation kann durch die folgende (3,2)-Entscheidungsmatrix beschrieben werden. Daß dies eine Vereinfachung ist, wie **alle** Modelle der Wissenschaft, ist auch klar.

	Zustände der Natur	
Entscheidungen	Ei ist gut	Ei ist faul
keine Probe in Untertasse	6-Ei Rührei	5 Eier verdorben
Probe in Untertasse	6-Ei Rührei Untertasse spülen	5-Ei Rührei Untertasse spülen
Ei 6 gleich fortwerfen	5-Ei Rührei Verlust Ei 6	5-Ei Rührei

Die Menge der Folgen steht offensichtlich in den Feldern der Matrix, während die Entscheidungen durch die Zeilen und die Menge der Zustände durch die Spalten der Matrix dargestellt werden.
Genau in einer solchen Lage ist der Statistiker. Die Natur (die Zustandsmenge) wird durch die Menge der Parameterwerte dargestellt, im einfachsten Fall durch zwei Werte: Der Parameter Θ hat zwei mögliche

Werte, nämlich Θ_1 und Θ_2 (oder oft in der historisch üblichen Bezeichnung Θ_0 und Θ_1). Welcher von beiden in der Stichprobe realisiert ist, ist natürlich unbekannt und gerade durch den Statistiker zu beurteilen. Damit hat der Statistiker zumindest zwei Entscheidungen zu treffen, und der Einfachheit halber seien im folgenden nur zwei Entscheidungen erörtert: entweder legt er sich auf den einen oder den anderen der Parameter fest. M.a.W. der Statistiker muß sich klarwerden, was in seinen Augen zutrifft. Bevor noch erläutert wird, daß dabei die Rolle von Θ_1 und Θ_2 nicht symmetrisch ist, soll dieser Rahmen des Tests als erstes im Schema von Wald beschrieben werden:

Entscheidungen des Statistikers	**Zustände der Natur** (die Menge der Parameterwerte) Nullhypothese Hypothese H_0 θ_0 trifft zu	 Alternativhypothese Hypothese H_1 θ_1 trifft zu
Hypothese H_0 wird angenommen	**richtig**	**falsch** *Fehler 2.Art*
Hypothese H_0 wird abgelehnt	**falsch** *Fehler 1.Art*	**richtig**

17.1.3 Bemerkung (Fehler 1. Art, Fehler 2. Art):
Offensichtlich können in einer solchen Entscheidungssituation zwei Fehlentscheidungen getroffen werden: Man verwirft die Nullhypothese, obwohl die Alternative falsch ist **(Fehler 1. Art)**; dies ist äquivalent zu der Formulierung, man verwirft die Nullhypothese, obwohl sie richtig ist. Die zweite Fehlentscheidung ist, man verwirft die Nullhypothese nicht, obwohl die Alternativhypothese richtig ist **(Fehler 2. Art).**

Die zu prüfenden Parameterwerte werden als Alternativen einander gegenüber gestellt; und zwar als sogenannte Nullhypothese derjenige Parameterwert, der auf seine weitere Gültigkeit hin getestet werden soll gegenüber einem (etwa aufgrund neuer Überlegungen, Fertigungstechniken o.ä.) neuen Parameterwert, der in der Alternativhypothese formuliert wird. Durch Vorgabe der Fehlerwahrscheinlichkeit 1. Art wird dann gewissermaßen die Risikobereitschaft ausgedrückt, vom alten Zustand abzurücken, obwohl es besser wäre, diesen alten Zustand beizubehalten.

Im folgenden wird die Nullhypothese mit H_0 und die Alternativhypothese mit H_1 bezeichnet. Es sind jedoch auch andere Bezeichnungsweisen ($H_1: \Theta = \Theta_1$ gegen $H_2: \Theta = \Theta_2$ oder $H_0: \Theta = \Theta_0$ gegen $H_a: \Theta = \Theta_a$) üblich.

Entscheidungen des Statistikers	**Zustände der Natur** (die Menge der Parameterwerte) Hypothese H_0: θ_0 trifft zu	Hypothese H_1: θ_1 trifft zu
nach Entscheidungsfunktion Annahme von Hypothese H_0	$1-\alpha$	P[Fehler 2. Art] = β
nach Entscheidungsfunktion Ablehnung von Hypothese H_0	P[Fehler 1. Art] = α	$1-\beta$

17.1.4 Bemerkung (Irrtumswahrscheinlichkeit und Güte):
Die Wahrscheinlichkeit α, die Wahrscheinlichkeit einen Fehler 1. Art zu machen, wird auch oft einfach als **Irrtumswahrscheinlichkeit** und die Wahrscheinlichkeit $1-\beta$, die Wahrscheinlichkeit *keinen* Fehler 2. Art zu machen, wird als **Güte des Tests** (power of the test) bezeichnet.

Dieses allgemeine Schema eines Test sei nun durch eine Folge von Beispielen verdeutlicht.

17.2 Einstichprobentests für Erwartungswerte

17.2.1 Beispiel (Normal-Stichprobe mit bekannter Varianz)
Wie im Beispiel 16.1.6 der Konfidenzbereichsbestimmung für Erwartungswerte sei die zu untersuchende Zufallsstichprobe aus einer Normalverteilung mit bekannter Varianz σ^2 entnommen, d.h. alle $(X_1,X_2,\ldots,X_n)$ mit den Realisierungen $(x_1,x_2,\ldots,x_n)$ seien identisch normalverteilt

$$X_i \sim \mathcal{N}(\mu,\sigma^2) \quad (i=1,2,3,\ldots,n)$$

und zugleich sei σ^2 bekannt.

Damit gilt wie dort für die Stichprobenfunktion $\hat{\mu} = \bar{X}$

$$E(\hat{\mu}) = \mu,\ var(\hat{\mu}) = \frac{\sigma^2}{n} \text{ und } \hat{\mu} \text{ ist normalverteilt: } \hat{\mu} \sim \mathcal{N}(\mu,\frac{\sigma^2}{n}).$$

Für das Hypothesenpaar

$$H_0: \mu := \mu_0 \qquad \mu_0 \neq \mu_1 \ (\text{o.B.d.A. } \mu_0<\mu_1) \qquad H_1: \mu := \mu_1$$

und die Stichprobenfunktion $\bar{X}$ sowie eine Schranke k, ein **kritischer Wert** k $(\mu_0<k<\mu_1)$ sei die folgende **Entscheidungsregel** verwandt:

(i) **Annahmebereich** (Akzeptanz-Region):
Falls $\overline{X} \le k$, dann wird H_0 akzeptiert

(ii) **Ablehnungsbereich** (Rejektions-Region):
Falls $\overline{X} > k$, dann wird H_0 verworfen.

Mit dieser Entscheidungsregel kann über die übliche Standardisierung auf die Standard-Normalverteilung für die Stichprobenfunktion $\overline{X}$ bei Vorgabe der Fehlerwahrscheinlichkeit 1. Art α der kritische Wert k bestimmt werden:
Sei für H_0 definiert:

$$\frac{\hat{\mu} - E(\hat{\mu})}{\sqrt{var(\hat{\mu})}} = \frac{(\hat{\mu} - \mu_0)\sqrt{n}}{\sigma}.$$

Dann gilt

$$z_0 \sim \mathcal{N}(0,1),$$

und aus der Bedingung (Fehler 1. Art):

$$P(z_0 > k^*) = \alpha \Leftrightarrow P(z_0 \le k^*) = 1-\alpha \Leftrightarrow \Phi(k^*) = 1-\alpha,$$

kann der standardisierte Wert k* aus der Standardnormalverteilungstabelle entnommen und anschließend wieder auf den gesuchten kritischen Wert k umgerechnet werden:

$$\frac{(k-\mu_0)}{\sigma}\sqrt{n} = k^* \Leftrightarrow k = \mu_0 + k^* \frac{\sigma}{\sqrt{n}}.$$

Die Entscheidung erfolgt jetzt nach der oben angeführten Entscheidungsregel: Verwerfe H_0, wenn für die Realisierung $\bar{x}$ von $\overline{X}$ gilt:

$$\bar{x} > k.$$

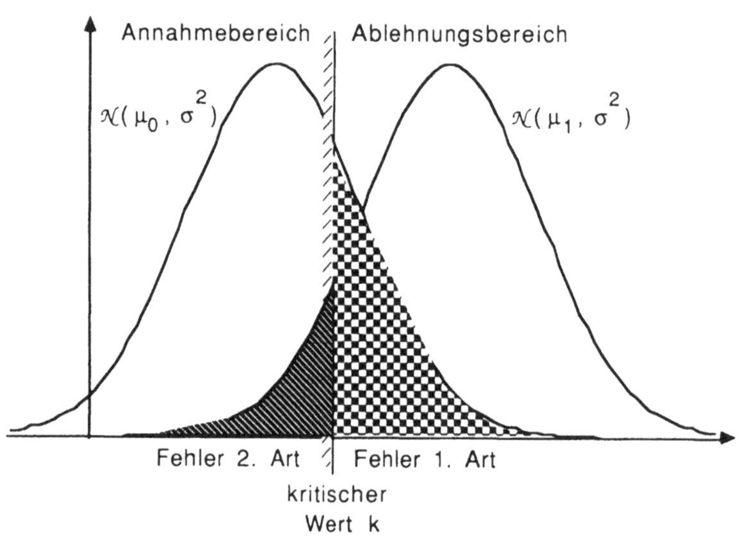

17.2.2 Bemerkung (Klassifikation des Tests):
Der erörterte Test heißt **einfach**, weil beide Hypothesen nur durch jeweils genau einen Parameterwert repräsentiert werden. Empirisch ist es u.U. schwierig, die *richtigen* Hypothesen herauszufinden. Oft treten sie durch streitige Behauptung zu Tage: der Verkäufer eines Produkts behauptet einen Wert und der Käufer einen anderen, z.B. die mittlere Lebendauer eines Reifens.

17.2.3 Beispiel
1. Der Ablehnungsfall
Zur Verdeutlichung sei wieder die kleine Stichprobe aus Beispiel 16.1.7 von vier Beobachtungen betrachtet: (1,2,3,1). Die Varianz der zugrundeliegenden normalverteilten Zufallsvariablen X sei bekannt: $\sigma^2 = 1$.

Es soll getestet werden:

$$H_0: \mu = \mu_0 = 1 \quad \text{gegen}$$
$$H_1: \mu = \mu_1 = 2$$

zur Irrtumswahrscheinlichkeit 1. Art $\alpha = 0.1$.
Mit

$$P\left(\frac{\bar{X} - \mu_0}{\sigma}\sqrt{n} \leq \frac{k-1}{1} 2\right) = 1-\alpha$$

erhält man:

$$k = 1.641,$$

und wegen $\bar{x} = 1.75 > 1.641 = k$ muß H_0 verworfen werden.
Der Fehler 2. Art β tritt dann mit der Wahrscheinlichkeit

$$P\left(\frac{\bar{X} - \mu_1}{\sigma}\sqrt{n} \leq \frac{1.641-2}{1} 2\right) = \Phi(-0.718) = 0.2396$$

auf.

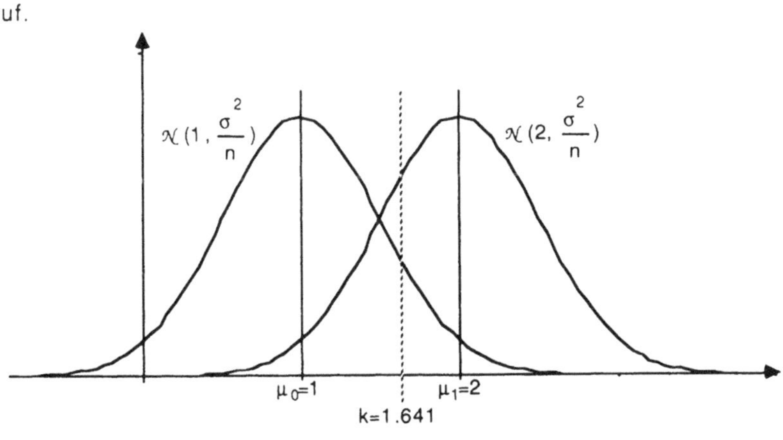

2. Der Annahmefall

Wählt man unter sonst gleichen Umständen die Irrtumswahrscheinlichkeit 1. Art $\alpha = 0.05$, dann erhält man aus

$$P\left(\frac{\overline{X}-\mu_0}{\sigma}\sqrt{n} \le \frac{k-1}{1}\,2\right) = 1-\alpha$$

den kritischen Wert $k = 1.8225$,

und wegen $\overline{x} = 1.75 < 1.8225 = k$ kann H_0 nicht verworfen werden.

Hier tritt der Fehler 2. Art β mit der Wahrscheinlichkeit

$$P\left(\frac{\overline{X}-\mu_1}{\sigma}\sqrt{n} \le \frac{1.8225-2}{1}\,2\right) = \Phi(-0.357) = 0.3604$$

auf.

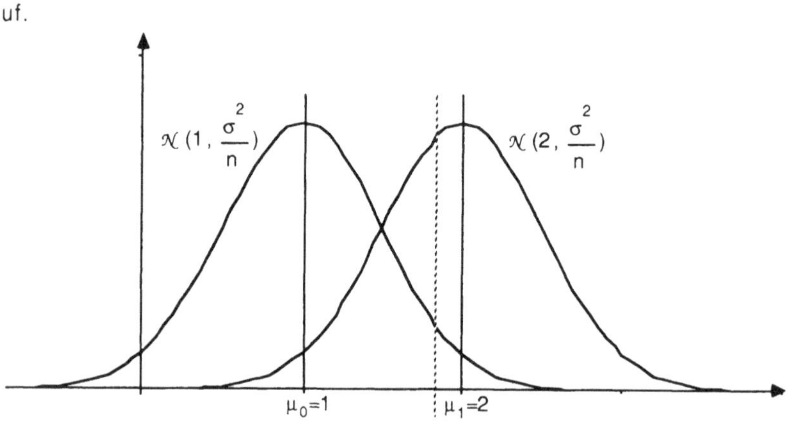

17.2.4 Bemerkung (Zusammenhang der Fehlerwahrscheinlichkeiten)

Offensichtlich wächst die Fehlerwahrscheinlichkeit 2. Art, wenn die Fehlerwahrscheinlichkeit 1. Art verringert wird, d.h. man bewegt sich gewissermaßen zwischen Scylla und Charybdis.

17.2.5 Bemerkung
(Zusammenhang von Fehlern und Stichprobenlänge)

Die einzige Möglichkeit, bei gegebener Fehlerwahrscheinlichkeit 1. Art α die Fehlerwahrscheinlichkeit 2. Art β zu beeinflussen (zu verkleinern), besteht darin, bei der Erhebung der Stichprobe einen größeren Aufwand zu treiben, d.h. den Stichprobenumfang zu erhöhen.

17.2.6 Beispiel (Fortsetzung)

Hätte man etwa als Stichprobenrealisation die Beobachtungen (1,2,3,1,1,2,3,1) erhalten, dann wäre $\overline{x} = 1.75$ wie bisher, aber der kritische Wert k zur Fehlerwahrscheinlichkeit 1. Art $\alpha = 0.05$ wäre nun k= 1.5816.

Folglich müßte jetzt die Nullhypothese verworfen werden und man erhielte als Fehlerwahrscheinlichkeit 2. Art β

$$P(\frac{\overline{X}-\mu_1}{\sigma}\sqrt{n} \le \frac{1.5816-2}{1}\sqrt{8}) = \Phi(-1.1834) = 0.1183$$

17.2.7 Bemerkung (gemischte, zusammengesetzte Hypothesen): Einfache Hypothesen, wie in Beispiel 17.1.7, sind nicht der Regelanwendungsfall, sondern die folgenden sog. gemischten oder zusammengesetzten Hypothesen. Statt zweier spezifischer Werte für μ_0 und μ_1 werden ganze Bereiche für die Parameter miteinander verglichen. D.h. etwa, daß einer Behauptung, ein Parameter **übersteige** eine bestimmte Grenze, die Behauptung gegenübergestellt wird, diese Grenze werde durch den Parameter **unterschritten**. Im Bereich des Umweltschutzes etwa geht es bei der Frage nach den Immissionsmengen bestimmter Schadstoffe nicht so sehr um die exakten Werte als vielmehr darum, ob gewisse Grenzwerte überschritten werden oder die imittierte Menge sich noch in einem Bereich bewegt, der bezüglich weiterreichender Folgen unbedenklich ist.

Unter den Vorausetzungen des Beispiels 17.1.7 sei das Hypothesenpaar

H_0: $\mu \le \mu_0$ gegen

H_1: $\mu > \mu_1$

zu testen. (Auch hier sei $\mu_0 \le \mu_1$).

Dabei verfährt man so, als ob bezüglich der Nullhypothese der im Sinne dieser Nullhypothese *ungünstigste* aller Fälle wahr wäre, d.h. man geht davon aus, daß $\mu = \mu_0$ ist und führt den Test entsprechend den oben entwickelten Regeln durch.

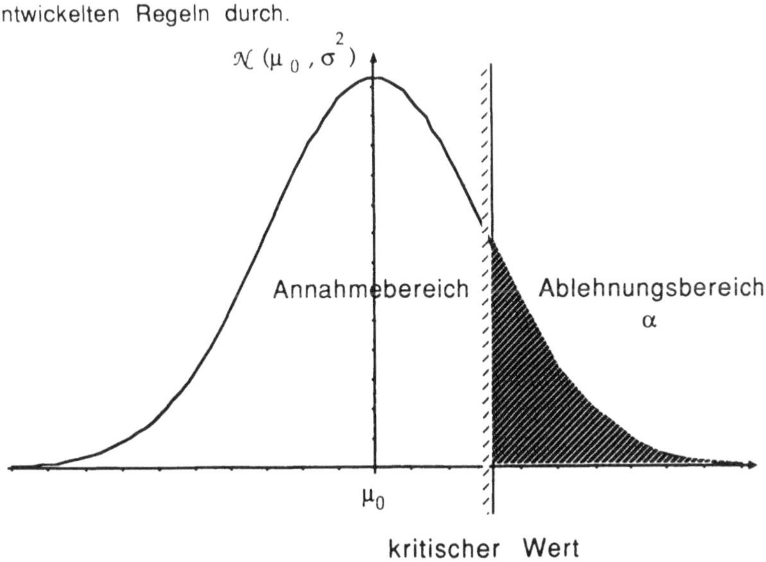

Bei der Bestimmung der Fehlerwahrscheinlichkeit 2. Art β verfährt man entsprechend: Man geht vom ungünstigsten Fall aus, d.h. unter allen unter der Alternativhypothese zulässigen Parameterwerten wählt man denjenigen, der die Fehlerwahrscheinlichkeit 2. Art *maximiert*. Bei der obigen Formulierung der Alternativhypothese, in der die Menge der zulässigen Parameterwerte offen ist, muß dann das folgende Supremum gebildet werden:

$$\beta = \sup_{\mu > \mu_1} \{P(\overline{X} < k)\}.$$

Dieses Supremum erhält man, indem man den *ungünstigsten* Parameterwert, μ_1, wählt.

Für das umgekehrte Hypothesenpaar

$$H_0: \mu \geq \mu_0$$

$$H_1: \mu < \mu_1$$

folgt ein entsprechendes *Rezept* für die Bestimmung von kritischem Wert und Annahme- und Ablehnungsbereich (s.u. die Übersicht im Anhang).

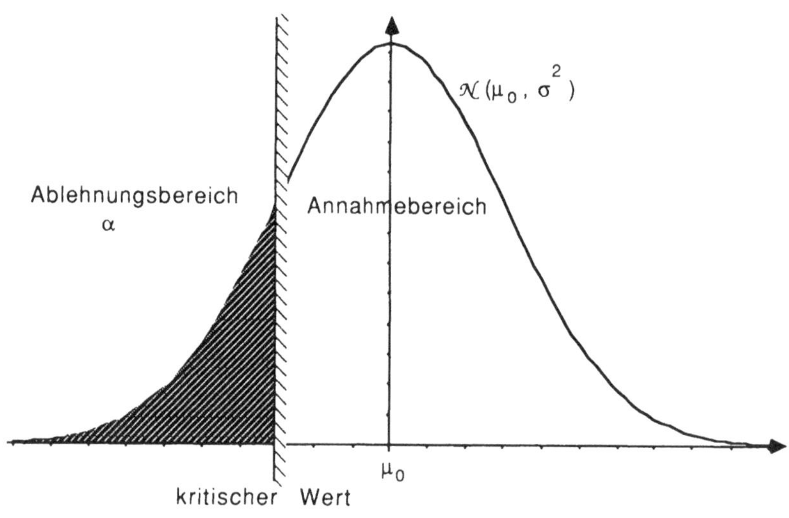

Eine besonders interessante Variante des Tests ist die Untersuchung des folgenden symmetrischen Parameterintervalls:

17.2.8 Beispiel
(Zweiseitiger Mittelwert-Test bei bekannter Varianz)

Für das Hypothesenpaar

$H_0: \mu := \mu_0$ gegen

$H_1: \mu :\neq \mu_0$,

die Stichprobenfunktion $\bar{X}$ sowie die symmetrische Entscheidungsregel

(i) **Annahmebereich** (Akzeptanz-Region):
Falls $|\bar{X}| \leq k$, dann wird H_0 akzeptiert

(ii) **Ablehnungsbereich** (Rejektions-Region):
Falls $|\bar{X}| > k$, dann wird H_0 verworfen

stimmt der Mittelwerttest mit einem symmetrischen Konfidenzbereich für μ_0 überein, sofern der Fehler 2. Art außerachtgelassen wird, wie es hier geschieht. Für den Fehler 1.Art gilt die Definition des Vertrauensintervalls (s.o. Definition 16.1.1)

$$P[z_u \leq z \leq z_o] = 1 - \alpha,\ 0 < \alpha < 1$$

mit dem einzigen Unterschied, daß in der Definition von z statt eines unbekannten μ die Größe μ_0 der Nullhypothese einzusetzen ist:

$$z = \frac{\hat{\mu} - E(\hat{\mu})}{\sqrt{\text{var}(\hat{\mu})}} = \frac{(\hat{\mu} - \mu_0)\sqrt{n}}{\sigma}.$$

Sofern z in das durch die Tafelwerte begrenzte Intervall fällt, ist die Hypothese zu akzeptieren. Diese Sicht der Dinge erklärt, weshalb das α des Signifikanzniveaus in der Theorie der Konfidenzbereiche auch als Irrtumswahrscheinlichkeit bezeichnet wurde (s.o. Beispiel 16.1.6).
Mit Ausnutzen der Symmetrie folgt das kritische Intervall, der Annahmebereich

$P[-\mathcal{T} \leq z \leq \mathcal{T}] = 1 - \alpha,\ 0 < \alpha < 1$, $\mathcal{T}$ der zugehörige Tafelwert aus der Normal(0,1)-Tabelle.

Dieser Annahmebereich stimmt mit dem Konfidenzintervall aus Beispiel 16.1.6 überein.

17.2.9 Beispiel

Mit der Stichprobenrealisation (1,2,3,1) wie in Beispiel 17.1.7 sollen zur Fehlerwahrscheinlichkeit 1. Art $\alpha = 0.05$ die Hypothesen

$H_0: \mu = 1.5$ gegen

$H_1: \mu \neq 1.5$

getestet werden. Die zugrundeliegende Zufallsvariable sei wieder normalverteilt mit bekannter Varianz $\sigma^2 = 1$.
Zu bestimmen sind jetzt die beiden (symmetrisch zu $\mu_0 = 1.5$ gelegenen)

Werte μ_0-c und μ_0+c derart, daß gilt:

$$P(\mu_0 - c \le \bar{X} \le \mu_0 + c) = 1-\alpha.$$

Hieraus erhält man:

$$\Phi(-\frac{c}{\sigma}\sqrt{n}) = \frac{\alpha}{2} \Leftrightarrow -\frac{c}{\sigma}\sqrt{n} = -1.96 \Leftrightarrow c = 0.98.$$

Die Nullhypothese kann also nicht verworfen werden, da

$$\mu_0 - c = 1.5-0.98 = 0.52 < 1.75 = \bar{x} < 2.48 = 1.5+0.98 = \mu_0+c.$$

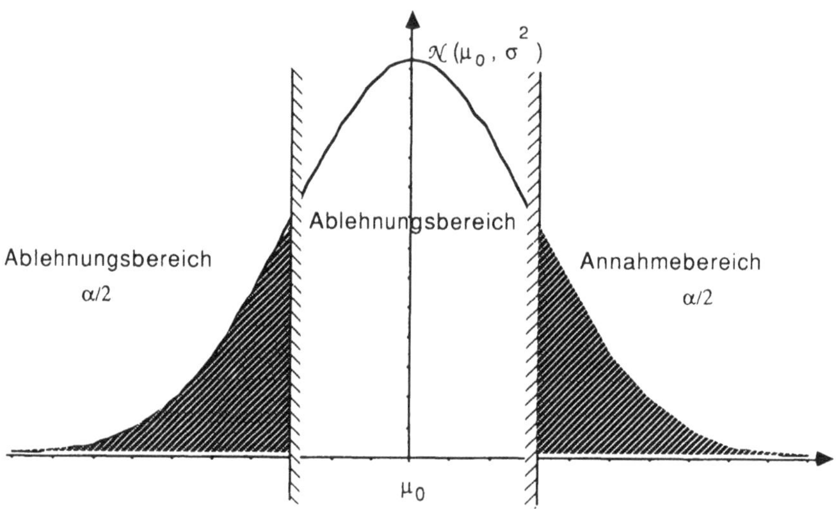

17.2.10 Bemerkung
(Zweiseitiger Mittelwert-Test bei unbekannter Varianz)

In gleicher Weise, wie das entsprechende Vertrauensintervall für den Fall unbekannter Varianz zur t-Verteilung der Stichprobenfunktion führte, sonst jedoch die Überlegungen unverändert ließ (s.o. Beispiel 16.1.10), so folgt für den symmetrischen Normal-Mittelwert-Test bei *unbekannter* Varianz σ^2 das kritische Intervall, der Annahmebereich

$$P[-\mathcal{T} \le z \le \mathcal{T}] = 1 - \alpha,\ 0< \alpha <1,$$ $\mathcal{T}$ der zugehörige Tafelwert der t-Tabelle

17.2.11 Beispiel

Mit der Stichprobenrealisation (1,2,3,1) wie in Beispiel 17.1.12 soll zur Fehlerwahrscheinlichkeit 1. Art $\alpha = 0.05$ die Hypothese

$H_0: \mu = 1.5$ gegen

$H_1: \mu \neq 1.5$

getestet werden. Die zugrundeliegende Zufallsvariable sei normalverteilt

mit unbekannter Varianz; deshalb benutzen wir hier die Stichprobenstreuung $s^* = 0.9574$.
Zu bestimmen sind jetzt die beiden (symmetrisch zu 0 gelegenen) Werte $-\mathcal{T}$ und $\mathcal{T}$ derart, daß gilt:

$$P[-\mathcal{T} \leq z \leq \mathcal{T}] = 1 - \alpha .$$

Aus der t-Verteilungstabelle mit $n-1 = 3$ Freiheitsgraden erhält man

$-\mathcal{T} = -3.18$ und entsprechend (Symmetrie der t-Verteilung) $\mathcal{T} = 3.18$

Die Nullhypothese kann also nicht verworfen werden, da

$$-\mathcal{T} = -3.18 < 0.52 < 3.18 = \mathcal{T}.$$

Dabei wird der Wert der Stichprobenfunktion aus

$$\frac{(\bar{x} - \mu_0)\sqrt{n}}{s^*} = \frac{1.75 - 1.5}{0.9574} \cdot \sqrt{4}$$

berechnet (siehe oben Kapitel 16).

17.2.11 Bemerkung

Beim zweiseitigen Test über den Erwartungswert μ der Normalverteilung wird bei unbekannter Varianz die Teststatistik

$$\frac{\bar{X} - \mu_0}{S}\sqrt{n-1} = \frac{\bar{X} - \mu_0}{S^*}\sqrt{n} .$$

verwendet. Diese Teststatistik ist t-verteilt mit $n-1$ Freiheitsgraden.
Bei einseitigen Tests kommt dieselbe Statistik zur Anwendung. Deshalb kann das Verfahren aus Beispiel 17.1.5 entsprechend übertragen werden.

17.3 Ein Zweistichprobentest zum Vergleich zweier Mittelwerte

Die Daten bestehen aus zwei unabhängigen Teilstichproben, eine der Länge n_1 und die andere der Länge n_2. Beides seien Zufallsstichproben aus Normalverteilungen mit jeweils bekannter Varianz σ_i^2 $(i=1,2)$, d.h.

$(X_{11}, X_{12}, \dots, X_{1n_1})$ mit der Realisierung $(x_{11}, x_{12}, \dots, x_{1n_1})$,

$X_{1i} \sim \mathcal{N}(\mu_1, \sigma_1^2)$ $(i=1,2,3,\dots,n_1)$ und

$(X_{21}, X_{22}, \dots, X_{2n_2})$ mit der Realisierung $(x_{21}, x_{22}, \dots, x_{2n_2})$,

$X_{2i} \sim \mathcal{N}(\mu_2, \sigma_2^2)$ $(i=1,2,3,\dots,n_2)$.

Für die beiden Stichprobenfunktionen gilt:

$$\hat{\mu}_i = \bar{X}_i, \; E(\hat{\mu}_i) = \mu_i, \; var(\hat{\mu}_i) = \frac{\sigma_i^2}{n_i}, \; \hat{\mu}_i \sim \mathcal{N}(\mu_i, \frac{\sigma_i^2}{n_i}), \; i=1,2.$$

Außerdem gilt (s.o. Bemerkung 13.1.3)

$$E(\bar{X}_1 - \bar{X}_2) = E(\hat{\mu}_1 - \hat{\mu}_2) = \mu_1 - \mu_2 ,$$

$$\mathrm{var}(\overline{X}_1 - \overline{X}_2) = \mathrm{var}(\widehat{\mu}_1 - \widehat{\mu}_2) = \frac{\sigma_1^2}{n_1} + \frac{\sigma_2^2}{n_2} \quad \text{(wegen der Unabhängigkeit)}$$

und für eine Stichprobenfunktion $Y := \overline{X}_1 - \overline{X}_2$ gilt damit:

$$Y \sim \mathcal{N}(\mu_1 - \mu_2, \frac{\sigma_1^2}{n_1} + \frac{\sigma_2^2}{n_2}).$$

Für die Mittelwertdifferenz

$$\delta := \mu_1 - \mu_2$$

können daher folgende Hypothesenpaare einem üblichen Mittelwert-Test unterzogen werden:

Unterfall 1 (einfacher Test auf Gleichheit):

$H_0: \delta = \delta_0 = 0$

$H_1: \delta = \delta_1, \qquad (\delta_1 \neq \delta_0)$

Unterfall 2 (einfacher Test auf eine von Null verschiedene Differenz):

$H_0: \delta = \delta_0 \neq 0$

$H_1: \delta = \delta_1, \qquad (\delta_1 \neq \delta_0)$

Unterfall 3 (ein gemischter beidseitiger Test):

$H_0: \delta = \delta_0$

$H_1: \delta \neq \delta_0,$

Unterfall 4 (ein gemischter einseitiger Test):

$H_0: \delta \geq \delta_0 \qquad (\text{oder } \delta \leq \delta_0)$

$H_1: \delta < \delta_0, \qquad (\text{oder } \delta > \delta_0).$

17.3.1 Beispiel

Die durchschnittliche Niederschlagsmenge im Monat Juli (in mm) betrug in Hamburg bzw. München

	Hamburg	München
1975	120	137
1976	34	136
1977	72	152
1978	74	161
1979	84	67
1980	169	166
1981	72	181
1982	31	107
1983	5	35
1984	47	104

(Quelle: Statistische Jahrbücher 1976-1985)

Die durchschnittliche Niederschlagsmenge im Monat Juli in Hamburg bzw. München sei normalverteilt mit den Mittelwerten μ_0 bzw. μ_1 und gemeinsamer Varianz $\sigma^2 = 2000$. Damit läßt sich anhand der obigen Stichprobe

$$H_0: \mu_0 \geq \mu_1 \quad \text{gegen} \quad H_1: \mu_0 < \mu_1$$

mit der Fehlerwahrscheinlichkeit 1. Art von 0.10 ein Test gemäß Unterfall 4 formulieren:

$$H_0: \delta \geq 0 \text{ gegen } H_1: \delta < 0, \text{ wobei } \delta = \mu_0 - \mu_1 \text{ gesetzt wurde.}$$

Aus den obigen Daten errechnet man $\bar{x} = 70.8$ und $\bar{y} = 124.6$.
Die Stichprobenfunktion

$$Z := \frac{\bar{X} - \bar{Y} - (\mu_0 - \mu_1)}{\sqrt{\left(\frac{\sigma_1^2}{n_1} + \frac{\sigma_2^2}{n_2}\right)}}$$

ist standardnormalverteilt und man errechnet die Realisierung $z = -2.69$.
Aus der Standard-Normalverteilungstabelle erhält man -1.282 und folglich muß H_0 verworfen werden; d.h. es kann als statistisch gesichert angesehen werden, daß es im Juli in München mehr regnet als in Hamburg!
(Vorsicht: Trotzdem kann es in Hamburg häufiger regnen!)

17.3.2 Bemerkung (Vergleich zweier Normal-Mittelwerte bei unbekannter, aber gleicher Varianz)

So wie der Übergang vom Beispiel 17.2.8 zu Beispiel 17.2.10 im Test die Ersetzung der Normalverteilung durch die t-Verteilung brachte, so kann auch hier eine zweite Testserie für den Vergleich der Mittelwerte gemacht werden, wenn **beide** Varianzen unbekannt sind. Die Ergebnisse übertragen sich unmittelbar.
Der Fall, daß die eine Varianz bekannt und die andere unbekannt ist, wird nicht erörtert.

17.3.3 Beispiel

Sei nun die gleiche Problemstellung wie bei Beispiel 17.3.1 gegeben aber die Varianzen seien unbekannt (wenn auch noch immer gleich).
Dann ist die Zufallsvariable

$$T := \frac{\bar{X} - \bar{Y} - (\mu_0 - \mu_1)}{\sqrt{\left(\frac{1}{n_1} + \frac{1}{n_2}\right)\left((n_1 - 1)s_1^{*2} + (n_2 - 1)s_2^{*2}\right)}} \sqrt{n_1 + n_2 - 2}$$

für $n_1 \geq 2$ und $n_2 \geq 2$ t-verteilt mit $n_1 + n_2 - 2$ Freiheitsgraden.
Folglich wird H_0 abgelehnt, wenn die entsprechende Realisierung von T im offenen Intervall $(-\infty\ ,\ t_{\alpha;n_1+n_2-2})$ liegt.
Für $\alpha = 0.1$ findet man in der Tabelle $(n_1+n_2-2 = 10+10-2 = 18)$: $t = -1.33$.

Die Stichprobenfunktion T hat die Realisierung -2.57. Folglich muß die Nullhypothese wieder verworfen werden.

17.4 Einstichprobentests für die Varianz

Nach der Einführung von Tests über Erwartungswerte wird im folgenden noch ein Test über Varianzen vorgestellt.

17.4.1 Der Test für die Varianz der Normal-Stichprobe

Entsprechend der Konstruktion eines Konfidenzintervalls für σ^2 wird für einen zugehörigen Test, d.h. für ein Hypothesenpaar

Unterfall 1 (ein einfacher Test):

$$\left.\begin{array}{l} H_0: \sigma^2 := \sigma_0^2 \\ H_1: \sigma^2 := \sigma_1^2 \end{array}\right\} \sigma_1^2 \neq \sigma_0^2, \ (\sigma_1^2 > \sigma_0^2 \text{ oder } \sigma_1^2 < \sigma_0^2)$$

Unterfall 2 (ein beidseitiger Test):

$$H_0: \sigma^2 := \sigma_0^2$$
$$H_1: \sigma^2 :\neq \sigma_0^2$$

Unterfall 3 (ein einseitiger Test):

$$H_0: \sigma^2 := \sigma_0^2$$
$$H_1: \sigma^2 :\geq \sigma_0^2$$

Unterfall 4 (ein einseitiger Test):

$$H_0: \sigma^2 := \sigma_0^2$$
$$H_1: \sigma^2 :\leq \sigma_0^2$$

als Stichprobenfunktion auf die beiden Schätzer für σ^2 zurückgegriffen:

$$\widehat{\sigma}^2 = \sum_{i=1}^{n} \frac{(x_i - \widehat{\mu})^2}{n} \text{ und } \widetilde{\sigma}^2 = \sum_{i=1}^{n} \frac{(x_i - \widehat{\mu})^2}{n-1}.$$

Die Stichprobenfunktion (in vier äquivalenten Schreibweisen, wie in der Theorie des Konfidenzintervalls erläutert) für σ^2 ist:

$$z := \frac{\sum_{i=1}^{n}(x_i - \overline{X})^2}{\sigma^2} = \frac{nS^2}{\sigma^2} = \frac{\widehat{\sigma}^2 n}{\sigma^2} = \frac{\widetilde{\sigma}^2 (n-1)}{\sigma^2} \text{ und } z \sim \chi^2_{n-1}.$$

Damit kann in Abhängigkeit von der Irrtumswahrscheinlichkeit 1. Art der entsprechende Verwerfungsbereich für die jeweilige Nullhypothese bestimmt werden.

Für den 2. Unterfall (dieser wird behandelt, da er besonders einfach in Analogie zum Konfidenzbereich behandelbar ist, vergl. oben Beispiel 16.1.14, bei dem in gleicher Weise von der Parallelität der formalen Entwicklung Gebrauch gemacht ist) folgt nach Entnahme der zugehörigen Tafelwerte aus der χ^2-Verteilung-Tabelle ein beidseitiges Intervall:

$$P[\mathcal{T}_u \le z \le \mathcal{T}_o] = 1 - \alpha,\ 0 < \alpha < 1$$

bzw. mit

$$\mathcal{T}_u \le \frac{nS^2}{\sigma_0^2} \Leftrightarrow \mathcal{T}_u \le \frac{\hat{\sigma}^2 n}{\sigma_0^2} \Leftrightarrow \frac{\mathcal{T}_u \sigma_0^2}{n} \le \hat{\sigma}^2$$

der durch folgende Ungleichungen beschriebene Annahmebereich:

$$\frac{nS^2}{\sigma_0^2} \le \mathcal{T}_o \Leftrightarrow \frac{\hat{\sigma}^2 n}{\sigma_0^2} \le \mathcal{T}_o \Leftrightarrow \hat{\sigma}^2 \le \frac{\mathcal{T}_o \sigma_0^2}{n}$$

bzw. mit $\hat{u}(\sigma_0^2) := \frac{\mathcal{T}_u \sigma_0^2}{n}$, $\hat{o}(\sigma_0^2) := \frac{\mathcal{T}_0 \sigma_0^2}{n}$

(1) $$P[\hat{u}(\sigma_0^2) \le \hat{\sigma}^2 \le \hat{o}(\sigma_0^2)] = 1 - \alpha,\ 0 < \alpha < 1$$

D.h. der Fehler 2. Art wird der Einfachheit halber im Test vernachlässigt.

Für die alternative Schreibweise mit $\tilde{\sigma}^2$ folgen:

$$\tilde{u}(\sigma_0^2) := \frac{\mathcal{T}_u \sigma_0^2}{n-1},\ \tilde{o}(\sigma_0^2) := \frac{\mathcal{T}_0 \sigma_0^2}{n-1}$$

und der Annahmebereich:

(2) $$P[\tilde{u}(\sigma_0^2) \le \tilde{\sigma}^2 \le \tilde{o}(\sigma_0^2)] = 1 - \alpha,\ 0 < \alpha < 1\ .$$

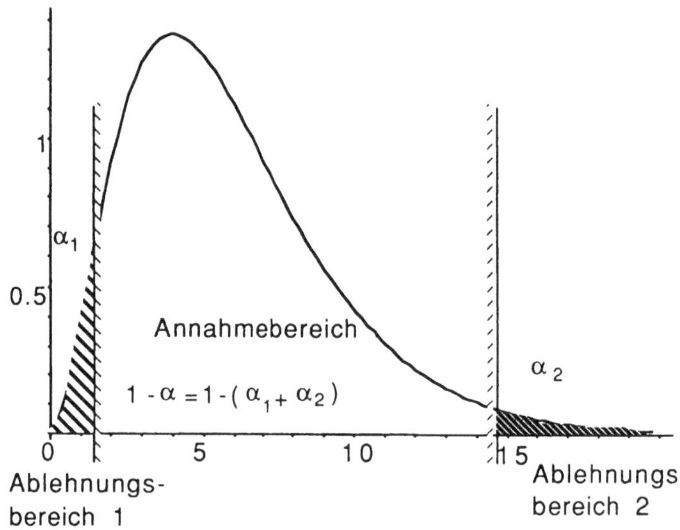

Zur Frage des kürzesten Intervalls sei auf die Ausführungen im Kapitel 16 hingewiesen.

Für die Unterfälle 1, 3 und 4 folgen entsprechend die *einseitigen* Annahmebereiche, in denen die Tafelwerte $\mathcal{T}$ jeweils einen α-Bereich überdecken, während im beidseitigen Intervall die Summe von $\mathcal{T}_o$ und $\mathcal{T}_u$ den Bereich α ausmachen.

Unterfall 1:

(1)' $$P[\hat{\sigma}^2 \leq \hat{o}(\sigma_0^2)] = 1 - \alpha,\ 0 < \alpha < 1,\ \hat{o}(\sigma_0^2) = \frac{\mathcal{T}_o \sigma_0^2}{n}$$

(2)' $$P[\tilde{\sigma}^2 \leq \tilde{o}(\sigma_0^2)] = 1 - \alpha,\ 0 < \alpha < 1,\ \tilde{o}(\sigma_0^2) = \frac{\mathcal{T}_o \sigma_0^2}{n-1}$$

Unterfall 3:

(1)" $$P[\hat{\sigma}^2 \leq \hat{o}(\sigma_0^2)] = 1 - \alpha,\ 0 < \alpha < 1,\ \hat{o}(\sigma_0^2) = \frac{\mathcal{T}_o \sigma_0^2}{n}$$

(2)" $$P[\tilde{\sigma}^2 \leq \tilde{o}(\sigma_0^2)] = 1 - \alpha,\ 0 < \alpha < 1,\ \tilde{o}(\sigma_0^2) = \frac{\mathcal{T}_o \sigma_0^2}{n-1}$$

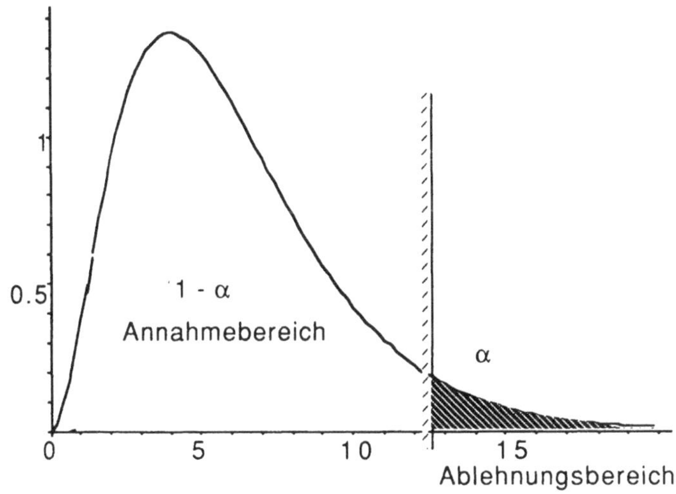

Unterfall 4:

(1)''' $P[\hat{u}(\sigma_0^2) \leq \hat{\sigma}^2] = 1 - \alpha,\ 0 < \alpha < 1,\ \hat{u}(\sigma_0^2) = \frac{\mathcal{T}_o \sigma_0^2}{n}$

(2)''' $P[\tilde{u}(\sigma_0^2) \leq \tilde{\sigma}^2] = 1 - \alpha,\ 0 < \alpha < 1,\ \tilde{u}(\sigma_0^2) = \frac{\mathcal{T}_o \sigma_0^2}{n-1}$

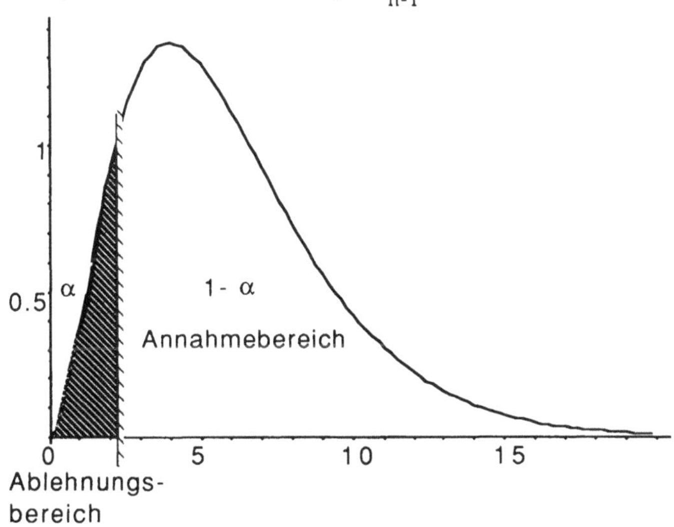

17.4.2 Varianz-Test

Zur Illustration sei das kleine obige Beispiel 16.1.7 fortgesetzt.
Es soll getestet werden

$$H_0: \sigma^2 = 4 \quad \text{gegen} \quad H_1: \sigma^2 \neq 4 .$$

Mit $\hat{\sigma}^2 = 11/16$ und mit $n-1 = 4-1 = 3$ Freiheitsgraden folgen für $\alpha = 0.05$ und "symmetrischer" Zuordnung der "Schwänze" der Verteilung

$$z_u = 0.22 \text{ und } z_o = 9.35$$

$$P[0.22 \leq \hat{\sigma}^2 \leq 9.35] = 0.95.$$

Deshalb kann H_0 nicht verworfen werden.

17.5 Bemerkung (Tests auf Grundlage des Zentralen Grenzwertsatzes)

Mit Zutreffen der Voraussetzungen des Zentralen Grenzwertsatzes können wie in der Theorie der Konfidenzintervalle auch hier Tests entsprechend den Beispielen 16.1.15 und 16.1.16 für Zufallsstichproben aus beliebig verteilten Zufallsvariablen konstruiert werden. Die Überlegungen des Kapitels 16 übertragen sich entsprechend.

17.6 Tests für mehr als einen Parameter

Besteht die Aufgabe darin, daß zugleich mehr als ein Parameter getestet werden soll (z.B. Mittelwert und Varianz der Normalverteilung), so kann man die oben entwickelten Tests nicht nacheinander durchführen. Auch hier gilt, was bereits für die Konfidenzintervalle gesagt worden ist (siehe oben Kapitel 16, Abschnitt 7).

17.7 Aufgaben:

Aufgabe 17.7.1:
Eine poissonverteilte Zufallsstichprobe der Länge n=5, habe die Realisierung (3, 1, 0, 2, 0).

a) Bestimmen Sie einen Test für das Hypothesenpaar $H_0: \mu = 2$, gegen $H_1: \mu = 1$ mit der Irrtumswahrscheinlichkeit α.

b) Bestimmen Sie den zugehörigen Fehler 2.Art.
(Hinweis: Benutzen Sie eine Tabelle der Poissonverteilung für ein bestimmtes α, dann verallgemeinern Sie Ihre Vorgehensweise für ein beliebiges α.

Aufgabe 17.7.2:
Diskutieren Sie die Anwendbarkeit des Zentralen Grenzwertsatzes für Aufgabe 1 .

Aufgabe 17.7.3:
Wie bekannt, sind die Wartezeiten zwischen Poissonereignissen, d.h. die Zeiten zwischen dem jeweiligen Auftreten der Realisierungen aus Aufgabe 1 exponentialverteilt. Damit läßt sich Aufgabe 1 fortsetzen. Aber auch ohne eine solche Fortsetzung läßt sich von vorneherein annehmen, eine zu untersuchende Stichprobe sei exponentialverteilt. Für diese Stichprobe sei (u.U.mit Hilfe einer geeigneten Approximation) ein Test für den Vergleich der Hypthesen $\lambda_0 = 0.5$ und $\lambda_1 = 1.0$ entwickelt. Nehmen Sie an, Sie kennen das Stichprobenmittel $\overline{X}$.

Aufgabe 17.7.4
Bekanntlich scheint die längerfristige Wettervorhersage ein Zufallsexperiment zu sein. Gleichwohl behaupten die Meteorologen, daß der Einsatz von Beobachtungssatelliten ihre Vorhersagen gegenüber der früheren Trefferquote von 0.65 verbessert habe, so daß nunmehr mit einer Wahrscheinlichkeit von 0.75 eine Prognose korrekt sei.

a) Es sei p die Wahrscheinlichkeit für eine richtige Vorhersage. Eine Stichprobe der Länge 20 ergab 15 richtige Vorhersagen. Testen Sie damit
$$H_0 : p = 0.65 \quad \text{gegen} \quad H_1 : p = 0.75$$
mit $\alpha = 0.05$. Wie groß ist der Fehler 2. Art ?

b) Angenommen, bei einer Stichprobe der Länge 60 seien 45 richtige Vorhersagen beobachtet worden. Bestimmen Sie den Fehler 2. Art näherungsweise mit Hilfe des Zentralen Grenzwertsatzes.

c) Warum darf man in Teil a) den Zentralen Grenzwertsatz nicht anwenden ?

Aufgabe 17.7.5
In industriellen Großanlagen eins bestimmten Typs werden im sicherheitsrelevanten Bereich Haltebolzen benötigt, die einem sehr hohen Verschleiß ausgesetzt sind. Da die Überprüfung dieser Bolzen sehr aufwendig ist, werden vorsorglich mehr eingebaut als eigentlich erforderlich wären. Um diese Anzahl der einzubauenden Bolzen abschätzen zu können, interessiert man sich für deren mittlere Lebensdauer unter realistischen Belastungen. Eine entsprechende Stichprobe ergab folgende Lebensdauern (in vollendeten Monaten):

38 41 37 36 42 40 35 40 43 38

Die Lebensdauer dieser Bolzen kann als normalverteilt mit Erwartungswert m und Varianz σ^2 angenommen werden.

a) Testen Sie zur Fehlerwahrscheinlichkeit 1. Art $\alpha = 0.1$ die Hypothese:
$$H_0 : \mu \geq 40 \quad \text{gegen} \quad H_1 : \mu < 40$$

b) Testen Sie zur Fehlerwahrscheinlichkeit 1. Art $\alpha = 0.05$ die Hypothese:
$$H_0 : \sigma^2 \leq 6 \quad \text{gegen} \quad H_1 : \sigma^2 > 6$$

Aufgabe 17.7.6
Die voneinander unabhängigen Benzinverbräuche X und Y zweier Wagen sollen anhand unabhängiger Stichproben der Länge $n_1 = n_2 = 10$ verglichen werden. Dabei werden die Verbräuche jeweils als normalverteilt mit unbekanntem Erwartungswert μ_1 bzw. μ_2 und unbekannten, aber gleichen Varianzen $\sigma_1^2 = \sigma^2 = \sigma_2^2$ betrachtet. Die Stichprobenergebnisse lauten:
$$\Sigma x_i = 68 \qquad \Sigma (x_i - \bar{x})^2 = 6$$
$$\Sigma y_i = 70 \qquad \Sigma (y_i - \bar{y})^2 = 4$$
Zum Signifikanzniveau $\alpha = 0.05$ soll die Hypothese
$$H_0: \text{"}\mu_1 \geq \mu_2\text{"} \quad \text{gegen die Alternative}$$
$$H_1: \text{"}\mu_1 < \mu_2\text{"}$$
getestet werden.

17.8 Einige Testgrößen in der Übersicht

Akzeptanzbereich bei verschiedenen Tests zum Signifikanzniveau α:

Grundgesamtheit normalverteilt mit bekannter Varianz;
Tests für μ:

H_0	H_1	H_0 kann nicht verworfen werden, falls
$\mu \leq \mu_0$	$\mu > \mu_0$	$\bar{x} \in (-\infty,\ \mu_0 + z_{1-\alpha} \cdot \frac{\sigma}{\sqrt{n}}]$
$\mu \geq \mu_0$	$\mu < \mu_0$	$\bar{x} \in [\ \mu_0 - z_{1-\alpha} \cdot \frac{\sigma}{\sqrt{n}},\ +\infty)$
$\mu = \mu_0$	$\mu \neq \mu_0$	$\bar{x} \in [\ \mu_0 - z_{1-\alpha/2} \cdot \frac{\sigma}{\sqrt{n}},\ \mu_0 + z_{1-\alpha/2} \cdot \frac{\sigma}{\sqrt{n}}]$
$\mu \in [\mu_1, \mu_2]$	$\mu \notin [\mu_1, \mu_2]$	$\bar{x} \in [\ \mu_1 - z_{1-\alpha/2} \cdot \frac{\sigma}{\sqrt{n}},\ \mu_2 + z_{1-\alpha/2} \cdot \frac{\sigma}{\sqrt{n}}]$

z-Werte gemäß Standard-Normalverteilung.

Grundgesamtheit normalverteilt mit unbekannter Varianz;
Tests für μ:

H_0	H_1	H_0 kann nicht verworfen werden, falls
$\mu \leq \mu_0$	$\mu > \mu_0$	$\bar{x} \in (-\infty,\ \mu_0 + t_{1-\alpha} \cdot \frac{s^*}{\sqrt{n}}]$
$\mu \geq \mu_0$	$\mu < \mu_0$	$\bar{x} \in [\ \mu_0 - t_{1-\alpha} \cdot \frac{s^*}{\sqrt{n}},\ +\infty)$
$\mu = \mu_0$	$\mu \neq \mu_0$	$\bar{x} \in [\ \mu_0 - t_{1-\alpha/2} \cdot \frac{s^*}{\sqrt{n}},\ \mu_0 + t_{1-\alpha/2} \cdot \frac{s^*}{\sqrt{n}}]$
$\mu \in [\mu_1, \mu_2]$	$\mu \notin [\mu_1, \mu_2]$	$\bar{x} \in [\ \mu_1 - t_{1-\alpha/2} \cdot \frac{s^*}{\sqrt{n}},\ \mu_2 + t_{1-\alpha/2} \cdot \frac{s^*}{\sqrt{n}}]$

t-Werte gemäß Student's t-Verteilung mit n-1 Freiheitsgraden.

Dabei ist $s^{*2} = \frac{1}{n-1} \sum_{i=1}^{n} (x_i - \bar{x})^2$

Grundgesamtheit normalverteilt;
Tests für σ^2:

H_0	H_1	H_0 kann nicht verworfen werden, falls
$\sigma^2 \leq \sigma_0^2$	$\sigma^2 > \sigma_0^2$	$s^{*2} \in (0, \chi^2_{1-\alpha} \cdot \frac{\sigma_0^2}{n-1}]$
$\sigma^2 \geq \sigma_0^2$	$\sigma^2 < \sigma_0^2$	$s^{*2} \in [\chi^2_{\alpha} \cdot \frac{\sigma_0^2}{n-1}, +\infty)$
$\sigma^2 = \sigma_0^2$	$\sigma^2 \neq \sigma_0^2$	$s^{*2} \in [\chi^2_{\alpha/2} \cdot \frac{\sigma_0^2}{n-1}, \chi^2_{1-\alpha/2} \cdot \frac{\sigma_0^2}{n-1}]$

χ^2-Werte aus der χ^2-Verteilungstafel mit n-1 Freiheitsgraden.

Dabei ist $s^{*2} = \frac{1}{n-1} \sum_{i=1}^{n} (x_i - \bar{x})^2$

18 Nichtparametrische Tests

18.1 Einführung

Die Tests dieses Kapitels unterscheiden sich von denen des vorangegangen dadurch, daß man nicht Fragen bezüglich der Parameter einer Zufallsvariablen zu beantworten versucht, sondern man interessiert sich für den Verteilungstyp selbst bzw. für den Zusammenhang von verschiedenen Zufallsvariablen. Deshalb spricht man von **parameterfreien Tests**.
Eine Grundsituation ist, daß zwei oder mehr Zufallsvariablen miteinander verglichen werden, z.B. eine Stichprobe mit einer als bekannt vorausgesetzten Grundgesamtheit, z.B. zwei gesondert erhobene Stichproben.
Zu beantwortende Fragen sind dabei regelmäßig, ob sie die gleiche Verteilung haben (d.h. aus *einer* Grundgesamtheit sind) oder ob sie stochastisch unabhängig sind.
Daß beide Fragen zusammenhängen und oft nicht zutreffend beantwortet werden können, faßt Simpsons Paradox zusammen. Es wird in zwei Beispielen im Vergleich zu den behandelten Standardtests erläutert.

18.2 χ^2-Anpassungstests (ohne und mit Schätzung von Parametern)

18.2.1 Beispiel
(ein Anpassungstest zum Vergleich zweier Stichproben)

Für zwei und möglicherweise mehr gesondert und unabhängig erhobene Stichproben (z.B. über die Wahlentscheidungen zum Landtag des Landes Baden-Württemberg, d.h. die Partei-Anteile; z.B. die Kaufanteile am Markt der Mittelklassewagen; die Verteilung brauner, blauer und grüner Augen innerhalb der Teilnehmerinnen an der Wahl zur Miß Germany) geht es z.B. um die Frage:

Kommen Stichproben $\{n_1, n_2, ..., n_K\}$ und $\{n'_1, n'_2, ..., n'_K\}$, wobei die n_k und n'_k die Häufigkeit der k^{ten} Merkmalsausprägung bedeuten, aus der gleichen Grundgesamtheit?

Eine handliche Darstellung dieses Vergleichs ist die folgende Tabelle mit K=3 (Sandblom, S.196):

k	A	B	C	Σ
n_k	12	15	6	33
n'_k	88	105	74	267
Σ	100	120	80	300

Die Zufallsvariable kann drei Ausprägungen annehmen (K=3). Die erste Stichprobe umfaßt 33 Beobachtungen und teilt sich, wie die n_k Zeile zeigt, zu 12:15:6 auf die drei Merkmale auf. Die zweite Stichproben ist sehr viel größer, nämlich mit 267 Beobachtungen und verteilt sich auf die Merkmale wie die n'_k Zeile zeigt: 88:105:74. Die empirische Bedeutung könnte die folgende sein:
A und B und C sind drei unterschiedliche Automobilmarken, und die n_k bzw n'_k sind die Käufer in zwei verschiedenen Märkten. *Gleichheit* heißt hier, daß der Anteil der einzelnen Marken in beiden Märkten idealerweise gleich ist: $p_A = p'_A$, $p_B = p'_B$, $p_C = p'_C$.

Eine solche Situation kann als Test formuliert werden:
Es ist über die Nullhypothese der Gleichheit

$$H_0: p_A = p'_A,\ p_B = p'_B, p_C = p'_C.$$

gegenüber der Alternativhypothese

$$H_a: p_A \neq p'_A, \text{ und/oder } p_B \neq p'_B \text{ und/oder } p_C \neq p'_C$$

zu entscheiden.
Ohne ein strenge Begründung geben zu wollen, seien die einzelnen Testschritte zumindest motiviert. Für die Nullhypothese sei die Aufteilung in der ersten Stichprobe als die *wahre* Aufteilung angesehen. Damit sind die p_A, p_B, p_C festgelegt:

$$p_A = \frac{12}{33},\quad p_B = \frac{15}{33},\quad p_C = \frac{6}{33}$$

Bei Gleichheit sollten die Anteile in der zweiten Stichprobe dann wie folgt sein:

$$p'_A = \frac{12}{33}\,267,\ p'_B = \frac{15}{33}\,267,\ p'_C = \frac{6}{33}\,267,$$

bzw. die erwarteten Häufigkeiten sollten sein: 97,121,49.
In einer zweiten Tabellendarstellung folgt dann

	A	B	C	Σ
erwartete Häufigkeiten	97	121	49	267
beobachtete Häufigkeiten	88	105	74	267

Zum Vergleich dieser beiden Zeilen, den **erwarteten** und den **beobachteten** Zahlen, h_k^e und h_k^b gilt folgender Satz:

18.2.2 Satz (ohne Beweis; χ^2-Verteilung der Abweichungen)
Die Teststatistik

$$D = \sum_{k=1}^{K} \frac{[h_k^b - h_k^e]^2}{h_k^e} \sim \chi^2_{K-1}$$

in Worten: Testgröße D ist χ^2-verteilt mit K-1 Freiheitsgraden.

Damit bietet sich (in Anlehnung an die Varianztests des vorigen Kapitels) der folgende einseitige Test an:

18.2.1 Beispiel (Fortsetzung; Test auf Gleichheit)
Es gibt einen *einseitigen* Annahmebereich

(1) $P[D \leq \mathcal{T}] = 1 - \alpha,\ 0 < \alpha < 1,\ \mathcal{T} = \chi^2_{K-1,\,1-\alpha}$.

Sobald eine Realisierung von D den kritischen Wert $\mathcal{T}$ übersteigt, wird die Hypothese der Gleichheit mit einem Fehler 1. Art von α abgelehnt.

Für das Beispiel ergeben sich $\mathcal{T} = \chi^2_{K-1,\,1-\alpha} = \chi^2_{3-1,\,1-0.05} = 5.99$ und die Testgröße D = 15.71. Damit ist die Hypothese der Gleichheit abzulehnen.

18.2.3 Beispiel (Der Vergleich einer einzigen Stichprobe mit einer vorgegeben bekannten Verteilung)
Ein zweiter Test auf Gleichheit, der ebenfalls in dies Schema fällt, ist die a priori Kenntnis für Wahrscheinlichkeiten

$$p_k = P[X_k = h_k^e]\ (k=1,2,\ldots,K).$$

Damit können die erwarteten Werte wie folgt gebildet werden:

$$h_k^e = p_k N .$$

Eine **einzige** Stichprobe wird gemäß Test mit der theoretisch vorgegebenen Verteilung (durch die (p_k) spezifiziert) verglichen. Für die Nullhypothese ist damit nicht wie im Test von zwei, sondern nur von einer Stichprobe auszugehen.

18.2.4 Beispiel

Die Parteizugehörigkeit im Bundesland B sei (so wird behauptet) durch folgende vier Wahrscheinlichkeiten beschrieben:

$$p_1 = 55\%,\ p_2 = 30\%,\ p_3 = 10\%,\ p_4 = 5\%.$$

Eine Zufallsstichprobe mit 2000 Befragten liefert 1000 für Partei 1, 700 für Partei 2, 250 für die dritte Partei und den Rest für die vierte. Der Anpassungstest nach Satz 18.2.2 gibt für die erwarteten Werte:

(1100, 600, 200, 100)

und für die beobachteten

(1000, 700, 250, 50).

Damit ist die Testgröße

$$D = 100^2/1100 + 100^2/600 + 50^2/200 + 50^2/100 = 63.26,$$

während der kritische Wert

$$\mathcal{T} = \chi^2_{K-1,1-\alpha} = \chi^2_{4-1,1-0.05} = \chi^2_{3,0.95} = 7.81$$

und damit die Nullhypothese abzulehnen ist: die Stichprobe kann nicht mit der Verteilung aus Land B übereinstimmen.

18.2.5 Beispiel
(Der Vergleich einer Stichprobe über eine Kontingenztafel mit einer vorgegeben bekannten Verteilung)

Eine zweite Fassung dieses Homogenitätstests liegt dann vor, wenn eine zweidimensionale Zufallsvariable betrachtet wird, diese in einer (m,n) Kontingenztafel dargestellt wird, und es für die einzelnen Ausprägungen bekannte Besetzungswahrscheinlichkeiten gibt. D.h. es gibt

$$p_{ij} = P[X_{ij} = x^e_{ij}] \quad (i=1,2,\dots,m;\ j=1,2,\dots,n)$$

und mit Vorgabe der Stichprobengröße N können dann die erwarteten Werte

$$h^e_{ij} = p_{ij}\, N$$

festgelegt werden.

Zum Vergleich dieser beiden Kontingenztafeln, den **erwarteten** und den **beobachteten** Zahlen,

$$h^e_{ij}\,(i=1,2,\dots,m;\ j=1,2,\dots,n),\ m\geq 2,\ n\geq 2$$

und

$$h^b_{ij}\,(i=1,2,\dots,m;\ j=1,2,\dots,n),\ m\geq 2,\ n\geq 2$$

gilt folgender Satz:

18.2.6. Satz (ohne Beweis; χ^2-Verteilung der Abweichungen)
Die Teststatistik

$$D = \sum_{j=1}^{n}\sum_{i=1}^{m}\frac{[h_{ij}^{b}-h_{ij}^{e}]^2}{h_{ij}^{e}} \sim \chi^2_{mn-1}$$

in Worten: Testgröße D ist χ^2-verteilt mit mn-1 Freiheitsgraden.

Offensichtlich ist es gleichgültig, ob eine Zufallsvariable als Vektor der Länge K oder Matrix der Dimension mn geschrieben wird. Die zugehörigen Freiheitsgrade in dieser Situation sind offensichtlich K-1 oder mn-1.

18.2.7 Beispiel
(Der Vergleich einer einzigen Stichprobe mit einer parametrisch vorgegebenen, aber unbekannten Verteilung)
Ein weiterer häufiger Fall ist der, daß die Verteilung, über die eine Hypothese formuliert worden ist, zusätzlich noch von einem (oder mehreren) Parameter(n) abhängt. Mit Vorgabe der Stichprobe ist/sind daher als erstes vor dem eigentlichen Test der/die Parameter der Verteilung zu schätzen, so daß dann das Schema des Tests auf Gleichheit angewandt werden kann. Wie in den vorhergehenden Fassungen des Anpassungstests sei dies an einem Beispiel illustriert.

18.2.8 Beispiel (Eine diskrete Zufallsvariable)
Sei eine Zufallsstichprobe einer poissonverteilten Grundgesamtheit entnommen. Folgende Beobachtungen sind dabei gemacht worden (vergl. oben 9.7.1 Beispiel)

Zahl der fündigen Bohrlöcher pro Monat

	Zahl der Bohrlöcher	Zahl der Monate
	0	123
	1	67
	2	27
Bei	3	10
	4	0
	5	1
Gesamt		228

Als ML-Schätzer $\hat{\lambda}$ für λ aus

$$p_k = P(X=k) = \frac{e^{-\lambda}\lambda^k}{k!},\ 0<\lambda\in\mathbf{R},\ k=0,1,2,\ldots$$

ergibt sich (s.o. Kapitel 14):

$$\hat{\lambda} = \bar{X} = 156/228 \approx 0.6842,$$

und für die Zähldichten p_k (k=0,1,2,3,4,5) folgen mit λ = 0.6842:

p_0 = .5045
p_1 = .3452
p_2 = .1181
p_3 = .0296
p_4 = .0046
p_5 = .0006

und damit mit der Regel

$$h_k^e = p_k N$$

in der Abrundung auf ganze Zahlen die erwarteten Werte:

(115 79 27 6 1 0).

Wie im Test auf Gleichheit folgt dann ein Anpassungstest, der sich nur in der Auswahl des kritischen Werts vom Test auf Gleichheit unterscheidet. Es gilt nämlich der folgende

18.2.9 Satz (ohne Beweis; χ^2-Verteilung der Abweichungen)
Die Teststatistik des Anpassungsfalls **mit** Schätzung von r Parametern ist

$$D = \sum_{k=1}^{K} \frac{[h_k^b - h_k^e]^2}{h_k^e} \sim \chi^2_{K-1-r}$$

in Worten: Testgröße D ist χ^2-verteilt mit K-1-r Freiheitsgraden.

Im übrigen verläuft der Test wie für den Test auf Gleichheit.

18.2.8 Beispiel (Fortsetzung; eine diskrete Zufallsvariable)
Damit ergäbe sich die Testgröße

$$D = (123-115)^2/115 + (67-79)^2/79 + 0 + (10-6)^2/6 + (0-1)^2/1 + (1-0)/0.$$

Offensichtlich ist dieser Wert nicht definiert. Wenn der Wert np_i einer Realisierung i kleiner als 5 ist, dann ist diese Realisierung mit benachbarten Realisierungen zusammenzufassen. Hier erhält man also

$$D = (123-115)^2/115 + (67-79)^2/79 + 0 + (11-7)^2/7 = 4.665$$

Für den kritischen Wert ergibt sich

$$\mathcal{T} = \chi^2_{K-1-r,1-\alpha} = \chi^2_{4-1-1,1-0.05} = \chi^2_{2,0.95} = 5.99,$$

und damit kann die Nullhypothese der Gleichheit mit der Poissonverteilung nicht abgelehnt werden.

Für andere parametrische Verteilungen läuft der Gleichheits-(Homogenitäts-) Test entsprechend ab. Als ein Beispiel für eine stetige Verteilung sei eine Anwendung auf die Exponentialverteilung skizziert.

18.2.10 Beispiel (Eine stetige Zufallsvariable)
Über die Funktionsdauer von langlebigen Konsumgütern bis zur ersten notwendigen Reparatur wurden folgende Daten erhoben:

Funktionsdauer	Anzahl
über 0 bis 2 Jahre	25
über 2 bis 4 Jahre	30
über 4 bis 6 Jahre	24
über 6 bis 8 Jahre	15
über 8 bis 12 Jahre	6

Mit der Irrtumswahrscheinlichkeit 1.Art $\alpha = 0.01$ sowie dem Hypothesenpaar

H_0: Die Lebensdauer ist exponentialverteilt

gegenüber

H_1: Die Lebensdauer ist nicht exponentialverteilt

ergeben sich folgende Schritte:

Für den ML- oder Momentenschätzer gilt $\hat{\lambda} = \frac{1}{\overline{X}}$

Mit der Realisierung

$$\bar{x} = 1 \cdot \frac{25}{100} + 3 \cdot \frac{30}{100} + 5 \cdot \frac{24}{100} + 7 \cdot \frac{15}{100} + 10 \cdot \frac{6}{100} = 4$$

erhält man $\hat{\lambda} = \frac{1}{4}$.

Die theoretischen Wahrscheinlichkeiten (unter der Nullhypothese) sind

$$\begin{aligned}
P(X \le 2) &= 1 - e^{-1/2} &&= 0.3935\\
P(2 < X \le 4) &= 1 - e^{-1} - (1 - e^{-1/2}) = e^{-1/2} - e^{-1} &&= 0.2387\\
P(4 < X \le 6) &= e^{-1} - e^{-3/2} &&= 0.1447\\
P(6 < X \le 8) &= e^{-3/2} - e^{-2} &&= 0.0878\\
P(8 < X \le 12) &= e^{-2} - e^{-3} &&= 0.0855
\end{aligned}$$

Die Testgröße ergibt sich zu

$$D = \frac{(30-39.35)^2}{39.35} + \frac{(25-23.87)^2}{23.87} + \frac{(24-14.47)^2}{14.47} + \frac{(15-8.78)^2}{8.78} + \frac{(6-8.55)^2}{8.55}$$

$$= 5.3528 + 1.5742 + 6.2765 + 4.4064 + 0.7605 = 18.3705\,.$$

Mit dem Tafelwert $\chi^2_{0.99;3} = 11.3 < 18.3705 = D$ muß H_0 verworfen werden.

18.3 χ^2-Unabhängigkeitstest

Schließlich sei als ein letzter Test dieser Konzeption der sogenannte Unabhängigkeitstest für zwei Zufallsvariable X und Y dargestellt. Wie in Kapitel 4 ausgeführt, ist eine anschauliche Darstellung zweier diskreter Zufallsvariable die Kontingenztafel

X \ Y	y_1	y_2	...	y_{m_2}	
x_1	p_{11}	p_{12}	...	p_{1m_2}	$p_{1.}$
x_2	p_{21}	p_{22}	...	p_{2m_2}	$p_{2.}$
. . .					
x_{m_1}	$p_{m_1 1}$	$p_{m_1 2}$	...	$p_{m_1 m_2}$	$p_{m_1 .}$
	$p_{.1}$	$p_{.2}$	...	$p_{.m_2}$	$p_{..}$

Kontingenztafel zweier diskreter Zufallsvariablen X und Y

Gegeben sind hier zwei Zufallsvariablen X und Y sowie eine gemeinsame Stichprobenrealisation aus diesen Zufallsvariablen.

Getestet werden soll die Hypothese

H_0: X und Y sind unabhängig

gegen

H_1: X und Y sind nicht unabhängig.

Im Falle von diskreten Zufalssvariablen X und Y heißt dies

$$H_0: p_{ij} = p_i \, q_j$$

gegenüber der Alternativhypothese der Nichtunabhängigkeit

$$H_1: p_{ij} \neq p_i \, q_j$$

(wobei die p_{ij} die gemeinsamen Dichten und p_i und q_j die jeweiligen Randdichten sind und $m_1 = m$, $m_2 = n$).

Es wird wie im Fall des Tests auf Gleichheit der Verteilung vorgegangen. Um die *erwarteten* Werte zu erlangen, werden die unbekannten Parameter (p_{ij}) durch ihre ML-Schätzwerte ersetzt: Diese sind (unter der Nullhypothese)

$$\hat{p}_{ij} = \hat{p}_i \cdot \hat{q}_j, \; i=1,2,\ldots,m; \; j=1,2,\ldots n,$$

$$\hat{p}_i = \frac{n_{i.}}{n}, \; i=1,2,\ldots,m \qquad \text{und} \qquad \hat{q}_j = \frac{n_{.j}}{n}, \; j=1,2,\ldots,n.$$

Für

$$h^e_{ij} = n \cdot \hat{p}_{ij}$$

gilt die folgende Aussage:

18.3.1 Satz (ohne Beweis; χ^2-Verteilung der Abweichungen)

Die Teststatistik

$$D = \sum_{j=1}^{n}\sum_{i=1}^{m} \frac{[h^b_{ij} - h^e_{ij}]^2}{h^e_{ij}} \sim \chi^2_{(m-1)(n-1)};$$

in Worten: Testgröße D ist χ^2-verteilt mit (m-1)(n-1) Freiheitsgraden.

Die praktische Vorgehensweise ist nun folgendermaßen:

(1) Bestimmen der Schätzwerte $\hat{p}$

(2) Errechnen der erwarteten Besetzungszahlen für die (beliebig große) Kontingenztafel der Dimension (m,n) (m≥2,n≥2)

(3) Bestimmen der Testgröße

$$D = \sum_{j=1}^{n}\sum_{i=1}^{m} \frac{[h^b_{ij} - h^e_{ij}]^2}{h^e_{ij}}$$

(4) Aufschlagen des zugehörigen kritischen Wertes $\chi^2_{(m-1)(n-1),1-\alpha}$

(5) Entscheid über Annahme oder Ablehnung der Unabhängigkeitshypothese

18.3.2 Beispiel

Für die Zahlen des Beispiels 18.2.1. seien die Schritte dieses Tests vorgerechnet. Dafür ist selbstverständlich, daß die Größen der Spalten {A,B,C} und die der Zeilen {1,2} eine neue Bedeutung haben. Zufallsvariable X hat zwei mögliche Realisationen und Zufallsvariable Y drei.

X \ Y	A	B	C	Σ
1	12	15	6	33
2	88	105	74	267
Σ	100	120	80	300

Damit folgen die geschätzten Wahrscheinlichkeiten der nächsten Tabellen:

$\frac{33}{300}\,\frac{100}{300}$	$\frac{33}{300}\,\frac{120}{300}$	$\frac{33}{300}\,\frac{80}{300}$	$\frac{33}{300}$
$\frac{267}{300}\,\frac{100}{300}$	$\frac{267}{300}\,\frac{120}{300}$	$\frac{267}{300}\,\frac{80}{300}$	$\frac{267}{300}$
$\frac{100}{300}$	$\frac{120}{300}$	$\frac{80}{300}$	$\frac{300}{300}$

bzw. in Dezimalschreibweise

0.037	0.044	0.029	0.11
0.297	0.356	0.237	0.89
0.334	0.400	0.266	1.00

Für die erwarteten Werte folgen (wie oben) dann:

11	13	9	33
89	107	71	267
100	120	80	300

Der Wert der Testgröße beträgt D = 1.3186, während der zugehörige kritische Wert $\chi^2_{(m-1)(n-1),1-\alpha} = \chi^2_{2,1-\alpha} = 4.61$ für $\alpha = 0.1$ ist. Damit kann die Hypothese der Unabhängigkeit nicht abgelehnt werden.
Obwohl die Tests einfach anzuwenden und daher verbreitet sind, können sie zu Fehlschlüssen verleiten, wie die folgenden zwei Beispiele zeigen, die einige Tücken der Realität illustrieren.

18.3.3 Beispiel (Ein Beispiel zum χ^2-Unabhängigkeitstest)
Vielfach wird behauptet, daß die Wahl des Studienfaches an der Universität der Bundeswehr Hamburg nach *Wunsch des Offizierbewerbers* und nach streng *wissenschaftlicher* Prüfung in der OPZ nach seiner Studienbefähigung erfolgt. Diese Sicht muß nicht unbedingt geteilt werden, wie folgende Anwendung des Unabhängigkeitstest zeigt. Die Gesamtstärke der Universität der Bundeswehr Hamburg wird durch folgende Kontingenztafel beschrieben:
Die Zeilen entsprechen den Studiengängen, die Spalten den Teilstreitkräften:
1=Elektrotechnik, 2=Wirtschaftsingenieurwesen, 3=Maschinenbau,
4=Pädagogik, 5=Geschichtswissenschaft, 6=alter Studiengang BWL,
7=neuer Studiengang BWL, 8=VWL, 9=Politikwissenschaft

	Heer	Lw	Marine	Σ
1.	80.	98.	74.	252.
2.	41.	14.	4.	59.
3.	280.	10.	91.	381.
4.	257.	49.	50.	356.
5.	22.	4.	3.	29.
6.	58.	62.	63.	183.
7.	408.	70.	51.	529.
8.	101.	22.	27.	150.
9.	21.	6.	3.	30.
Σ	1268.	335.	366.	1969.

Die gemäß der Nullhypothese (*Unabhängigkeit von Teilstreitkraft und Studienfach*) erwarteten Zahlen sind:

	Heer	Lw	Marine	Σ
1.	162.28	42.87	46.84	252.
2.	37.99	11.04	10.97	59.
3.	245.36	64.82	70.82	381.
4.	229.26	60.57	66.17	356.
5.	18.68	4.93	5.39	29.
6.	117.85	31.14	34.02	183.
7.	340.67	90.00	98.33	529.
8.	96.60	25.52	27.88	150.
9.	19.32	5.10	5.58	30.
Σ	1268.00	335.00	366.00	1969.

Für das Beispiel ergeben sich für den kritischen Tafelwert

$$\mathcal{T} = \chi^2_{(m-1)(n-1),1-\alpha} = \chi^2_{(9-1)(3-1),1-0.05} = \chi^2_{16,0.95} = 26.30$$

und für die Testgröße

$$D = 331.356.$$

Damit kann die Hypothese der Unabhängigkeit **nur** abgelehnt werden. Dies ist auch keine Frage der Größe der Irrtumswahrscheinlichkeit. Auch für kleinere Irrtumswahrscheinlichkeiten kann die Hypothese nur abgelehnt werden; für größere wird sie ohnehin abgelehnt. M.a.W. Zugehörigkeit zu einer Teilstreitkraft und Studienfachwahl hängen, statistisch gesehen, zweifelsfrei voneinander ab, d.h. die obige Behauptung von der rein individuellen Studienentscheidung kann in dieser Weise nicht stimmen.

18.4 Beispiel (Simpsons Paradox)
Durch Aggregation von Daten können die Schlußfolgerungen aus den nicht-aggregierten Daten umgeworfen werden, wie folgendes als Simpsons Paradox bekanntes Beispiel zeigt: (Moore, McCabe, 1989, 224-225)

Für zwei Krankenhäuser A und B gibt es die folgende Aufstellung für die Überlebenschancen nach chirurgischen Eingriffen:
Dabei bedeuten

T = **T**od trotz Operation
G = **G**enesung nach Operation (Patient lebt noch nach 6 Wochen nach der Operation)
A = Krankenhaus A
B = Krankenhaus B

	A	B
T	63	16
G	2037	784
insgesamt	2100	800

Die Schlußfolgerung ist, daß Krankenhaus A 3% (=63/2100) seiner Patienten verliert, während im Krankenhaus B nur 2% (= 16/800) sterben. M.a.W. man sollte im Ernstfall Krankenhaus B aufsuchen. Aber diese Schlußfolgerung ist trügerisch. Bei den Patienten handelt es sich um zwei Kategorien, ernste und weniger ernste Fälle. Für diese Disaggregation sehen die Zahlen wie folgt aus:

Weniger ernste Fälle

	A	B
T	6	8
G	594	592
insgesamt	600	600

Ernste Fälle

	A	B
T	57	8
G	1443	192
insgesamt	1500	200

Im Krankenhaus A sterben nur 1% der weniger ernsten Fälle und 3.8 % (57/1443) der ernsten Fälle, während demgegenüber im Krankenhaus B in beiden Gruppen mehr Patienten eine Operation nicht überleben ($1.\overline{3}$ % (=8/600) und 4% (=8/200)). Genau umgekehrt zur Schlußfolgerung im aggregierten Fall ist es sinnvoll, Krankenhaus A aufzusuchen.

18.5 Aufgaben

Aufgabe 18.5.1
Um zu prüfen, ob ein Würfel fair ist, wird er 300 mal geworfen und die folgenden Ergebnisse beobachtet:

Augenzahl	1	2	3	4	5	6
Häufigkeit	35	40	32	60	68	65

Testen Sie zur Irrtumswahrscheinlichkeit 1. Art a = 0.01 die Hypothese, daß jede erreichbare Augenzahl gleich wahrscheinlich ist.

Aufgabe 18.5.2
Die Ergebnisse einer Erhebung, die gemacht worden war, um festzustellen, ob das Alter eines Autofahrers einen Einfluß auf die Anzahl der Unfälle hat, in die er verwickelt ist, sind in folgender Tabelle dargestellt:

Alter des Fahrers		21-30	31-40	41-50	51-60	61-70
Anzahl der Unfälle	0	35	39	37	33	29
	1	4	3	2	3	2
	2	2	1	2	2	1
	>2	1	1	1	1	1

Testen Sie zu den Irrtumswahrscheinlichkeiten 1. Art von $\alpha_1 = 0.05$ bzw. $\alpha_2 = 0.1$

Aufgabe 18.5.3
In der laufenden Wirtschaftsrechnung 1984 durch das Statistische Bundesamt wurden 400 Vier-Personen-Arbeitnehmerhaushalte mit mittlerem Einkommen im Hinblick auf ihre monatliche Mietbelastung (in DM) untersucht. Dabei ergab sich:

Miete X	Häufigkeit
unter 300	60
300 bis unter 400	55
400 bis unter 450	83
450 bis unter 500	72
500 bis unter 600	110
über 600	20

a) Für diese Stichprobe war $\bar{x} = 425$ und $s = 175$ angegeben. Testen Sie mit einer Irrtumswahrscheinlichkeit von 0.05 die Hypothese H_0 : X ist normalverteilt.

b) Testen Sie mit der Irrtumswahrscheinlichkeit von 0.05 die Hypothese H_0 : X ist normalverteilt mit dem Erwartungswert $\mu = 450$ und der Standardabweichung $\sigma = 125$.

19 Lineare Regression

In diesem abschließenden Kapitel betrachten wir zwei Variablen X und Y unter der Annahme, daß eine der beiden Variablen (im folgenden, falls nicht ausdrücklich anders festgelegt, immer Y) von der anderen Variablen (hier also X) linear abhängt. D.h. Y wird als Zufallsvariable verstanden, die von der beeinflußbaren Variablen X (systematisch) linear und außerdem von einem zufälligen Fehler bestimmt wird:

$$Y = \alpha + \beta X + U.$$

M.a.W. Y ist eine lineare Funktion der *erklärenden Größe* X plus Fehler, oder es wird *systematisch* von X bestimmt und einer additiven Zufallsgröße.

Dabei ist das erste Problem, aufgrund einer Stichprobe für X_t und Y_t $(t=1,2,\ldots,n)$ die beiden unbekannten Parameter α und β sowie die Varianz σ^2 des Fehlerprozesses zu schätzen.

Im zweiten Teil des Kapitels werden dann Testverfahren vorgestellt, mit deren Hilfe die erhaltenen Schätzwerte für α und β sowie die Varianz σ^2 überprüft werden können.

19.1 Die Formulierung des Modells für den klassischen Fall der Normalregression

Sei folgendes lineares Modell vorgelegt

(1) $$Y_t = \alpha + \beta X_t + U_t, \qquad U_t \sim \mathcal{N}(0,\sigma^2) \quad (t=1,2,\ldots,n).$$

Dann ist mit

$$U_t = Y_t - \alpha - \beta X_t$$

mit der Dichte

$$f(U_t) = \frac{1}{\sqrt{2\pi\sigma^2}}\, e^{-\frac{(U_t)^2}{2\sigma^2}}$$

bzw.

$$f(U_t) = \frac{1}{\sqrt{2\pi\sigma^2}}\, e^{-\frac{(Y_t - \alpha - \beta X_t)^2}{2\sigma^2}}$$

die Likelihoodfunktion zur Schätzung der drei Parameter $\alpha,\beta\in \mathbf{R}$, $\sigma^2 > 0$ bei der Zufallstichprobe $\{(X_1,Y_1),(X_2,Y_2),\ldots,(X_n,Y_n)\}$

$$\mathcal{L}(\alpha, \beta, \sigma^2) = \mathcal{L} = \prod_{t=1}^{n} f(U_t) = \prod_{t=1}^{n} \frac{1}{\sqrt{2\pi\sigma^2}} e^{-\frac{(Y_t - \alpha - \beta X_t)^2}{2\sigma^2}}$$

sowie die Loglikelihood-Funktion

$$\text{(2)} \qquad L(\alpha, \beta, \sigma^2) = L = -\frac{n}{2} \ln \sigma^2 - \frac{1}{2\sigma^2} \{\sum_{t=1}^{n} (Y_t - \alpha - \beta X_t)^2\}$$

($\sum$ versteht sich im folgenden als $\sum_{t=1}^{n} \cdot$).

Für die notwendigen Bedingungen der Maximumlikelihoodschätzung (s.o. Kapitel 16) folgen die sog. ***Normalgleichungen***:

$$\text{(3)} \qquad \frac{\partial L}{\partial \alpha} = \frac{1}{\sigma^2} \{\sum (Y_t - \alpha - \beta X_t)\},$$

$$\text{(4)} \qquad \frac{\partial L}{\partial \beta} = \frac{1}{\sigma^2} \{\sum (Y_t - \alpha - \beta X_t) X_t\},$$

$$\text{(5)} \qquad \frac{\partial L}{\partial \sigma^2} = \frac{-n}{2\sigma^2} + \frac{1}{2\left(\sigma^2\right)^2} \{\sum (Y_t - \alpha - \beta X_t)^2\}.$$

Die Lösung aus (3) und (4) und für beliebiges $\sigma^2 > 0$ ist

$$\text{(6)} \qquad \hat{\beta} = \frac{\overline{YX} - \overline{Y}\,\overline{X}}{\overline{XX} - \overline{X}\,\overline{X}}$$

und

$$\text{(7)} \qquad \hat{\alpha} = \overline{Y} - \hat{\beta}\,\overline{X}.$$

Dabei bedeutet:

$$\overline{XX} = \frac{1}{n} \sum X_t^2 \quad \text{und} \quad \overline{YX} = \frac{1}{n} \sum Y_t X_t.$$

Die Lösung von (5) nach $\widehat{\sigma^2}$ und Einsetzen von (6) und (7) gibt:

$$\widehat{\sigma^2} = \frac{\sum (Y_t - \hat{\alpha} - \hat{\beta} X_t)^2}{n} = \frac{\sum e_t^2}{n}, \quad e_t := Y_t - \hat{\alpha} - \hat{\beta} X_t.$$

Die Maximierung ist auch hinreichend, wie folgende Überlegungen zeigen:

Für die Bedingungen zweiter Ordnung wird die Hessesche Matrix der Likelihoodfunktion benötigt:

$$H = \frac{\partial L^2}{\partial\theta_j \partial\theta_i} \quad (i, j = 1,2,3), \; (\theta' = (\alpha, \beta, \sigma^2)).$$

Seien die Bezeichnungen eingeführt:

1. Normalgleichung
$$N_1 := \sum (Y_t - \alpha - \beta X_t) = 0$$
2. Normalgleichung
$$N_2 := \sum (Y_t - \alpha - \beta X_t) X_t = 0.$$

Damit folgt für die Matrix der zweiten Ableitungen

$$\left(\begin{array}{cc|c} \frac{n}{\sigma^2} & \frac{\sum X_t}{\sigma^2} & -\frac{N_1}{(\sigma^2)^2} \\ \frac{\sum X_t}{\sigma^2} & \frac{\sum X_t^2}{\sigma^2} & -\frac{N_2}{(\sigma^2)^2} \\ \hline -\frac{N_1}{(\sigma^2)^2} & -\frac{N_2}{(\sigma^2)^2} & \frac{n}{(\sigma^2)^2} - \frac{1}{(\sigma^2)^3} \sum e_t^2 \end{array}\right) =: \frac{1}{\sigma^2} \left(\begin{array}{c|c} M & 0 \\ \hline 0 & \frac{n}{\sigma^2} - \frac{1}{(\sigma^2)^2} e'e \end{array}\right)$$

Die Matrix M wird als **Momentenmatrix** bezeichnet:

$$M = \left(\begin{array}{c|c} n & n\overline{X} \\ \hline n\overline{X} & n\overline{XX} \end{array}\right) = n \left(\begin{array}{c|c} 1 & \overline{X} \\ \hline \overline{X} & \overline{XX} \end{array}\right).$$

Die Matrix H erfüllt das bekannte Hauptminorenkriterium für die Existenz eines Maximums.

19.1.1 Bemerkung (Die Schätzer in Abweichungen vom Mittel)
Bezeichnet man mit Kleinbuchstaben (in Abweichung von der bisherigen Konvention, daß Kleinbuchstaben Realisationen von Zufallsvariablen bedeuten und Großbuchstaben die Zufallsvariablen selbst) die Beobachtungen in **Abweichungen vom Mittel**

$$x_t = X_t - \overline{X}, \quad y_t = Y_t - \overline{Y},$$

dann lassen sich die Schätzwerte in die sogenannten Schätzer in Abweichungen umschreiben:

$$\tilde{\beta} = \frac{\sum x_t y_t}{\sum x_t^2}, \qquad \tilde{\alpha} = \overline{Y} - \tilde{\beta}\overline{X},$$

$$\tilde{\sigma}^2 = \frac{\sum (Y_t - \tilde{\alpha} - \tilde{\beta} X_t)^2}{n} = \frac{\sum e_t^2}{n}, \quad e_t := Y_t - \tilde{\alpha} - \tilde{\beta} X_t.$$

Diese Änderung der Schreibweise wird im Einklang mit ökonometrischen Gewohnheiten eingeführt, um einfacher die fortführende Literatur lesen zu können.

Offensichtlich stimmen die Schätzwerte überein:

$$\tilde{\alpha} = \hat{\alpha}, \; \tilde{\beta} = \hat{\beta}, \; \tilde{\sigma}^2 = \hat{\sigma}^2 .$$

Der einfachste ***Beweis*** ist, die notwendige Bedingung (7) für den ML-Schätzer in (1) einzusetzen, d.h. man ziehe links und rechts die Identität (7) ab und erhält

(1)' $\quad Y_t - \overline{Y} = \alpha - \alpha + \beta X_t - \beta\overline{X} + U_t, \quad U_t \sim \mathcal{N}(0, \sigma^2) \quad (t=1,2,\ldots,n),$

(1)'' $\quad y_t \; = \; \beta x_t \; + U_t, \quad U_t \sim \mathcal{N}(0,\sigma^2) \quad (t=1,2,\ldots,n).$

Damit entsteht ein zweidimensionales Maximumlikelihoodproblem für die Parameter β und σ^2:

$$\mathcal{L}(\beta, \sigma^2) = \mathcal{L} = \prod_{t=1}^{n} f(U_t) = \prod_{t=1}^{n} \frac{1}{\sqrt{2\pi\sigma^2}} e^{-\frac{(y_t - \beta x_t)^2}{2\sigma^2}},$$

sowie die Loglikelihood-Funktion

(2)' $$L(\beta, \sigma^2) = L = -\frac{n}{2} \ln \sigma^2 - \frac{1}{2\sigma^2}\{\sum_{t=1}^{n} (y_t - \beta x_t)^2\}.$$

Die notwendigen Bedingungen der Maximumlikelihoodschätzung sind die üblichen ***Normalgleichungen***:

(4)' $$\frac{\partial L}{\partial \beta} = \frac{1}{\sigma^2}\{\sum (y_t - \beta x_t)x_t\},$$

(5)' $$\frac{\partial L}{\partial \sigma^2} = \frac{-n}{2\sigma^2} + \frac{1}{2\left(\sigma^2\right)^2}\{\sum (y_t - \beta x_t)^2\}.$$

Die Lösung $\tilde{\beta}$ und $\tilde{\sigma}^2$ aus (4)' und (5)' stimmt mit den Schätzwerten $\hat{\beta}$ und $\hat{\sigma}^2$ überein, die sich aus dem Verfahren für drei Parameter ergeben haben. Den Schätzer für α erhält man wie oben aus (3).

19.1.2 Bemerkung (Erster Sonderfall: Das Modell ohne Konstante): Falls im ursprünglichen Modell die Konstante fehlt, folgt unmittelbar ein Schätzproblem wie im Verfahren des Übergangs auf die Abweichungen, d.h. es sind β und σ^2 in

$$Y_t = \beta X_t + U_t, \qquad U_t \sim \mathcal{N}(0,\sigma^2) \quad (t=1,2,\ldots,n)$$

zu schätzen. Die Lösung ist entsprechend der obigen:

$$\hat{\beta} = \frac{\sum X_t Y_t}{\sum X_t^2}, \quad \hat{\sigma}^2 = \frac{\sum (Y_t - \hat{\beta} X_t)^2}{n} = \frac{\sum e_t^2}{n}, \quad e_t := Y_t - \hat{\beta} X_t$$

Mit der unterschiedlichen Definition der Modelle in Ursprungsdaten bzw. in den Abweichungen folgt ein unterschiedliches Ergebnis in der Nullsummenprobe. Im Modell der Abweichungen ist:

$$\sum_{t=1}^{n} y_t \equiv 0 \text{ und } \sum_{t=1}^{n} x_t \equiv 0 \quad \text{während allgemein} \quad \sum_{t=1}^{n} Y_t \neq 0 \text{ und } \sum_{t=1}^{n} X_t \neq 0 \text{ gilt.}$$

19.1.3 Bemerkung (Zweiter Sonderfall: Die Mittelwertschätzung): Falls im ursprünglichen Modell nur die Konstante α, nicht jedoch β zu bestimmen ist, folgt ein Schätzproblem, das im Kapitel 16 als Mittelwertschätzung schon analysiert wurde:

(1)" $\quad Y_i = \alpha + U_i, \qquad U_i \sim \mathcal{N}(0,\sigma^2) \quad (i=1,2,\ldots,n).$

Die dortige Formulierung war: Man bestimme einen Schätzwert $\hat{\mu}$ für den Mittelwert $\mu = \alpha$ einer Zufallsvariablen Y mit der Dichte:

$$f(y) = \frac{1}{\sqrt{2\pi\sigma^2}} e^{-\frac{(y-\mu)^2}{2\sigma^2}}.$$

Aus einer Zufallsstichprobe $\{Y_1, Y_2, \ldots, Y_n\}$ folgt die Likelihoodfunktion

$$\mathcal{L} = \prod_{i=1}^{n} \frac{1}{\sqrt{2\pi\sigma^2}} e^{-\frac{(y_i-\mu)^2}{2\sigma^2}}$$

sowie die Loglikelihoodfunktion:

(2)" $$L = -n \ln(\sqrt{2\pi}) - \frac{n}{2}\ln\sigma^2 - \frac{\sum_{i=1}^{n}(y_i-\mu)^2}{2\sigma^2}.$$

Notwendige Extremumsbedingungen sind, und dies ist eine Spezialisierung der obigen,

(3)" $$\frac{\partial L}{\partial \mu} = \sum_{i=1}^{n} \frac{(y_i-\mu)}{\sigma^2} = 0,$$

(4)'' $$\frac{\partial L}{\partial \sigma^2} = -\frac{n}{2\sigma^2} + \sum_{i=1}^{n} \frac{(y_i - \mu)^2}{2(\sigma^2)^2} = 0 .$$

Damit ergeben sich die alten Schätzwerte:

(7)'' $$\hat{\mu} = \hat{\alpha} = \sum_{i=1}^{n} \frac{y_i}{n} = \overline{Y} ,$$

$$\widehat{\sigma^2} = \sum_{i=1}^{n} \frac{(y_i - \hat{\alpha})^2}{n} = \sigma^2 = \frac{\sum e_i^2}{n} , \quad e_i := Y_i - \hat{\alpha} .$$

19.2 Der Kleinstquadrat-Schätzansatz

Die Normalgleichungen (3)-(4) können alternativ und mit wesentlich weniger Voraussetzungen als in der Normalregression abgeleitet werden. Ohne eine Verteilungsannahme zu treffen, sei für die Modellgleichung

$$Y_t = \alpha + \beta X_t + U_t$$

nur angenommen, daß die unbeobachtbaren Fehler U_t beliebige, identisch verteilte Zufallsgrößen sind mit:

$$E(U_t) = 0 ; \quad var(U_t) = \sigma^2 \quad \text{für } t = 1,2,...,n,$$

bzw. genauer:

$$E(U_t U_s) = \begin{cases} \sigma^2 & s = t, \\ 0 & s \neq t \end{cases} \quad s, t = 1,2,...,n.$$

Dann seien α und β so gewählt, daß die beobachtbaren Anpassungsfehler e_t,

$$e_t := Y_t - \hat{\alpha} - \hat{\beta} X_t$$

möglichst klein werden. Dies ist das Prinzip der *bestmöglichen* Anpassung an die Beobachtungen. Die Hauptanwendung ist das Verfahren der kleinsten Quadrate:

$$Q(\alpha, \beta) := \sum_{t=1}^{n} (Y_t - \alpha - \beta X_t)^2 \Rightarrow \underset{\alpha,\beta}{\text{Min}},$$

$$e_t := Y_t - \alpha - \beta X_t; \quad \sum_{t=1}^{n} e_t^2 \Rightarrow \underset{\alpha,\beta}{\text{Min}}.$$

Die notwendigen Bedingungen für ein Minimum liefern erneut die beiden ersten Normalgleichungen:

(3)''' $$\frac{\partial Q}{\partial \alpha} = -2 \{ \sum (Y_t - \alpha - \beta X_t) \} = 0,$$

(4)'''
$$\frac{\partial Q}{\partial \beta} = -2\{\sum (Y_t - \alpha - \beta X_t)X_t\} = 0$$

sowie für die zweiten Ableitungen

$$H = \begin{pmatrix} \frac{\partial^2 Q}{\partial\alpha\partial\alpha} & \frac{\partial^2 Q}{\partial\alpha\partial\beta} \\ \frac{\partial^2 Q}{\partial\beta\partial\alpha} & \frac{\partial^2 Q}{\partial\beta\partial\beta} \end{pmatrix} = \begin{pmatrix} 2n & 2\sum X_t \\ 2\sum X_t & 2\sum X_t X_t \end{pmatrix}$$

d.h.:

$$H = 2M := 2\begin{pmatrix} n & n\overline{X} \\ n\overline{X} & n\overline{XX} \end{pmatrix} = 2n\begin{pmatrix} 1 & \overline{X} \\ \overline{X} & \overline{XX} \end{pmatrix}.$$

Das Determinantenkriterium für ein Minimum ist erfüllt:

$$h_{11} = 1>0,\quad h_{22} = \overline{XX}>0 \quad \text{und} \quad h_{11}h_{22} - h_{21}h_{12} = \overline{XX} - \overline{X}^2<0;$$

die letzte Ungleichung ist die Schwarzsche Ungleichung.
Für den dritten Parameter in dieser Ableitung der Schätzwerte für α und β wird einfach gesetzt:

$$\widehat{\sigma^2} = \sum_{t=1}^{n} \frac{(Y_t - \hat{\alpha} - \hat{\beta}X_t)^2}{n}.$$

Damit stimmen die Schätzwerte $\hat{\alpha}$, $\hat{\beta}$, $\widehat{\sigma^2}$ der Normalregression und des Kleinstquadratansatzes (KQ-Schätzung im Vergleich zur ML-Schätzung) überein.

19.3 Der Momenten-Schätzansatz

Die Normalgleichungen (3)-(4) der Normalregression, die man aus dem Maximumlikelihood-Schätzansatz gewinnt, können auch aus einem Momenten-Ansatz bestimmt werden:
Seien die schwachen Annahmen des KQ-Ansatzes gemacht (Verteilungsfreiheit und Existenz der beiden ersten Momente für U) und außerdem die Unkorreliertheit der erklärenden Größe X_t mit der Fehlergröße U_t vorausgesetzt, d.h.

$$E(X_t U_s) = 0 \quad \text{für alle t und s} \quad (t, s = 1,2,...,n).$$

Dann sei die Modellgleichung

$$Y_t = \alpha + \beta X_t + U_t$$

mit X_t durchmultipliziert

$$X_t Y_t = \alpha X_t + \beta X_t X_t + U_t X_t.$$

Zum zweiten summiere man über alle Beobachtungen und ersetze die empirischen Momente durch die theoretischen, d.h. einmal

$$\frac{\sum_{t=1}^{n} Y_t}{n} = \alpha + \beta \frac{\sum_{t=1}^{n} X_t}{n} + \frac{\sum_{t=1}^{n} U_t}{n}$$

(3)''''
$$E(\overline{Y}) = \alpha + \beta E(\overline{X}) + E(\overline{U}),$$
$$\overline{Y} = \alpha + \beta \overline{X},$$

zum anderen:

$$\frac{\sum_{t=1}^{n} X_t Y_t}{n} = \alpha \frac{\sum_{t=1}^{n} X_t}{n} + \beta \frac{\sum_{t=1}^{n} X_t X_t}{n} + \frac{\sum_{t=1}^{n} U_t X_t}{n}$$

(4)''''
$$E(\overline{XY}) = \alpha E(\overline{X}) + \beta E(\overline{XX}) + E(\overline{XU}),$$
$$\overline{XY} = \alpha \overline{X} + \beta \overline{XX}.$$

Damit sind erneut die beiden ersten Normalgleichungen zurückgewonnen.

19.3.1 Bemerkung (Die Berechnung der Schätzwerte):
Die Berechnung der Schätzwerte läßt sich wie folgt zusammenstellen:

$$\hat{\alpha} = \overline{Y} - \hat{\beta}\,\overline{X},$$

$$\hat{\beta} = \frac{\sum_{t=1}^{n} y_t x_t}{\sum x_t^2} = \frac{\overline{YX} - \overline{Y}\,\overline{X}}{\overline{XX} - \overline{X}\,\overline{X}},$$

$$\widehat{\sigma^2} = \sum_{t=1}^{n} \frac{(Y_t - \hat{\alpha} - \hat{\beta}X_t)^2}{n}.$$

19.3.2 Bemerkung (Die Umkehrregression):
Die Vielfalt der möglichen Ableitungen für die Schätzwerte legt die folgende Situation nahe. Anstatt eine stochastische Spezifikation vorzunehmen, insbesondere eine Normalregression anzunehmen, und damit einen Kausalzusammenhang zu behaupten (*X und U bestimmen Y*), wird der lineare Zusammenhang einfach als so *sparsam* wie möglich postuliert (Das ist das Prinzip von *Occam's Razor*) und dann wird folgende Situation möglich, die sogenannte Umkehrregression:

Entweder man macht die Annahmen:

(1) $Y_t = \alpha + \beta X_t + U_t$; $E(U_t) = 0$; $var(U_t) = E(U_t^2) = \sigma^2$; $E(U_t U_s) = 0,\ t \neq s$;

- das ist das bisherige Vorgehen-

oder

(2) $X_t = a + b\,Y_t + V_t$; $E(V_t) = 0$; $var(V_t) = E(V_t^2) = \rho^2$; $E(V_t V_s) = 0,\ t \neq s.$

Mit der Schreibweise der Abweichungen vom Mittel

$$x_t := X_t - \overline{X},\quad y_t := Y_t - \overline{Y}$$

sowie der Vektorschreibweise

$$x' = (x_1, x_2, \ldots, x_n),\quad y' = (y_1, y_2, \ldots, y_n),\quad U' = (U_1, U_2, \ldots, U_n)$$

und den Definitionen für die geschätzten Werte sowie die Schätzfehler

$$\hat{y} := \hat{\beta}x,\quad \hat{x} := \hat{\beta}y,\quad e := \hat{y} - y,\quad d := \hat{x} - x$$

folgen für die Regression:

$$\hat{\beta} = \frac{y'x}{x'x},\quad \hat{\alpha} = \overline{Y} - \hat{\beta}\,\overline{X},\quad \widehat{\sigma^2} = \frac{e'e}{n}$$

und für die Umkehrregression:

$$\hat{b} = \frac{x'y}{y'y},\quad \hat{a} = \overline{X} - \hat{b}\,\overline{Y},\quad \widehat{\rho^2} = \frac{d'd}{n}$$

19.3.3 Beispiel:

Da die Regression eine der Haupttechniken der Statistik überhaupt ist, sind in der Anwendung Rechnungen per Hand wohl die Ausnahme. Regressionsprogramme sind Standardbestandteil jedes Großrechners und auch für alle PCs vorhanden.

Sei folgende Stichprobe vorgelegt: $\{(Y_t, X_t)\}$, t=1,2,3,4.
$\{(60,10),(75,20),(85,30),(100,40)\}$

Damit folgen für die Regression:

$$\hat{\beta} = \frac{y'x}{x'x} = \frac{650}{500} = 1.3\,;\quad \hat{\alpha} = \bar{Y} - \hat{\beta}\bar{X} = 80 - 1.3 \cdot 25 = 47.5\,;\quad \widehat{\sigma^2} = \frac{e'e}{n} = \frac{5}{4} = 1.25$$

und für die Umkehrregression:

$$\hat{b} = \frac{x'y}{y'y} = \frac{650}{850} = 0.765\,;\quad \hat{a} = \bar{X} - \hat{b}\bar{Y} = 25 - 0.765 \cdot 80 = -36.2;\quad \widehat{\rho^2} = \frac{d'd}{n} = \frac{3.06}{4} = 0.765\,.$$

19.4 Eigenschaften der Schätzwerte

Die wichtigste Aussage zur Beurteilung der Schätzwerte bei der linearen Regression ist der berühmte Satz von Gauß-Markov.

19.4.1 Satz von Gauß-Markov

Die Schätzwerte $\hat{\alpha}$ und $\hat{\beta}$ sind **b**estens, **l**inear und **u**nverzerrt (BLU).

Beweis:

Beim Beweis beschränken wir uns nur auf den Parameter β.

Eigenschaft 1. Die Linearität des Schätzwerts $\hat{\beta}$

$\hat{\beta}$ ist eine lineare Funktion der Beobachtungen Y, d.h.

$$\hat{\beta} = \frac{\sum_{i=1}^{n} x_i y_i}{\sum_{i=1}^{n} x_i^2} = \frac{\sum_{i=1}^{n} x_i Y_i}{\sum_{i=1}^{n} x_i^2} - \frac{\bar{Y}\sum_{i=1}^{n} x_i}{\sum_{i=1}^{n} x_i^2}$$

$$= \frac{\sum_{i=1}^{n} x_i Y_i}{\sum_{i=1}^{n} x_i^2},\quad \text{da } \sum_{i=1}^{n} x_i = 0$$

$$= \sum_{i=1}^{n} w_i x_i\,,\quad \text{mit } w_i = \frac{x_i}{\sum_{i=1}^{n} x_i^2}\,.$$

Dabei sind:

$$\sum_{i=1}^{n} w_i = 0\,,\ \text{da}\ \sum_{i=1}^{n} x_i = 0\,,\ \sum_{i=1}^{n} w_i^2 = \frac{1}{\sum_{i=1}^{n} x_i^2}\,,\ \sum_{i=1}^{n} w_i x_i = 1\,,\ \sum_{i=1}^{n} w_i X_i = 1.$$

Mit Einsetzen von $Y_i = \alpha + \beta X_i$ folgt die Linearität:

$$\hat{\beta} = \alpha \sum_{i=1}^{n} w_i + \beta \sum_{i=1}^{n} w_i X_i + \sum_{i=1}^{n} w_i U_i = \beta + \sum_{i=1}^{n} U_i w_i\,,$$

d.h. der Schätzwert $\hat{\beta}$ ist nicht nur eine lineare Funktion der Y_i, sondern auch der U_i.

Eigenschaft 2. Die Erwartungstreue von $\hat{\beta}$.

$$E(\hat{\beta}) = \beta + E(\sum_{i=1}^{n} w_i U_i) = \beta + \sum_{i=1}^{n} w_i\, E(U_i) = \beta.$$

Eigenschaft 3. Der Schätzwert $\hat{\beta}$ besitzt die kleinste Varianz.

$$\operatorname{var}(\hat{\beta}) = E\{[\hat{\beta} - E(\hat{\beta})]^2\} = E\{[\hat{\beta} - \beta]^2\} = E\{\sum_{i=1}^{n} w_i U_i\}^2$$

$$\begin{aligned} = E(w_1^2 U_1^2 &+ w_1 w_2 U_1 U_2 + \dots + w_1 w_n U_1 U_n + \\ &+ w_2 w_1 U_2 U_1 + w_2^2 U_2^2 + \dots + w_2 w_n U_2 U_n + \\ &\ \vdots \\ &+ w_n w_1 U_n U_1 + w_n w_2 U_n U_2 + \dots + w_n^2 U_n^2) \end{aligned}$$

$$= \sum_{i=1}^{n} w_i^2 U_i^2 = \sum_{i=1}^{n} w_i^2\, E(U_i^2) = \sigma^2 \sum_{i=1}^{n} w_i^2.$$

Man definiert einen beliebigen linearen Schätzwert $\tilde{\beta}$, der von $\hat{\beta}$ so abweicht, daß die Gewichte w_i durch eine Größe d_i *korrigiert* werden.

$$\tilde{\beta} = \sum_{i=1}^{n} (w_i + d_i)\, Y_i = \sum_{i=1}^{n} c_i Y_i, \quad \text{mit}\ c_i = w_i + d_i.$$

Damit $\tilde{\beta}$ erwartungstreu bleibt, muß gelten:

$$E(\tilde{\beta}) = E\{\sum_{i=1}^{n} c_i (\alpha + \beta X_i + U_i)\} = \alpha \sum_{i=1}^{n} c_i + \beta \sum_{i=1}^{n} c_i X_i + \sum_{i=1}^{n} c_i E(U_i)$$

$$= \alpha \sum_{i=1}^{n} c_i + \beta \sum_{i=1}^{n} c_i X_i = \beta.$$

D.h. es muß gelten

$$\sum_{i=1}^{n} c_i = 0 \quad \text{und} \quad \sum_{i=1}^{n} c_i X_i = 1.$$

Damit folgt aus den Eigenschaften der Gewichte w_i

$$\sum_{i=1}^{n} d_i = 0 \quad \text{und} \quad \sum_{i=1}^{n} d_i X_i = 1$$

und aus der Definition von x_i:

$$\sum_{i=1}^{n} d_i X_i = \sum_{i=1}^{n} d_i (x_i + \overline{X}) = \sum_{i=1}^{n} d_i x_i + \overline{X} \sum_{i=1}^{n} d_i = \sum_{i=1}^{n} d_i x_i .$$

Für die Varianz von $\tilde{\beta}$ ergibt sich:

$$\operatorname{var}(\tilde{\beta}) = E\{[\tilde{\beta} - E(\tilde{\beta})]^2\}$$

$$= E\{[\tilde{\beta} - \beta]^2\}, \quad \text{wegen der Unverzerrtheit}$$

$$= E\,[\sum_{i=1}^{n} c_i U_i]^2, \quad \text{wegen der Linearität}$$

$$= E\{[\sum_{i=1}^{n} (w_i + d_i) U_i]^2\} = E\{[\sum_{i=1}^{n} w_i U_i + \sum_{i=1}^{n} d_i U_i]^2\}, \quad \text{wegen } c_i = w_i + d_i .$$

Daraus folgt, indem wie für die Varianz für $\hat{\beta}$ der Erwartungswertoperator auf die einzelnen Summanden angewandt wird, mit den Annahmen

$E(U_i) = 0,$

$E(U_i U_j) = 0$, falls $i \neq j$,

$E(U_i U_j) = \sigma^2$, falls $i = j$

das Ergebnis:

$$E\{[\sum_{i=1}^{n} w_i U_i + \sum_{i=1}^{n} d_i U_i]^2\} = \sigma^2 \sum_{i=1}^{n} w_i^2 + \sigma^2 \sum_{i=1}^{n} d_i^2 = \operatorname{var}(\hat{\beta}) + \sigma^2 \sum_{i=1}^{n} d_i^2. \qquad \blacksquare$$

19.4.2 Satz (Verzerrtheit des Varianzschätzers)

Der ML-Schätzer für die Varianz σ^2 ist nicht erwartungstreu.

Beweis:

$$\widehat{\sigma^2} = \frac{1}{n}\sum_{i=1}^{n}(Y_i - \hat{\alpha} - \hat{\beta}X_i)^2$$

Sei

$$V_i = Y_i - \widehat{Y_i} = Y_i - \hat{\alpha} - \hat{\beta}X_i \quad \text{und}$$

$$Y_i = \alpha + \beta X_i + U_i, \quad U_i \sim \mathcal{N}(0, \sigma^2) \quad \text{und folglich}$$

(1) $$V_i = \alpha - \hat{\alpha} + (\beta - \hat{\beta})X_i + U_i$$

Aus den Gleichungen

$$\overline{Y} = \alpha + \beta\overline{X} + \overline{U} \quad \text{und}$$

$$\hat{\alpha} = \overline{Y} - \hat{\beta}\overline{X} \quad \text{erhält man:}$$

$$\alpha - \hat{\alpha} = -(\beta - \hat{\beta})\overline{X} - \overline{U}.$$

Eingesetzt in die Formel (1) für V_i erhält man:

$$V_i = (\beta - \hat{\beta})(X_i - \overline{X}) + U_i - \overline{U} \quad \text{und}$$

$$V_i^2 = (\beta - \hat{\beta})^2(X_i - \overline{X})^2 + (U_i - \overline{U})^2 + 2(\beta - \hat{\beta})(X_i - \overline{X})(U_i - \overline{U}),$$

$$\sum_{i=1}^{n} V_i^2 = (\beta - \hat{\beta})^2\sum_{i=1}^{n}(X_i - \overline{X})^2 + \sum_{i=1}^{n}(U_i - \overline{U})^2 + 2(\beta - \hat{\beta})\sum_{i=1}^{n}(X_i - \overline{X})(U_i - \overline{U})$$

$$= (\beta - \hat{\beta})^2\sum_{i=1}^{n}(X_i - \overline{X})^2 + \sum_{i=1}^{n}(U_i - \overline{U})^2 + 2(\beta - \hat{\beta})\Big[\sum_{i=1}^{n}U_i(X_i - \overline{X}) - \sum_{i=1}^{n}\overline{U}(X_i - \overline{X})\Big].$$

Wegen $\sum_{i=1}^{n}U_i(X_i - \overline{X}) = -(\beta - \hat{\beta})\sum_{i=1}^{n}(X_i - \overline{X})^2$ und $\sum_{i=1}^{n}\overline{U}(X_i - \overline{X}) = 0$ erhält man

$$\sum_{i=1}^{n} V_i^2 = (\beta - \hat{\beta})^2\sum_{i=1}^{n}(X_i - \overline{X})^2 + \sum_{i=1}^{n}(U_i - \overline{U})^2 - 2(\beta - \hat{\beta})^2\sum_{i=1}^{n}(X_i - \overline{X})^2$$

$$= \sum_{i=1}^{n}(U_i - \overline{U})^2 - (\beta - \hat{\beta})^2\sum_{i=1}^{n}(X_i - \overline{X})^2 = \widehat{\sigma^2}.$$

Bildet man hiervon den Erwartungswert (um die Unverzerrtheit zu überprüfen), dann erhält man:

$$
\begin{aligned}
E(\widehat{\sigma_U^2}) &= E(\sum V_i^2) = \sum E(U_i - \overline{U})^2 - E[(\beta - \hat{\beta})2\sum(X_i - \overline{X})^2] \\
&= \sum E(U_i^2) + \sum E(\overline{U}^2) - 2\sum E(U_i\,\overline{U}) - \sigma^2 \\
&= n\sigma^2 + nE(\overline{U}^2) - \frac{2}{n}\sum E(U_i^2 + \sum_{i \neq j} U_i U_j) - \sigma^2 \\
&= n\sigma^2 + nE[\frac{1}{n^2}\sum(U_i^2 + \sum_{i \neq j} U_i U_j)] - \frac{2}{n}\sum[E(U_i^2) - \sum_{i \neq j} E(U_i U_j)] - \sigma^2 \\
&= n\sigma^2 - \frac{1}{n}\sum[E(U_i^2) - \sum_{i \neq j} E(U_i U_j)] - \sigma^2 \\
&= n\sigma^2 - \frac{1}{n}n\sigma^2 - 0 - \sigma^2 = (n-2)\sigma^2,
\end{aligned}
$$

und ein unverzerrter Schätzer für σ^2 ist dann offensichtlich:

$$
\tilde{\sigma}^2 = \frac{1}{n-2}\sum_{i=1}^{n} V_i^2 = \frac{1}{n-2}\sum_{i=1}^{n}(Y_i - \hat{\alpha} - \hat{\beta}X_i)^2.
$$

■

19.5 Die Verteilung der Schätzwerte und Teststatistiken

Über den Satz von Gauß-Markov hinaus gelten für die Schätzwerte die folgenden Ergebnisse:

$$
\hat{\alpha} \sim \mathcal{N}(\alpha, \frac{\sigma^2 \sum X_i^2}{n \sum x_i^2}), \quad \hat{\beta} \sim \mathcal{N}(\beta, \frac{\sigma^2}{\sum x_i^2}).
$$

Da σ^2 unbekannt ist, erhält man ähnlich wie oben in Kapitel 17 durch Ersetzung der unbekannten Varianz durch ihren erwartungstreuen Schätzer zwei t-Verteilungen mit n-2 Freiheitsgraden sowie eine χ^2-Verteilung:

$$
t(\alpha) := (\hat{\alpha} - \alpha)\frac{\sqrt{n\sum x_i^2}}{\hat{\sigma}\sqrt{\sum X_i^2}} \sim t_{n-2},
$$

$$
t(\beta) := (\hat{\beta} - \beta)\frac{\sqrt{\sum x_i^2}}{\hat{\sigma}} \sim t_{n-2},
$$

$$
z := \sum_{i=1}^{n} \frac{e_i^2}{\sigma^2}; \quad e_i := Y_i - \hat{\alpha} - \hat{\beta}X_i \quad \text{oder } e_i := y_i - \hat{\beta}x_i, \quad z \sim \chi^2_{n-2}.
$$

19.6 Symmetrische Konfidenzintervalle zum Konfidenzniveau 1-ε

Mit den Verteilungen der Schätzwerte erhält man folgende Konfidenzintervalle und Teststatistiken für die Schätzer von α, β und σ^2:

19.6.1 Konfidenzintervall für α:

$$\hat{\alpha} \pm t_{\varepsilon/2}\hat{\sigma}\frac{\sqrt{\sum x_t^2}}{\sqrt{n\sum x_t^2}} = \left[\hat{\alpha} + t_{\frac{\varepsilon}{2}}\frac{\hat{\sigma}\sqrt{\sum_{i=1}^{n} x_i^2}}{\sqrt{n\sum_{i=1}^{n} x_i^2}}, \hat{\alpha} - t_{\frac{\varepsilon}{2}}\frac{\hat{\sigma}\sqrt{\sum_{i=1}^{n} x_i^2}}{\sqrt{n\sum_{i=1}^{n} x_i^2}}\right]$$

19.6.2 Konfidenzintervall für β:

$$\hat{\beta} \pm t_{\varepsilon/2}\frac{\hat{\sigma}}{\sqrt{n\sum x_t^2}} = \left[\hat{\beta} + t_{\frac{\varepsilon}{2}}\frac{\hat{\sigma}}{\sqrt{\sum_{i=1}^{n} x_i^2}}, \hat{\beta} - t_{\frac{\varepsilon}{2}}\frac{\hat{\sigma}}{\sqrt{\sum_{i=1}^{n} x_i^2}}\right]$$

19.6.3 Konfidenzintervall für σ^2:

$$\left[\frac{\widehat{\sigma^2}(n-2)}{\chi^2_{n-2,1-\varepsilon/2}}, \frac{\widehat{\sigma^2}(n-2)}{\chi^2_{n-2,\varepsilon/2}}\right]$$

19.7 Tests für α, β, σ^2

Mit den Teststatistiken aus 19.6 und der Fehlerwahrscheinlichkeit 1. Art ε erhält man die folgenden Entscheidungsregeln:

19.7.1 Symmetrische Tests

$$H_0 : \alpha = \alpha_0, \quad H_1 : \alpha \neq \alpha_0$$
$$H_0 : \beta = \beta_0, \quad H_1 : \beta \neq \beta_0$$
$$H_0 : \sigma^2 = \sigma^2_0, \quad H_1 : \sigma^2 \neq \sigma^2_0$$

Annahmebereiche:

$$P_{H_0}[-t_{n-2,1-\frac{\varepsilon}{2}} \leq t(\alpha) \leq t_{n-2,1-\frac{\varepsilon}{2}}] = 1 - \varepsilon$$

$$P_{H_0}[-t_{n-2,1-\frac{\varepsilon}{2}} \leq t(\beta) \leq t_{n-2,1-\frac{\varepsilon}{2}}] = 1 - \varepsilon$$

$$P_{H_0}[\chi^2_{n-2,\frac{\varepsilon}{2}} \leq \frac{(n-2)\hat{\sigma}^2}{\sigma^2} \leq \chi^2_{n-2,1-\frac{\varepsilon}{2}}] = 1 - \varepsilon$$

Das Schema ist jeweils: Tafelwert 1 $\leq$ Statistik $\leq$ Tafelwert 2.

19.7.2 Einseitige Tests

$$H_o : \alpha \geq \alpha_o, \quad H_a : \alpha < \alpha_o$$
$$H_o : \beta \geq \beta_o, \quad H_a : \beta < \beta_o$$
$$H_o : \sigma^2 \geq \sigma^2_o, \quad H_a : \sigma^2 < \sigma^2_o$$

bzw.

$$H_o : \alpha \leq \alpha_o, \quad H_a : \alpha > \alpha_o$$
$$H_o : \beta \leq \beta_o, \quad H_a : \beta > \beta_o$$
$$H_o : \sigma^2 \leq \sigma^2_o, \quad H_a : \sigma^2 > \sigma^2_o$$

Annahmebereiche:

$$P_{H_o}[t_{n-2,\varepsilon} \leq t(\alpha)] = 1 - \varepsilon$$
$$P_{H_o}[t_{n-2,\varepsilon} \leq t(\beta)] = 1 - \varepsilon$$
$$P_{H_o}[\chi^2_{n-2,\varepsilon} \leq \frac{(n-2)\widehat{\sigma}^2}{\sigma^2}] = 1 - \varepsilon$$

bzw.

$$P_{H_o}[t_{n-2,1-\varepsilon} \leq t(\alpha)] = 1 - \varepsilon$$
$$P_{H_o}[t_{n-2,1-\varepsilon} \leq t(\beta)] = 1 - \varepsilon$$
$$P_{H_o}[\chi^2_{n-2,1-\varepsilon} \leq \frac{(n-2)\widehat{\sigma}^2}{\sigma^2}] = 1 - \varepsilon$$

Das Schema ist jeweils: Tafelwert $\leq$ Statistik.

19.8 Aufgaben

Aufgabe 19.8.1

Bestimmen Sie numerisch die Schätzwerte $\hat{\alpha}$, $\hat{\beta}$ und $\widehat{\sigma^2}$ für die folgenden Beobachtungen:

$$y = \begin{pmatrix} 7 \\ 8 \\ 9 \end{pmatrix}, \quad X = \begin{pmatrix} 1\,1 \\ 1\,2 \\ 1\,3 \end{pmatrix}$$

Aufgabe 19.8.2

Eine weitere Verallgemeinerung des linearen Modells: Falls im ursprünglichen Modell statt einer Konstanten eine beliebige Variable steht (die Konstante ist eine *Variable* mit dem Wert =1 für alle t), kann das zugehörige Schätzproblem in entsprechender Weise gelöst werden. D.h. für

(1) $$Y_t = \alpha X_{1t} + \beta X_{2t} + u_t, \quad u_t \sim \mathcal{N}(0,\sigma^2) \quad (t=1,2,\ldots,n)$$

$$u_t = Y_t - \alpha X_{1t} - \beta X_{2t}$$

kann eine Likelihoodfunktion aufgestellt werden und dann können α und β und σ^2 bestimmt werden (Die Konstante wird durch eine beliebige Variable ausgetauscht).

D.h. schätzen Sie die Parameter der Gleichung für die Zahlen:

$$y = \begin{pmatrix} 7 \\ 8 \\ 9 \end{pmatrix}, \quad X = \begin{pmatrix} 1\,4 \\ 2\,5 \\ 3\,6 \end{pmatrix}$$

und

$$y = \begin{pmatrix} 1 \\ 1 \\ 1 \end{pmatrix}, \quad X = \begin{pmatrix} 1\,2 \\ 3\,4 \\ 5\,6 \end{pmatrix}$$

(1)′ $$y_t = \alpha X_{1t} + \beta X_{2t} + u_t, \quad t=1,2,\ldots,n, \quad n=3$$

Aufgabe 19.8.3

Bestimmen Sie für die Zahlen der Aufgabe 1 die drei Schätzwerte $\hat{\alpha}$, $\hat{\beta}$ und $\widehat{\sigma^2}$ der Umkehrregression!

Aufgabe 19.8.4

Für eine Prognose im linearen Modell wird die exogene Größe X_T vorgegeben?
Welche Eigenschaften hat der Prognosewert y_T?

$$y_T = \alpha + \beta X_T + u_T$$

Tatsächlich sind α und β unbekannt, und für die Prognose sind die Schätzwerte $\hat{\alpha}$, $\hat{\beta}$ zu benutzen

$$\widehat{y_T} = \hat{\alpha} + \hat{\beta} X_T$$

Damit folgen für Erwartungswert und Varianz

$$E(\widehat{y_T}) = E(\hat{\alpha} + \hat{\beta} X_T) = \alpha + \beta X_T$$

$$\operatorname{var}(\widehat{y_T}) = E[\widehat{y_T} - E(\hat{\alpha} + \hat{\beta} X_T)]^2 = E[(\hat{\alpha} - \alpha) + (\hat{\beta} - \beta) X_T]^2$$

$$= E[(\hat{\alpha} - \alpha)^2 + E[(\hat{\beta} - \beta)^2 X_T^2] + 2E[(\hat{\alpha} - \alpha)(\hat{\beta} - \beta) X_T]$$

$$= \operatorname{var}(\hat{\alpha}) + \operatorname{var}(\hat{\beta}) X_T^2 + 2\operatorname{cov}(\hat{\alpha}, \hat{\beta}) X_T$$

Aufgabe 19.8.5
Eine besonders interessante Anwendung der Kleinsten Quadrate ist die Schätzung der Parameter der Pareto-Verteilung, für die in Kapitel 16 der Maximumlikelihood- und der Momenten-Schätzansatz vorgeführt wurde.
Ein dem Momenten-Schätzer äquivalenter Ansatz ist, die empirische Verteilung mit der theoretischen gleichzusetzen [siehe dazu für die Pareto-Verteilung Schlittgen 1990, 206-7], d.h. es wird die folgende Beziehung analysiert:

$$\widehat{F}(x_i) := 1 - \left(\frac{b}{x_i}\right)^a$$

bzw nach Logarithmieren einer Umformulierung mit Hinzufügen eines multiplikativen Fehlers, d.h.

$$1 - \widehat{F}(x_i) = \left(\frac{b}{x_i}\right)^a e^{U_i}$$

$$y_i := \ln[1 - \widehat{F}(x_i)] = a \ln b - a \ln x_i + U_i$$

woraus in einem Kleinstquadratansatz sowohl für a als auch für b eindeutige Schätzwerte bestimmt werden können:

$$y_i = \beta_1 + \beta_2 \ln x_i + u_i$$

Mit den Schätzwerten $\widehat{\beta}_1$ und $\widehat{\beta}_2$ können dann die benötigten Schätzwerte für a und b bestimmt werden:

$$\widehat{a} := -\widehat{\beta}_2, \quad \widehat{b} := \exp\left(\frac{\widehat{\beta}_1}{-\widehat{\beta}_2}\right)$$

Ein vereinfachtes Verfahren ergibt sich, wenn einer der beiden Parameter bekannt ist.

Literatur

Bamberg G., Baur F., Statistik, 6. Auflage, R.Oldenbourg Verlag, München-Wien,1989

Bickel P., Doksum K., Mathematical Statistics, Basic ideas and selected topics, Holden-Day, Oakland/California, 1977

Bomsdorf E., Induktive Statistik, eine Einführung, Verlag Josef Eul, Bergisch Gladbach, Köln, 4.Auflage, 1989

Dillman R., Statistik I, Grundlagen der Wahrscheinlichkeitstheorie, Physica-Verlag, Heidelberg, 1990

Feller W., Introduction into Probability Theory, Wiley, New York, 1957

Ferguson T., Mathematical Statistics, A decision theoretic approach, 2nd edition, Academic Print, New York, 1967

Fisz M., Wahrscheinlichkeitsrechnung und mathematische Statistik, Deutscher Verlag der Wissenschaften, Berlin, 1973.

Hessenfeld E., Schönhals D., Statistik mit Einführung in die Wahrscheinlichkeitslehre, Vogel-Verlag 1981

Hochstädter D., Einführung in die statistische Methodenlehre, Verlag Peter Lang, Frankfurt am Main, Bern, 4.Auflage, 1982

Kendall M., The advanced theory of statistics (3.vols.), 4th edition, New York, Macmillan, 1977

Kreyszig E., Statistische Methoden und ihre Anwendungen, Vandenhoeck&Ruprecht, Göttingen, 7. Auflage,1979, Nachdruck 1982, Abschnitt 73

Luce R.D.,Raiffa H., Games and Decisions, Wiley, New York, 1958, 276

Mood A.M., Graybill F.A., Introduction to the Theory of Statistics, 2nd edition, McGraw Hill, New York 1963

Moore D.S., McCabe G.P., Introduction to the Practice of Statistics, Freeman, New York, 1989

Pokropp F., Einführung in die Statistik, Vandenhoeck&Ruprecht, Göttingen, 1977

Ross S.M., Introduction to Probablity Models, 4th edition, Academic Press, Boston, 1989

Sandblom C.G., Elementary Statistics for Business and Economics deGruyter, Berlin New York, 1983

Schlittgen R., Einführung in die Statistik, Analyse und Modellierung von Daten, 2.Aufl., R.Oldenbourg Verlag, München-Wien, 1990

Schönfeld P., Methoden der Ökonometrie, Vahlen, Berlin, 1969

Shahani A.K.,Nandi P.K., Statistics 1, George Allen & Unwin, London, 1973

Statistische Jahrbücher für die Bundesrepublik Deutschland, 1976-1985)

Studentenfachbereich WOW der Universität der Bundeswehr Hamburg, Info 15.10.1990, S.4 (mit Korrektur eines Summenfehlers)

Vogel F., Beschreibende und schließende Statistik, Aufgaben und Beispiele, R.Oldenbourg Verlag, München-Wien, 1985

Tafel 1

Die Binomial-Zähldichte für n = 1										
k\p	.05	.10	.15	.20	.25	.30	.35	.40	.45	.50
0	.9500	.9000	.8500	.8000	.7500	.7000	.6500	.6000	.5500	.5000
1	.0500	.1000	.1500	.2000	.2500	.3000	.3500	.4000	.4500	.5000

Die Binomial-Verteilung für n = 1										
k\p	.05	.10	.15	.20	.25	.30	.35	.40	.45	.50
0	.9500	.9000	.8500	.8000	.7500	.7000	.6500	.6000	.5500	.5000
1	1.000	1.000	1.000	1.000	1.000	1.000	1.000	1.000	1.000	1.000

Die Binomial-Zähldichte für n = 2										
k\p	.05	.10	.15	.20	.25	.30	.35	.40	.45	.50
0	.9025	.8100	.7225	.6400	.5625	.4900	.4225	.3600	.3025	.2500
1	.0950	.1800	.2550	.3200	.3750	.4200	.4550	.4800	.4950	.5000
2	.0025	.0100	.0225	.0400	.0625	.0900	.1225	.1600	.2025	.2500

Die Binomial-Verteilung für n = 2										
k\p	.05	.10	.15	.20	.25	.30	.35	.40	.45	.50
0	.9025	.8100	.7225	.6400	.5625	.4900	.4225	.3600	.3025	.2500
1	.9975	.9900	.9775	.9600	.9375	.9100	.8775	.8400	.7975	.7500
2	1.000	1.000	1.000	1.000	1.000	1.000	1.000	1.000	1.000	1.000

Die Binomial-Zähldichte für n = 3										
k\p	.05	.10	.15	.20	.25	.30	.35	.40	.45	.50
0	.8574	.7290	.6141	.5120	.4219	.3430	.2746	.2160	.1664	.1250
1	.1354	.2430	.3251	.3840	.4219	.4410	.4436	.4320	.4084	.3750
2	.0071	.0270	.0574	.0960	.1406	.1890	.2389	.2880	.3341	.3750
3	.0001	.0010	.0034	.0080	.0156	.0270	.0429	.0640	.0911	.1250

Die Binomial-Verteilung für n = 3										
k\p	.05	.10	.15	.20	.25	.30	.35	.40	.45	.50
0	.8574	.7290	.6141	.5120	.4219	.3430	.2746	.2160	.1664	.1250
1	.9927	.9720	.9393	.8960	.8438	.7840	.7182	.6480	.5747	.5000
2	.9999	.9990	.9966	.9920	.9844	.9730	.9571	.9360	.9089	.8750
3	1.000	1.000	1.000	1.000	1.000	1.000	1.000	1.000	1.000	1.000

Die Binomial-Zähldichte für n = 4

k\p	.05	.10	.15	.20	.25	.30	.35	.40	.45	.50
0	.8145	.6561	.5220	.4096	.3164	.2401	.1785	.1296	.0915	.0625
1	.1715	.2916	.3685	.4096	.4219	.4116	.3845	.3456	.2995	.2500
2	.0135	.0486	.0975	.1536	.2109	.2646	.3105	.3456	.3675	.3750
3	.0005	.0036	.0115	.0256	.0469	.0756	.1115	.1536	.2005	.2500
4		.0001	.0005	.0016	.0039	.0081	.0150	.0256	.0410	.0625

Die Binomial-Verteilung für n = 4

k\p	.05	.10	.15	.20	.25	.30	.35	.40	.45	.50
0	.8145	.6561	.5220	.4096	.3164	.2401	.1785	.1296	.0915	.0625
1	.9860	.9477	.8905	.8192	.7383	.6517	.5630	.4752	.3910	.3125
2	.9995	.9963	.9880	.9728	.9492	.9163	.8735	.8208	.7585	.6875
3	1.000	.9999	.9995	.9984	.9961	.9919	.9850	.9744	.9590	.9375
4		1.000	1.000	1.000	1.000	1.000	1.000	1.000	1.000	1.000

Die Binomial-Zähldichte für n = 5

k\p	.05	.10	.15	.20	.25	.30	.35	.40	.45	.50
0	.7738	.5905	.4437	.3277	.2373	.1681	.1160	.0778	.0503	.0312
1	.2036	.3280	.3915	.4096	.3955	.3602	.3124	.2592	.2059	.1562
2	.0214	.0729	.1382	.2048	.2637	.3087	.3364	.3456	.3369	.3125
3	.0011	.0081	.0244	.0512	.0879	.1323	.1811	.2304	.2757	.3125
4		.0004	.0022	.0064	.0146	.0283	.0488	.0768	.1128	.1562
5			.0001	.0003	.0010	.0024	.0053	.0102	.0185	.0313

Die Binomial-Verteilung für n = 5

k\p	.05	.10	.15	.20	.25	.30	.35	.40	.45	.50
0	.7738	.5905	.4437	.3277	.2373	.1681	.1160	.0778	.0503	.0312
1	.9774	.9185	.8352	.7373	.6328	.5282	.4284	.3370	.2562	.1875
2	.9988	.9914	.9734	.9421	.8965	.8369	.7648	.6826	.5931	.5000
3	1.000	.9995	.9978	.9933	.9844	.9692	.9460	.9130	.8688	.8125
4		1.000	.9999	.9997	.9990	.9976	.9947	.9898	.9815	.9687
5			1.000	1.000	1.000	1.000	1.000	1.000	1.000	1.000

Die Binomial-Zähldichte für n = 6

k\p	.05	.10	.15	.20	.25	.30	.35	.40	.45	.50
0	.7351	.5314	.3771	.2621	.1780	.1176	.0754	.0467	.0277	.0156
1	.2321	.3543	.3993	.3932	.3560	.3025	.2437	.1866	.1359	.0937
2	.0305	.0984	.1762	.2458	.2966	.3241	.3280	.3110	.2780	.2344
3	.0021	.0146	.0415	.0819	.1318	.1852	.2355	.2765	.3032	.3125
4	.0001	.0012	.0055	.0154	.0330	.0595	.0951	.1382	.1861	.2344
5		.0001	.0004	.0015	.0044	.0102	.0205	.0369	.0609	.0938
6				.0001	.0002	.0007	.0018	.0041	.0083	.0156

Die Binomial-Verteilung für n = 6

k\p	.05	.10	.15	.20	.25	.30	.35	.40	.45	.50
0	.7351	.5314	.3771	.2621	.1780	.1176	.0754	.0467	.0277	.0156
1	.9672	.8857	.7765	.6554	.5339	.4202	.3191	.2333	.1636	.1094
2	.9978	.9841	.9527	.9011	.8306	.7443	.6471	.5443	.4415	.3437
3	.9999	.9987	.9941	.9830	.9624	.9295	.8826	.8208	.7447	.6562
4	1.000	.9999	.9996	.9984	.9954	.9891	.9777	.9590	.9308	.8906
5		1.000	1.000	.9999	.9998	.9993	.9982	.9959	.9917	.9844
6				1.000	1.000	1.000	1.000	1.000	1.000	1.000

Die Binomial-Zähldichte für n = 7

k\p	.05	.10	.15	.20	.25	.30	.35	.40	.45	.50
0	.6983	.4783	.3206	.2097	.1335	.0824	.0490	.0280	.0152	.0078
1	.2573	.3720	.3960	.3670	.3115	.2471	.1848	.1306	.0872	.0547
2	.0406	.1240	.2097	.2753	.3115	.3177	.2985	.2613	.2140	.1641
3	.0036	.0230	.0617	.1147	.1730	.2269	.2679	.2903	.2918	.2734
4	.0002	.0026	.0109	.0287	.0577	.0972	.1442	.1935	.2388	.2734
5		.0002	.0012	.0043	.0115	.0250	.0466	.0774	.1172	.1641
6			.0001	.0004	.0013	.0036	.0084	.0172	.0320	.0547
7					.0001	.0002	.0006	.0016	.0037	.0078

Die Binomial-Verteilung für n = 7

k\p	.05	.10	.15	.20	.25	.30	.35	.40	.45	.50
0	.6983	.4783	.3206	.2097	.1335	.0824	.0490	.0280	.0152	.0078
1	.9556	.8503	.7166	.5767	.4449	.3294	.2338	.1586	.1024	.0625
2	.9962	.9743	.9262	.8520	.7564	.6471	.5323	.4199	.3164	.2266
3	.9998	.9973	.9879	.9667	.9294	.8740	.8002	.7102	.6083	.5000
4	1.000	.9998	.9988	.9953	.9871	.9712	.9444	.9037	.8471	.7734
5		1.000	.9999	.9996	.9987	.9962	.9910	.9812	.9643	.9375
6			1.000	1.000	.9999	.9998	.9994	.9984	.9963	.9922
7					1.000	1.000	1.000	1.000	1.000	1.000

Die Binomial-Zähldichte für n = 8

k\p	.05	.10	.15	.20	.25	.30	.35	.40	.45	.50
0	.6634	.4305	.2725	.1678	.1001	.0576	.0319	.0168	.0084	.0039
1	.2793	.3826	.3847	.3355	.2670	.1977	.1373	.0896	.0548	.0312
2	.0515	.1488	.2376	.2936	.3115	.2965	.2587	.2090	.1569	.1094
3	.0054	.0331	.0839	.1468	.2076	.2541	.2786	.2787	.2568	.2187
4	.0004	.0046	.0185	.0459	.0865	.1361	.1875	.2322	.2627	.2734
5		.0004	.0026	.0092	.0231	.0467	.0808	.1239	.1719	.2187
6			.0002	.0011	.0038	.0100	.0217	.0413	.0703	.1094
7				.0001	.0004	.0012	.0033	.0079	.0164	.0313
8						.0001	.0002	.0007	.0017	.0039

Die Binomial-Verteilung für n = 8

k\p	.05	.10	.15	.20	.25	.30	.35	.40	.45	.50
0	.6634	.4305	.2725	.1678	.1001	.0576	.0319	.0168	.0084	.0039
1	.9428	.8131	.6572	.5033	.3671	.2553	.1691	.1064	.0632	.0352
2	.9942	.9619	.8948	.7969	.6785	.5518	.4278	.3154	.2201	.1445
3	.9996	.9950	.9786	.9437	.8862	.8059	.7064	.5941	.4770	.3633
4	1.000	.9996	.9971	.9896	.9727	.9420	.8939	.8263	.7396	.6367
5		1.000	.9998	.9988	.9958	.9887	.9747	.9502	.9115	.8555
6			1.000	.9999	.9996	.9987	.9964	.9915	.9819	.9648
7				1.000	1.000	.9999	.9998	.9993	.9983	.9961
8						1.000	1.000	1.000	1.000	1.000

Die Binomial-Zähldichte für n = 9										
k\p	.05	.10	.15	.20	.25	.30	.35	.40	.45	.50
0	.6302	.3874	.2316	.1342	.0751	.0404	.0207	.0101	.0046	.0020
1	.2985	.3874	.3679	.3020	.2253	.1556	.1004	.0605	.0339	.0176
2	.0629	.1722	.2597	.3020	.3003	.2668	.2162	.1612	.1110	.0703
3	.0077	.0446	.1069	.1762	.2336	.2668	.2716	.2508	.2119	.1641
4	.0006	.0074	.0283	.0661	.1168	.1715	.2194	.2508	.2600	.2461
5		.0008	.0050	.0165	.0389	.0735	.1181	.1672	.2128	.2461
6		.0001	.0006	.0028	.0087	.0210	.0424	.0743	.1160	.1641
7				.0003	.0012	.0039	.0098	.0212	.0407	.0703
8					.0001	.0004	.0013	.0035	.0083	.0176
9							.0001	.0003	.0008	.0020

Die Binomial-Verteilung für n = 9										
k\p	.05	.10	.15	.20	.25	.30	.35	.40	.45	.50
0	.6302	.3874	.2316	.1342	.0751	.0404	.0207	.0101	.0046	.0020
1	.9288	.7748	.5995	.4362	.3003	.1960	.1211	.0705	.0385	.0195
2	.9916	.9470	.8591	.7382	.6007	.4628	.3373	.2318	.1495	.0898
3	.9994	.9917	.9661	.9144	.8343	.7297	.6089	.4826	.3614	.2539
4	1.000	.9991	.9944	.9804	.9511	.9012	.8283	.7334	.6214	.5000
5		.9999	.9994	.9969	.9900	.9747	.9464	.9006	.8342	.7461
6		1.000	1.000	.9997	.9987	.9957	.9888	.9750	.9502	.9102
7				1.000	.9999	.9996	.9986	.9962	.9909	.9805
8					1.000	1.000	.9999	.9997	.9992	.9980
9							1.000	1.000	1.000	1.000

Die Binomial-Zähldichte für n = 10

k\p	.05	.10	.15	.20	.25	.30	.35	.40	.45	.50
0	.5987	.3487	.1969	.1074	.0563	.0282	.0135	.0060	.0025	.0010
1	.3151	.3874	.3474	.2684	.1877	.1211	.0725	.0403	.0207	.0098
2	.0746	.1937	.2759	.3020	.2816	.2335	.1757	.1209	.0763	.0439
3	.0105	.0574	.1298	.2013	.2503	.2668	.2522	.2150	.1665	.1172
4	.0010	.0112	.0401	.0881	.1460	.2001	.2377	.2508	.2384	.2051
5	.0001	.0015	.0085	.0264	.0584	.1029	.1536	.2007	.2340	.2461
6		.0001	.0012	.0055	.0162	.0368	.0689	.1115	.1596	.2051
7			.0001	.0008	.0031	.0090	.0212	.0425	.0746	.1172
8				.0001	.0004	.0014	.0043	.0106	.0229	.0439
9						.0001	.0005	.0016	.0042	.0098
10								.0001	.0003	.0010

Die Binomial-Verteilung für n = 10

k\p	.05	.10	.15	.20	.25	.30	.35	.40	.45	.50
0	.5987	.3487	.1969	.1074	.0563	.0282	.0135	.0060	.0025	.0010
1	.9139	.7361	.5443	.3758	.2440	.1493	.0860	.0464	.0233	.0107
2	.9885	.9298	.8202	.6778	.5256	.3828	.2616	.1673	.0996	.0547
3	.9990	.9872	.9500	.8791	.7759	.6496	.5138	.3823	.2660	.1719
4	.9999	.9984	.9901	.9672	.9219	.8497	.7515	.6331	.5044	.3770
5	1.000	.9999	.9986	.9936	.9803	.9527	.9051	.8338	.7384	.6230
6		1.000	.9999	.9991	.9965	.9894	.9740	.9452	.8980	.8281
7			1.000	.9999	.9996	.9984	.9952	.9877	.9726	.9453
8				1.000	1.000	.9999	.9995	.9983	.9955	.9893
9						1.000	1.000	.9999	.9997	.9990
10								1.000	1.000	1.000

Die Binomial-Zähldichte für n = 11

k\p	.05	.10	.15	.20	.25	.30	.35	.40	.45	.50
0	.5688	.3138	.1673	.0859	.0422	.0198	.0088	.0036	.0014	.0005
1	.3293	.3835	.3248	.2362	.1549	.0932	.0518	.0266	.0125	.0054
2	.0867	.2131	.2866	.2953	.2581	.1998	.1395	.0887	.0513	.0269
3	.0137	.0710	.1517	.2215	.2581	.2568	.2254	.1774	.1259	.0806
4	.0014	.0158	.0536	.1107	.1721	.2201	.2428	.2365	.2060	.1611
5	.0001	.0025	.0132	.0388	.0803	.1321	.1830	.2207	.2360	.2256
6		.0003	.0023	.0097	.0268	.0566	.0985	.1471	.1931	.2256
7			.0003	.0017	.0064	.0173	.0379	.0701	.1128	.1611
8				.0002	.0011	.0037	.0102	.0234	.0462	.0806
9					.0001	.0005	.0018	.0052	.0126	.0269
10							.0002	.0007	.0021	.0054
11									.0002	.0005

Die Binomial-Verteilung für n = 11

k\p	.05	.10	.15	.20	.25	.30	.35	.40	.45	.50
0	.5688	.3138	.1673	.0859	.0422	.0198	.0088	.0036	.0014	.0005
1	.8981	.6974	.4922	.3221	.1971	.1130	.0606	.0302	.0139	.0059
2	.9848	.9104	.7788	.6174	.4552	.3127	.2001	.1189	.0652	.0327
3	.9984	.9815	.9306	.8389	.7133	.5696	.4256	.2963	.1911	.1133
4	.9999	.9972	.9841	.9496	.8854	.7897	.6683	.5328	.3971	.2744
5	1.000	.9997	.9973	.9883	.9657	.9218	.8513	.7535	.6331	.5000
6		1.000	.9997	.9980	.9924	.9784	.9499	.9006	.8262	.7256
7			1.000	.9998	.9988	.9957	.9878	.9707	.9390	.8867
8				1.000	.9999	.9994	.9980	.9941	.9852	.9673
9					1.000	1.000	.9998	.9993	.9978	.9941
10							1.000	1.000	.9998	.9995
11									1.000	1.000

Die Binomial-Zähldichte für n = 12

k\p	.05	.10	.15	.20	.25	.30	.35	.40	.45	.50
0	.5404	.2824	.1422	.0687	.0317	.0138	.0057	.0022	.0008	.0002
1	.3413	.3766	.3012	.2062	.1267	.0712	.0368	.0174	.0075	.0029
2	.0988	.2301	.2924	.2835	.2323	.1678	.1088	.0639	.0339	.0161
3	.0173	.0852	.1720	.2362	.2581	.2397	.1954	.1419	.0923	.0537
4	.0021	.0213	.0683	.1329	.1936	.2311	.2367	.2128	.1700	.1208
5	.0002	.0038	.0193	.0532	.1032	.1585	.2039	.2270	.2225	.1934
6		.0005	.0040	.0155	.0401	.0792	.1281	.1766	.2124	.2256
7			.0006	.0033	.0115	.0291	.0591	.1009	.1489	.1934
8			.0001	.0005	.0024	.0078	.0199	.0420	.0762	.1208
9				.0001	.0004	.0015	.0048	.0125	.0277	.0537
10						.0002	.0008	.0025	.0068	.0161
11							.0001	.0003	.0010	.0029
12									.0001	.0002

Die Binomial-Verteilung für n = 12

k\p	.05	.10	.15	.20	.25	.30	.35	.40	.45	.50
0	.5404	.2824	.1422	.0687	.0317	.0138	.0057	.0022	.0008	.0002
1	.8816	.6590	.4435	.2749	.1584	.0850	.0424	.0196	.0083	.0032
2	.9804	.8891	.7358	.5583	.3907	.2528	.1513	.0834	.0421	.0193
3	.9978	.9744	.9078	.7946	.6488	.4925	.3467	.2253	.1345	.0730
4	.9998	.9957	.9761	.9274	.8424	.7237	.5833	.4382	.3044	.1938
5	1.000	.9995	.9954	.9806	.9456	.8822	.7873	.6652	.5269	.3872
6		.9999	.9993	.9961	.9857	.9614	.9154	.8418	.7393	.6128
7		1.000	.9999	.9994	.9972	.9905	.9745	.9427	.8883	.8062
8			1.000	.9999	.9996	.9983	.9944	.9847	.9644	.9270
9				1.000	1.000	.9998	.9992	.9972	.9921	.9807
10						1.000	.9999	.9997	.9989	.9968
11							1.000	1.000	.9999	.9998
12									1.000	1.000

Die Binomial-Zähldichte für n = 13

k\p	.05	.10	.15	.20	.25	.30	.35	.40	.45	.50
0	.5133	.2542	.1209	.0550	.0238	.0097	.0037	.0013	.0004	.0001
1	.3512	.3672	.2774	.1787	.1029	.0540	.0259	.0113	.0045	.0016
2	.1109	.2448	.2937	.2680	.2059	.1388	.0836	.0453	.0220	.0095
3	.0214	.0997	.1900	.2457	.2517	.2181	.1651	.1107	.0660	.0349
4	.0028	.0277	.0838	.1535	.2097	.2337	.2222	.1845	.1350	.0873
5	.0003	.0055	.0266	.0691	.1258	.1803	.2154	.2214	.1989	.1571
6		.0008	.0063	.0230	.0559	.1030	.1546	.1968	.2169	.2095
7		.0001	.0011	.0058	.0186	.0442	.0833	.1312	.1775	.2095
8			.0001	.0011	.0047	.0142	.0336	.0656	.1089	.1571
9				.0001	.0009	.0034	.0101	.0243	.0495	.0873
10					.0001	.0006	.0022	.0065	.0162	.0349
11						.0001	.0003	.0012	.0036	.0095
12								.0001	.0005	.0016
13										.0001

Die Binomial-Verteilung für n = 13

k\p	.05	.10	.15	.20	.25	.30	.35	.40	.45	.50
0	.5133	.2542	.1209	.0550	.0238	.0097	.0037	.0013	.0004	.0001
1	.8646	.6213	.3983	.2336	.1267	.0637	.0296	.0126	.0049	.0017
2	.9755	.8661	.6920	.5017	.3326	.2025	.1132	.0579	.0269	.0112
3	.9969	.9658	.8820	.7473	.5843	.4206	.2783	.1686	.0929	.0461
4	.9997	.9935	.9658	.9009	.7940	.6543	.5005	.3530	.2279	.1334
5	1.000	.9991	.9925	.9700	.9198	.8346	.7159	.5744	.4268	.2905
6		.9999	.9987	.9930	.9757	.9376	.8705	.7712	.6437	.5000
7		1.000	.9998	.9988	.9944	.9818	.9538	.9023	.8212	.7095
8			1.000	.9998	.9990	.9960	.9874	.9679	.9302	.8666
9				1.000	.9999	.9993	.9975	.9922	.9797	.9539
10					1.000	.9999	.9997	.9987	.9959	.9888
11						1.000	1.000	.9999	.9995	.9983
12								1.000	1.000	.9999
13										1.000

Die Binomial-Zähldichte für n = 14

k\p	.05	.10	.15	.20	.25	.30	.35	.40	.45	.50
0	.4877	.2288	.1028	.0440	.0178	.0068	.0024	.0008	.0002	.0001
1	.3593	.3559	.2539	.1539	.0832	.0407	.0181	.0073	.0027	.0009
2	.1229	.2570	.2912	.2501	.1802	.1134	.0634	.0317	.0141	.0056
3	.0259	.1142	.2056	.2501	.2402	.1943	.1366	.0845	.0462	.0222
4	.0037	.0349	.0998	.1720	.2202	.2290	.2022	.1549	.1040	.0611
5	.0004	.0078	.0352	.0860	.1468	.1963	.2178	.2066	.1701	.1222
6		.0013	.0093	.0322	.0734	.1262	.1759	.2066	.2088	.1833
7		.0002	.0019	.0092	.0280	.0618	.1082	.1574	.1952	.2095
8			.0003	.0020	.0082	.0232	.0510	.0918	.1398	.1833
9				.0003	.0018	.0066	.0183	.0408	.0762	.1222
10					.0003	.0014	.0049	.0136	.0312	.0611
11						.0002	.0010	.0033	.0093	.0222
12							.0001	.0005	.0019	.0056
13								.0001	.0002	.0009
14										.0001

Die Binomial-Verteilung für n = 14

k\p	.05	.10	.15	.20	.25	.30	.35	.40	.45	.50
0	.4877	.2288	.1028	.0440	.0178	.0068	.0024	.0008	.0002	.0001
1	.8470	.5846	.3567	.1979	.1010	.0475	.0205	.0081	.0029	.0009
2	.9699	.8416	.6479	.4481	.2811	.1608	.0839	.0398	.0170	.0065
3	.9958	.9559	.8535	.6982	.5213	.3552	.2205	.1243	.0632	.0287
4	.9996	.9908	.9533	.8702	.7415	.5842	.4227	.2793	.1672	.0898
5	1.000	.9985	.9885	.9561	.8883	.7805	.6405	.4859	.3373	.2120
6		.9998	.9978	.9884	.9617	.9067	.8164	.6925	.5461	.3953
7		1.000	.9997	.9976	.9897	.9685	.9247	.8499	.7414	.6047
8			1.000	.9996	.9978	.9917	.9757	.9417	.8811	.7880
9				1.000	.9997	.9983	.9940	.9825	.9574	.9102
10					1.000	.9998	.9989	.9961	.9886	.9713
11						1.000	.9999	.9994	.9978	.9935
12							1.000	.9999	.9997	.9991
13								1.000	1.000	.9999
14										1.000

Die Binomial-Zähldichte für n = 15

k\p	.05	.10	.15	.20	.25	.30	.35	.40	.45	.50
0	.4633	.2059	.0874	.0352	.0134	.0047	.0016	.0005	.0001	
1	.3658	.3432	.2312	.1319	.0668	.0305	.0126	.0047	.0016	.0005
2	.1348	.2669	.2856	.2309	.1559	.0916	.0476	.0219	.0090	.0032
3	.0307	.1285	.2184	.2501	.2252	.1700	.1110	.0634	.0318	.0139
4	.0049	.0428	.1156	.1876	.2252	.2186	.1792	.1268	.0780	.0417
5	.0006	.0105	.0449	.1032	.1651	.2061	.2123	.1859	.1404	.0916
6		.0019	.0132	.0430	.0917	.1472	.1906	.2066	.1914	.1527
7		.0003	.0030	.0138	.0393	.0811	.1319	.1771	.2013	.1964
8			.0005	.0035	.0131	.0348	.0710	.1181	.1647	.1964
9			.0001	.0007	.0034	.0116	.0298	.0612	.1048	.1527
10				.0001	.0007	.0030	.0096	.0245	.0515	.0916
11					.0001	.0006	.0024	.0074	.0191	.0417
12						.0001	.0004	.0016	.0052	.0139
13							.0001	.0003	.0010	.0032
14									.0001	.0005
15										

Die Binomial-Verteilung für n = 15

k\p	.05	.10	.15	.20	.25	.30	.35	.40	.45	.50
0	.4633	.2059	.0874	.0352	.0134	.0047	.0016	.0005	.0001	.0000
1	.8290	.5490	.3186	.1671	.0802	.0353	.0142	.0052	.0017	.0005
2	.9638	.8159	.6042	.3980	.2361	.1268	.0617	.0271	.0107	.0037
3	.9945	.9444	.8227	.6482	.4613	.2969	.1727	.0905	.0424	.0176
4	.9994	.9873	.9383	.8358	.6865	.5155	.3519	.2173	.1204	.0592
5	.9999	.9977	.9832	.9389	.8516	.7216	.5643	.4032	.2608	.1509
6	1.000	.9997	.9964	.9819	.9434	.8689	.7548	.6098	.4522	.3036
7		1.000	.9994	.9958	.9827	.9500	.8868	.7869	.6535	.5000
8			.9999	.9992	.9958	.9848	.9578	.9050	.8182	.6964
9			1.000	.9999	.9992	.9963	.9876	.9662	.9231	.8491
10				1.000	.9999	.9993	.9972	.9907	.9745	.9408
11					1.000	.9999	.9995	.9981	.9937	.9824
12						1.000	.9999	.9997	.9989	.9963
13							1.000	1.000	.9999	.9995
14									1.000	1.000
15										

Die Binomial-Zähldichte für n = 16

k\p	.05	.10	.15	.20	.25	.30	.35	.40	.45	.50
0	.4401	.1853	.0743	.0281	.0100	.0033	.0010	.0003	.0001	
1	.3706	.3294	.2097	.1126	.0535	.0228	.0087	.0030	.0009	.0002
2	.1463	.2745	.2775	.2111	.1336	.0732	.0353	.0150	.0056	.0018
3	.0359	.1423	.2285	.2463	.2079	.1465	.0888	.0468	.0215	.0085
4	.0061	.0514	.1311	.2001	.2252	.2040	.1553	.1014	.0572	.0278
5	.0008	.0137	.0555	.1201	.1802	.2099	.2008	.1623	.1123	.0667
6	.0001	.0028	.0180	.0550	.1101	.1649	.1982	.1983	.1684	.1222
7		.0004	.0045	.0197	.0524	.1010	.1524	.1889	.1969	.1746
8		.0001	.0009	.0055	.0197	.0487	.0923	.1417	.1812	.1964
9			.0001	.0012	.0058	.0185	.0442	.0840	.1318	.1746
10				.0002	.0014	.0056	.0167	.0392	.0755	.1222
11					.0002	.0013	.0049	.0142	.0337	.0667
12						.0002	.0011	.0040	.0115	.0278
13							.0002	.0008	.0029	.0085
14								.0001	.0005	.0018
15									.0001	.0002
16										

Die Binomial-Verteilung für n = 16

k\p	.05	.10	.15	.20	.25	.30	.35	.40	.45	.50
0	.4401	.1853	.0743	.0281	.0100	.0033	.0010	.0003	.0001	.0000
1	.8108	.5147	.2839	.1407	.0635	.0261	.0098	.0033	.0010	.0003
2	.9571	.7892	.5614	.3518	.1971	.0994	.0451	.0183	.0066	.0021
3	.9930	.9316	.7899	.5981	.4050	.2459	.1339	.0651	.0281	.0106
4	.9991	.9830	.9209	.7982	.6302	.4499	.2892	.1666	.0853	.0384
5	.9999	.9967	.9765	.9183	.8103	.6598	.4900	.3288	.1976	.1051
6	1.000	.9995	.9944	.9733	.9204	.8247	.6881	.5272	.3660	.2272
7		.9999	.9989	.9930	.9729	.9256	.8406	.7161	.5629	.4018
8		1.000	.9998	.9985	.9925	.9743	.9329	.8577	.7441	.5982
9			1.000	.9998	.9984	.9929	.9771	.9417	.8759	.7728
10				1.000	.9997	.9984	.9938	.9809	.9514	.8949
11					1.000	.9997	.9987	.9951	.9851	.9616
12						1.000	.9998	.9991	.9965	.9894
13							1.000	.9999	.9994	.9979
14								1.000	.9999	.9997
15									1.000	1.000
16										

Die Binomial-Zähldichte für n = 17

k\p	.05	.10	.15	.20	.25	.30	.35	.40	.45	.50
0	.4181	.1668	.0631	.0225	.0075	.0023	.0007	.0002		
1	.3741	.3150	.1893	.0957	.0426	.0169	.0060	.0019	.0005	.0001
2	.1575	.2800	.2673	.1914	.1136	.0581	.0260	.0102	.0035	.0010
3	.0415	.1556	.2359	.2393	.1893	.1245	.0701	.0341	.0144	.0052
4	.0076	.0605	.1457	.2093	.2209	.1868	.1320	.0796	.0411	.0182
5	.0010	.0175	.0668	.1361	.1914	.2081	.1849	.1379	.0875	.0472
6	.0001	.0039	.0236	.0680	.1276	.1784	.1991	.1839	.1432	.0944
7		.0007	.0065	.0267	.0668	.1201	.1685	.1927	.1841	.1484
8		.0001	.0014	.0084	.0279	.0644	.1134	.1606	.1883	.1855
9			.0003	.0021	.0093	.0276	.0611	.1070	.1540	.1855
10				.0004	.0025	.0095	.0263	.0571	.1008	.1484
11				.0001	.0005	.0026	.0090	.0242	.0525	.0944
12					.0001	.0006	.0024	.0081	.0215	.0472
13						.0001	.0005	.0021	.0068	.0182
14							.0001	.0004	.0016	.0052
15								.0001	.0003	.0010
16										.0001
17										

Die Binomial-Verteilung für n = 17

k\p	.05	.10	.15	.20	.25	.30	.35	.40	.45	.50
0	.4181	.1668	.0631	.0225	.0075	.0023	.0007	.0002	.0000	.0000
1	.7922	.4818	.2525	.1182	.0501	.0193	.0067	.0021	.0006	.0001
2	.9497	.7618	.5198	.3096	.1637	.0774	.0327	.0123	.0041	.0012
3	.9912	.9174	.7556	.5489	.3530	.2019	.1028	.0464	.0184	.0064
4	.9988	.9779	.9013	.7582	.5739	.3887	.2348	.1260	.0596	.0245
5	.9999	.9953	.9681	.8943	.7653	.5968	.4197	.2639	.1471	.0717
6	1.000	.9992	.9917	.9623	.8929	.7752	.6188	.4478	.2902	.1662
7		.9999	.9983	.9891	.9598	.8954	.7872	.6405	.4743	.3145
8		1.000	.9997	.9974	.9876	.9597	.9006	.8011	.6626	.5000
9			1.000	.9995	.9969	.9873	.9617	.9081	.8166	.6855
10				.9999	.9994	.9968	.9880	.9652	.9174	.8338
11				1.000	.9999	.9993	.9970	.9894	.9699	.9283
12					1.000	.9999	.9994	.9975	.9914	.9755
13						1.000	.9999	.9995	.9981	.9936
14							1.000	.9999	.9997	.9988
15								1.000	1.000	.9999
16										1.000
17										

Die Binomial-Zähldichte für n = 18

k\p	.05	.10	.15	.20	.25	.30	.35	.40	.45	.50
0	.3972	.1501	.0536	.0180	.0056	.0016	.0004	.0001		
1	.3763	.3002	.1704	.0811	.0338	.0126	.0042	.0012	.0003	.0001
2	.1683	.2835	.2556	.1723	.0958	.0458	.0190	.0069	.0022	.0006
3	.0473	.1680	.2406	.2297	.1704	.1046	.0547	.0246	.0095	.0031
4	.0093	.0700	.1592	.2153	.2130	.1681	.1104	.0614	.0291	.0117
5	.0014	.0218	.0787	.1507	.1988	.2017	.1664	.1146	.0666	.0327
6	.0002	.0052	.0301	.0816	.1436	.1873	.1941	.1655	.1181	.0708
7		.0010	.0091	.0350	.0820	.1376	.1792	.1892	.1657	.1214
8		.0002	.0022	.0120	.0376	.0811	.1327	.1734	.1864	.1669
9			.0004	.0033	.0139	.0386	.0794	.1284	.1694	.1855
10			.0001	.0008	.0042	.0149	.0385	.0771	.1248	.1669
11				.0001	.0010	.0046	.0151	.0374	.0742	.1214
12					.0002	.0012	.0047	.0145	.0354	.0708
13						.0002	.0012	.0045	.0134	.0327
14							.0002	.0011	.0039	.0117
15								.0002	.0009	.0031
16									.0001	.0006
17										.0001
18										

Die Binomial-Verteilung für n = 18

k\p	.05	.10	.15	.20	.25	.30	.35	.40	.45	.50
0	.3972	.1501	.0536	.0180	.0056	.0016	.0004	.0001	.0000	.0000
1	.7735	.4503	.2241	.0991	.0395	.0142	.0046	.0013	.0003	.0001
2	.9419	.7338	.4797	.2713	.1353	.0600	.0236	.0082	.0025	.0007
3	.9891	.9018	.7202	.5010	.3057	.1646	.0783	.0328	.0120	.0038
4	.9985	.9718	.8794	.7164	.5187	.3327	.1886	.0942	.0411	.0154
5	.9998	.9936	.9581	.8671	.7175	.5344	.3550	.2088	.1077	.0481
6	1.000	.9988	.9882	.9487	.8610	.7217	.5491	.3743	.2258	.1189
7		.9998	.9973	.9837	.9431	.8593	.7283	.5634	.3915	.2403
8		1.000	.9995	.9957	.9807	.9404	.8609	.7368	.5778	.4073
9			.9999	.9991	.9946	.9790	.9403	.8653	.7473	.5927
10			1.000	.9998	.9988	.9939	.9788	.9424	.8720	.7597
11				1.000	.9998	.9986	.9938	.9797	.9463	.8811
12					1.000	.9997	.9986	.9942	.9817	.9519
13						1.000	.9997	.9987	.9951	.9846
14							1.000	.9998	.9990	.9962
15								1.000	.9999	.9993
16									1.000	.9999
17										1.000
18										

Die Binomial-Zähldichte für n = 19

k\p	.05	.10	.15	.20	.25	.30	.35	.40	.45	.50
0	.3774	.1351	.0456	.0144	.0042	.0011	.0003	.0001		
1	.3774	.2852	.1529	.0685	.0268	.0093	.0029	.0008	.0002	
2	.1787	.2852	.2428	.1540	.0803	.0358	.0138	.0046	.0013	.0003
3	.0533	.1796	.2428	.2182	.1517	.0869	.0422	.0175	.0062	.0018
4	.0112	.0798	.1714	.2182	.2023	.1491	.0909	.0467	.0203	.0074
5	.0018	.0266	.0907	.1636	.2023	.1916	.1468	.0933	.0497	.0222
6	.0002	.0069	.0374	.0955	.1574	.1916	.1844	.1451	.0949	.0518
7		.0014	.0122	.0443	.0974	.1525	.1844	.1797	.1443	.0961
8		.0002	.0032	.0166	.0487	.0981	.1489	.1797	.1771	.1442
9			.0007	.0051	.0198	.0514	.0980	.1464	.1771	.1762
10			.0001	.0013	.0066	.0220	.0528	.0976	.1449	.1762
11				.0003	.0018	.0077	.0233	.0532	.0970	.1442
12					.0004	.0022	.0083	.0237	.0529	.0961
13					.0001	.0005	.0024	.0085	.0233	.0518
14						.0001	.0006	.0024	.0082	.0222
15							.0001	.0005	.0022	.0074
16								.0001	.0005	.0018
17									.0001	.0003
18										
19										

Die Binomial-Verteilung für n = 19

k\p	.05	.10	.15	.20	.25	.30	.35	.40	.45	.50
0	.3774	.1351	.0456	.0144	.0042	.0011	.0003	.0001	.0000	.0000
1	.7547	.4203	.1985	.0829	.0310	.0104	.0031	.0008	.0002	.0000
2	.9335	.7054	.4413	.2369	.1113	.0462	.0170	.0055	.0015	.0004
3	.9868	.8850	.6841	.4551	.2631	.1332	.0591	.0230	.0077	.0022
4	.9980	.9648	.8556	.6733	.4654	.2822	.1500	.0696	.0280	.0096
5	.9998	.9914	.9463	.8369	.6678	.4739	.2968	.1629	.0777	.0318
6	1.000	.9983	.9837	.9324	.8251	.6655	.4812	.3081	.1727	.0835
7		.9997	.9959	.9767	.9225	.8180	.6656	.4878	.3169	.1796
8		1.000	.9992	.9933	.9713	.9161	.8145	.6675	.4940	.3238
9			.9999	.9984	.9911	.9674	.9125	.8139	.6710	.5000
10			1.000	.9997	.9977	.9895	.9653	.9115	.8159	.6762
11				1.000	.9995	.9972	.9886	.9648	.9129	.8204
12					.9999	.9994	.9969	.9884	.9658	.9165
13					1.000	.9999	.9993	.9969	.9891	.9682
14						1.000	.9999	.9994	.9972	.9904
15							1.000	.9999	.9995	.9978
16								1.000	.9999	.9996
17									1.000	1.000
18										
19										

Die Binomial-Zähldichte für n = 20

k\p	.05	.10	.15	.20	.25	.30	.35	.40	.45	.50
0	.3585	.1216	.0388	.0115	.0032	.0008	.0002			
1	.3774	.2702	.1368	.0576	.0211	.0068	.0020	.0005	.0001	
2	.1887	.2852	.2293	.1369	.0669	.0278	.0100	.0031	.0008	.0002
3	.0596	.1901	.2428	.2054	.1339	.0716	.0323	.0123	.0040	.0011
4	.0133	.0898	.1821	.2182	.1897	.1304	.0738	.0350	.0139	.0046
5	.0022	.0319	.1028	.1746	.2023	.1789	.1272	.0746	.0365	.0148
6	.0003	.0089	.0454	.1091	.1686	.1916	.1712	.1244	.0746	.0370
7		.0020	.0160	.0545	.1124	.1643	.1844	.1659	.1221	.0739
8		.0004	.0046	.0222	.0609	.1144	.1614	.1797	.1623	.1201
9		.0001	.0011	.0074	.0271	.0654	.1158	.1597	.1771	.1602
10			.0002	.0020	.0099	.0308	.0686	.1171	.1593	.1762
11				.0005	.0030	.0120	.0336	.0710	.1185	.1602
12				.0001	.0008	.0039	.0136	.0355	.0727	.1201
13					.0002	.0010	.0045	.0146	.0366	.0739
14						.0002	.0012	.0049	.0150	.0370
15							.0003	.0013	.0049	.0148
16								.0003	.0013	.0046
17									.0002	.0011
18										.0002
19										
20										

Die Binomial-Verteilung für n = 20

k\p	.05	.10	.15	.20	.25	.30	.35	.40	.45	.50
0	.3585	.1216	.0388	.0115	.0032	.0008	.0002	.0000	.0000	.0000
1	.7358	.3917	.1756	.0692	.0243	.0076	.0021	.0005	.0001	.0000
2	.9245	.6769	.4049	.2061	.0913	.0355	.0121	.0036	.0009	.0002
3	.9841	.8670	.6477	.4114	.2252	.1071	.0444	.0160	.0049	.0013
4	.9974	.9568	.8298	.6296	.4148	.2375	.1182	.0510	.0189	.0059
5	.9997	.9887	.9327	.8042	.6172	.4164	.2454	.1256	.0553	.0207
6	1.000	.9976	.9781	.9133	.7858	.6080	.4166	.2500	.1299	.0577
7		.9996	.9941	.9679	.8982	.7723	.6010	.4159	.2520	.1316
8		.9999	.9987	.9900	.9591	.8867	.7624	.5956	.4143	.2517
9		1.000	.9998	.9974	.9861	.9520	.8782	.7553	.5914	.4119
10			1.000	.9994	.9961	.9829	.9468	.8725	.7507	.5881
11				.9999	.9991	.9949	.9804	.9435	.8692	.7483
12				1.000	.9998	.9987	.9940	.9790	.9420	.8684
13					1.000	.9997	.9985	.9935	.9786	.9423
14						1.000	.9997	.9984	.9936	.9793
15							1.000	.9997	.9985	.9941
16								1.000	.9997	.9987
17									1.000	.9998
18										1.000
19										
20										

Tafel 2

Die Poisson-Zähldichte

n\λ	.10	.20	.30	.40	.50	.60	.70	.80	.90	1.00
0	.9048	.8187	.7408	.6703	.6065	.5488	.4966	.4493	.4066	.3679
1	.0905	.1637	.2222	.2681	.3033	.3293	.3476	.3595	.3659	.3679
2	.0045	.0164	.0333	.0536	.0758	.0988	.1217	.1438	.1647	.1839
3	.0002	.0011	.0033	.0072	.0126	.0198	.0284	.0383	.0494	.0613
4	.0000	.0001	.0003	.0007	.0016	.0030	.0050	.0077	.0111	.0153
5		.0000	.0000	.0001	.0002	.0004	.0007	.0012	.0020	.0031
6			.0000	.0000	.0000	.0000	.0001	.0002	.0003	.0005
7					.0000	.0000	.0000	.0000	.0000	.0001
8								.0000	.0000	.0000
9										

Die Poisson-Verteilung

n\λ	.10	.20	.30	.40	.50	.60	.70	.80	.90	1.00
0	.9048	.8187	.7408	.6703	.6065	.5488	.4966	.4493	.4066	.3679
1	.9953	.9825	.9631	.9384	.9098	.8781	.8442	.8088	.7725	.7358
2	.9998	.9989	.9964	.9921	.9856	.9769	.9659	.9526	.9371	.9197
3	1.000	.9999	.9997	.9992	.9982	.9966	.9942	.9909	.9865	.9810
4		1.000	1.000	.9999	.9998	.9996	.9992	.9986	.9977	.9963
5				1.000	1.000	1.000	.9999	.9998	.9997	.9994
6							1.000	1.000	1.000	.9999
7										1.000
8										
9										

Die Poisson-Zähldichte

n\λ	1.10	1.20	1.30	1.40	1.50	1.60	1.70	1.80	1.90	2.00
0	.3329	.3012	.2725	.2466	.2231	.2019	.1827	.1653	.1496	.1353
1	.3662	.3614	.3543	.3452	.3347	.3230	.3106	.2975	.2842	.2707
2	.2014	.2169	.2303	.2417	.2510	.2584	.2640	.2678	.2700	.2707
3	.0738	.0867	.0998	.1128	.1255	.1378	.1496	.1607	.1710	.1804
4	.0203	.0260	.0324	.0395	.0471	.0551	.0636	.0723	.0812	.0902
5	.0045	.0062	.0084	.0111	.0141	.0176	.0216	.0260	.0309	.0361
6	.0008	.0012	.0018	.0026	.0035	.0047	.0061	.0078	.0098	.0120
7	.0001	.0002	.0003	.0005	.0008	.0011	.0015	.0020	.0027	.0034
8	.0000	.0000	.0001	.0001	.0001	.0002	.0003	.0005	.0006	.0009
9	.0000	.0000	.0000	.0000	.0000	.0000	.0001	.0001	.0001	.0002
10				.0000	.0000	.0000	.0000	.0000	.0000	.0000
11							.0000	.0000	.0000	.0000
12										

Die Poisson-Verteilung

n\λ	1.10	1.20	1.30	1.40	1.50	1.60	1.70	1.80	1.90	2.00
0	.3329	.3012	.2725	.2466	.2231	.2019	.1827	.1653	.1496	.1353
1	.6990	.6626	.6268	.5918	.5578	.5249	.4932	.4628	.4337	.4060
2	.9004	.8795	.8571	.8335	.8088	.7834	.7572	.7306	.7037	.6767
3	.9743	.9662	.9569	.9463	.9344	.9212	.9068	.8913	.8747	.8571
4	.9946	.9923	.9893	.9857	.9814	.9763	.9704	.9636	.9559	.9473
5	.9990	.9985	.9978	.9968	.9955	.9940	.9920	.9896	.9868	.9834
6	.9999	.9997	.9996	.9994	.9991	.9987	.9981	.9974	.9966	.9955
7	1.000	1.000	.9999	.9999	.9998	.9997	.9996	.9994	.9992	.9989
8			1.000	1.000	1.000	1.000	.9999	.9999	.9998	.9998
9							1.000	1.000	1.000	1.000
10										
11										
12										

Die Poisson-Zähldichte

n\λ	2.10	2.20	2.30	2.40	2.50	2.60	2.70	2.80	2.90	3.00
0	.1225	.1108	.1003	.0907	.0821	.0743	.0672	.0608	.0550	.0498
1	.2572	.2438	.2306	.2177	.2052	.1931	.1815	.1703	.1596	.1494
2	.2700	.2681	.2652	.2613	.2565	.2510	.2450	.2384	.2314	.2240
3	.1890	.1966	.2033	.2090	.2138	.2176	.2205	.2225	.2237	.2240
4	.0992	.1082	.1169	.1254	.1336	.1414	.1488	.1557	.1622	.1680
5	.0417	.0476	.0538	.0602	.0668	.0735	.0804	.0872	.0940	.1008
6	.0146	.0174	.0206	.0241	.0278	.0319	.0362	.0407	.0455	.0504
7	.0044	.0055	.0068	.0083	.0099	.0118	.0139	.0163	.0188	.0216
8	.0011	.0015	.0019	.0025	.0031	.0038	.0047	.0057	.0068	.0081
9	.0003	.0004	.0005	.0007	.0009	.0011	.0014	.0018	.0022	.0027
10	.0001	.0001	.0001	.0002	.0002	.0003	.0004	.0005	.0006	.0008
11	.0000	.0000	.0000	.0000	.0000	.0001	.0001	.0001	.0002	.0002
12	.0000	.0000	.0000	.0000	.0000	.0000	.0000	.0000	.0000	.0001
13										

Die Poisson-Verteilung

n\λ	2.10	2.20	2.30	2.40	2.50	2.60	2.70	2.80	2.90	3.00
0	.1225	.1108	.1003	.0907	.0821	.0743	.0672	.0608	.0550	.0498
1	.3796	.3546	.3309	.3084	.2873	.2674	.2487	.2311	.2146	.1991
2	.6496	.6227	.5960	.5697	.5438	.5184	.4936	.4695	.4460	.4232
3	.8386	.8194	.7993	.7787	.7576	.7360	.7141	.6919	.6696	.6472
4	.9379	.9275	.9162	.9041	.8912	.8774	.8629	.8477	.8318	.8153
5	.9796	.9751	.9700	.9643	.9580	.9510	.9433	.9349	.9258	.9161
6	.9941	.9925	.9906	.9884	.9858	.9828	.9794	.9756	.9713	.9665
7	.9985	.9980	.9974	.9967	.9958	.9947	.9934	.9919	.9901	.9881
8	.9997	.9995	.9994	.9991	.9989	.9985	.9981	.9976	.9969	.9962
9	.9999	.9999	.9999	.9998	.9997	.9996	.9995	.9993	.9991	.9989
10	1.000	1.000	1.000	1.000	.9999	.9999	.9999	.9998	.9998	.9997
11					1.000	1.000	1.000	1.000	.9999	.9999
12									1.000	1.000
13										

Die Poisson-Zähldichte

n\λ	3.10	3.20	3.30	3.40	3.50	3.60	3.70	3.80	3.90	4.00
0	.0450	.0408	.0369	.0334	.0302	.0273	.0247	.0224	.0202	.0183
1	.1397	.1304	.1217	.1135	.1057	.0984	.0915	.0850	.0789	.0733
2	.2165	.2087	.2008	.1929	.1850	.1771	.1692	.1615	.1539	.1465
3	.2237	.2226	.2209	.2186	.2158	.2125	.2087	.2046	.2001	.1954
4	.1733	.1781	.1823	.1858	.1888	.1912	.1931	.1944	.1951	.1954
5	.1075	.1140	.1203	.1264	.1322	.1377	.1429	.1477	.1522	.1563
6	.0555	.0608	.0662	.0716	.0771	.0826	.0881	.0936	.0989	.1042
7	.0246	.0278	.0312	.0348	.0385	.0425	.0466	.0508	.0551	.0595
8	.0095	.0111	.0129	.0148	.0169	.0191	.0215	.0241	.0269	.0298
9	.0033	.0040	.0047	.0056	.0066	.0076	.0089	.0102	.0116	.0132
10	.0010	.0013	.0016	.0019	.0023	.0028	.0033	.0039	.0045	.0053
11	.0003	.0004	.0005	.0006	.0007	.0009	.0011	.0013	.0016	.0019
12	.0001	.0001	.0001	.0002	.0002	.0003	.0003	.0004	.0005	.0006
13	.0000	.0000	.0000	.0000	.0001	.0001	.0001	.0001	.0002	.0002
14	.0000	.0000	.0000	.0000	.0000	.0000	.0000	.0000	.0000	.0001

Die Poisson-Verteilung

n\λ	3.10	3.20	3.30	3.40	3.50	3.60	3.70	3.80	3.90	4.00
0	.0450	.0408	.0369	.0334	.0302	.0273	.0247	.0224	.0202	.0183
1	.1847	.1712	.1586	.1468	.1359	.1257	.1162	.1074	.0992	.0916
2	.4012	.3799	.3594	.3397	.3208	.3027	.2854	.2689	.2531	.2381
3	.6248	.6025	.5803	.5584	.5366	.5152	.4942	.4735	.4532	.4335
4	.7982	.7806	.7626	.7442	.7254	.7064	.6872	.6678	.6484	.6288
5	.9057	.8946	.8829	.8705	.8576	.8441	.8301	.8156	.8006	.7851
6	.9612	.9554	.9490	.9421	.9347	.9267	.9182	.9091	.8995	.8893
7	.9858	.9832	.9802	.9769	.9733	.9692	.9648	.9599	.9546	.9489
8	.9953	.9943	.9931	.9917	.9901	.9883	.9863	.9840	.9815	.9786
9	.9986	.9982	.9978	.9973	.9967	.9960	.9952	.9942	.9931	.9919
10	.9996	.9995	.9994	.9992	.9990	.9987	.9984	.9981	.9977	.9972
11	.9999	.9999	.9998	.9998	.9997	.9996	.9995	.9994	.9993	.9991
12	1.000	1.000	1.000	.9999	.9999	.9999	.9999	.9998	.9998	.9997
13				1.000	1.000	1.000	1.000	1.000	.9999	.9999
14									1.000	1.000

Die Poisson-Zähldichte

n\λ	4.10	4.20	4.30	4.40	4.50	4.60	4.70	4.80	4.90	5.00
0	.0166	.0150	.0136	.0123	.0111	.0101	.0091	.0082	.0074	.0067
1	.0679	.0630	.0583	.0540	.0500	.0462	.0427	.0395	.0365	.0337
2	.1393	.1323	.1254	.1188	.1125	.1063	.1005	.0948	.0894	.0842
3	.1904	.1852	.1798	.1743	.1687	.1631	.1574	.1517	.1460	.1404
4	.1951	.1944	.1933	.1917	.1898	.1875	.1849	.1820	.1789	.1755
5	.1600	.1633	.1662	.1687	.1708	.1725	.1738	.1747	.1753	.1755
6	.1093	.1143	.1191	.1237	.1281	.1323	.1362	.1398	.1432	.1462
7	.0640	.0686	.0732	.0778	.0824	.0869	.0914	.0959	.1002	.1044
8	.0328	.0360	.0393	.0428	.0463	.0500	.0537	.0575	.0614	.0653
9	.0150	.0168	.0188	.0209	.0232	.0255	.0280	.0307	.0334	.0363
10	.0061	.0071	.0081	.0092	.0104	.0118	.0132	.0147	.0164	.0181
11	.0023	.0027	.0032	.0037	.0043	.0049	.0056	.0064	.0073	.0082
12	.0008	.0009	.0011	.0013	.0016	.0019	.0022	.0026	.0030	.0034
13	.0002	.0003	.0004	.0005	.0006	.0007	.0008	.0009	.0011	.0013
14	.0001	.0001	.0001	.0001	.0002	.0002	.0003	.0003	.0004	.0005
15	.0000	.0000	.0000	.0000	.0001	.0001	.0001	.0001	.0001	.0002

Die Poisson-Verteilung

n\λ	4.10	4.20	4.30	4.40	4.50	4.60	4.70	4.80	4.90	5.00
0	.0166	.0150	.0136	.0123	.0111	.0101	.0091	.0082	.0074	.0067
1	.0845	.0780	.0719	.0663	.0611	.0563	.0518	.0477	.0439	.0404
2	.2238	.2102	.1974	.1851	.1736	.1626	.1523	.1425	.1333	.1247
3	.4142	.3954	.3772	.3594	.3423	.3257	.3097	.2942	.2793	.2650
4	.6093	.5898	.5704	.5512	.5321	.5132	.4946	.4763	.4582	.4405
5	.7693	.7531	.7367	.7199	.7029	.6858	.6684	.6510	.6335	.6160
6	.8786	.8675	.8558	.8436	.8311	.8180	.8046	.7908	.7767	.7622
7	.9427	.9361	.9290	.9214	.9134	.9049	.8960	.8867	.8769	.8666
8	.9755	.9721	.9683	.9642	.9597	.9549	.9497	.9442	.9382	.9319
9	.9905	.9889	.9871	.9851	.9829	.9805	.9778	.9749	.9717	.9682
10	.9966	.9959	.9952	.9943	.9933	.9922	.9910	.9896	.9880	.9863
11	.9989	.9986	.9983	.9980	.9976	.9971	.9966	.9960	.9953	.9945
12	.9997	.9996	.9995	.9993	.9992	.9990	.9988	.9986	.9983	.9980
13	.9999	.9999	.9998	.9998	.9997	.9997	.9996	.9995	.9994	.9993
14	1.000	1.000	1.000	.9999	.9999	.9999	.9999	.9999	.9998	.9998
15				1.000	1.000	1.000	1.000	1.000	.9999	.9999
16									1.000	1.000

Die Poisson-Zähldichte

n\λ	5.10	5.20	5.30	5.40	5.50	5.60	5.70	5.80	5.90	6.00
0	.0061	.0055	.0050	.0045	.0041	.0037	.0033	.0030	.0027	.0025
1	.0311	.0287	.0265	.0244	.0225	.0207	.0191	.0176	.0162	.0149
2	.0793	.0746	.0701	.0659	.0618	.0580	.0544	.0509	.0477	.0446
3	.1348	.1293	.1239	.1185	.1133	.1082	.1033	.0985	.0938	.0892
4	.1719	.1681	.1641	.1600	.1558	.1515	.1472	.1428	.1383	.1339
5	.1753	.1748	.1740	.1728	.1714	.1697	.1678	.1656	.1632	.1606
6	.1490	.1515	.1537	.1555	.1571	.1584	.1594	.1601	.1605	.1606
7	.1086	.1125	.1163	.1200	.1234	.1267	.1298	.1326	.1353	.1377
8	.0692	.0731	.0771	.0810	.0849	.0887	.0925	.0962	.0998	.1033
9	.0392	.0423	.0454	.0486	.0519	.0552	.0586	.0620	.0654	.0688
10	.0200	.0220	.0241	.0262	.0285	.0309	.0334	.0359	.0386	.0413
11	.0093	.0104	.0116	.0129	.0143	.0157	.0173	.0190	.0207	.0225
12	.0039	.0045	.0051	.0058	.0065	.0073	.0082	.0092	.0102	.0113
13	.0015	.0018	.0021	.0024	.0028	.0032	.0036	.0041	.0046	.0052
14	.0006	.0007	.0008	.0009	.0011	.0013	.0015	.0017	.0019	.0022
15	.0002	.0002	.0003	.0003	.0004	.0005	.0006	.0007	.0008	.0009
16	.0001	.0001	.0001	.0001	.0001	.0002	.0002	.0002	.0003	.0003
17	.0000	.0000	.0000	.0000	.0000	.0001	.0001	.0001	.0001	.0001

Die Poisson-Verteilung

n\λ	5.10	5.20	5.30	5.40	5.50	5.60	5.70	5.80	5.90	6.00
0	.0061	.0055	.0050	.0045	.0041	.0037	.0033	.0030	.0027	.0025
1	.0372	.0342	.0314	.0289	.0266	.0244	.0224	.0206	.0189	.0174
2	.1165	.1088	.1016	.0948	.0884	.0824	.0768	.0715	.0666	.0620
3	.2513	.2381	.2254	.2133	.2017	.1906	.1800	.1700	.1604	.1512
4	.4231	.4061	.3895	.3733	.3575	.3422	.3272	.3127	.2987	.2851
5	.5984	.5809	.5635	.5461	.5289	.5119	.4950	.4783	.4619	.4457
6	.7474	.7324	.7171	.7017	.6860	.6703	.6544	.6384	.6224	.6063
7	.8560	.8449	.8335	.8217	.8095	.7970	.7841	.7710	.7576	.7440
8	.9252	.9181	.9106	.9027	.8944	.8857	.8766	.8672	.8574	.8472
9	.9644	.9603	.9559	.9512	.9462	.9409	.9352	.9292	.9228	.9161
10	.9844	.9823	.9800	.9775	.9747	.9718	.9686	.9651	.9614	.9574
11	.9937	.9927	.9916	.9904	.9890	.9875	.9859	.9841	.9821	.9799
12	.9976	.9972	.9967	.9962	.9955	.9949	.9941	.9932	.9922	.9912
13	.9992	.9990	.9988	.9986	.9983	.9980	.9977	.9973	.9969	.9964
14	.9997	.9997	.9996	.9995	.9994	.9993	.9991	.9990	.9988	.9986
15	.9999	.9999	.9999	.9998	.9998	.9998	.9997	.9996	.9996	.9995
16	1.000	1.000	1.000	.9999	.9999	.9999	.9999	.9999	.9999	.9998
17				1.000	1.000	1.000	1.000	1.000	1.000	.9999
18										1.000

Die Poisson-Zähldichte

n\λ	6.10	6.20	6.30	6.40	6.50	6.60	6.70	6.80	6.90	7.00
0	.0022	.0020	.0018	.0017	.0015	.0014	.0012	.0011	.0010	.0009
1	.0137	.0126	.0116	.0106	.0098	.0090	.0082	.0076	.0070	.0064
2	.0417	.0390	.0364	.0340	.0318	.0296	.0276	.0258	.0240	.0223
3	.0848	.0806	.0765	.0726	.0688	.0652	.0617	.0584	.0552	.0521
4	.1294	.1249	.1205	.1162	.1118	.1076	.1034	.0992	.0952	.0912
5	.1579	.1549	.1519	.1487	.1454	.1420	.1385	.1349	.1314	.1277
6	.1605	.1601	.1595	.1586	.1575	.1562	.1546	.1529	.1511	.1490
7	.1399	.1418	.1435	.1450	.1462	.1472	.1480	.1486	.1489	.1490
8	.1066	.1099	.1130	.1160	.1188	.1215	.1240	.1263	.1284	.1304
9	.0723	.0757	.0791	.0825	.0858	.0891	.0923	.0954	.0985	.1014
10	.0441	.0469	.0498	.0528	.0558	.0588	.0618	.0649	.0679	.0710
11	.0244	.0265	.0285	.0307	.0330	.0353	.0377	.0401	.0426	.0452
12	.0124	.0137	.0150	.0164	.0179	.0194	.0210	.0227	.0245	.0263
13	.0058	.0065	.0073	.0081	.0089	.0099	.0108	.0119	.0130	.0142
14	.0025	.0029	.0033	.0037	.0041	.0046	.0052	.0058	.0064	.0071
15	.0010	.0012	.0014	.0016	.0018	.0020	.0023	.0026	.0029	.0033
16	.0004	.0005	.0005	.0006	.0007	.0008	.0010	.0011	.0013	.0014
17	.0001	.0002	.0002	.0002	.0003	.0003	.0004	.0004	.0005	.0006
18	.0000	.0001	.0001	.0001	.0001	.0001	.0001	.0002	.0002	.0002
19	.0000	.0000	.0000	.0000	.0000	.0000	.0001	.0001	.0001	.0001

Die Poisson-Verteilung

n\λ	6.10	6.20	6.30	6.40	6.50	6.60	6.70	6.80	6.90	7.00
0	.0022	.0020	.0018	.0017	.0015	.0014	.0012	.0011	.0010	.0009
1	.0159	.0146	.0134	.0123	.0113	.0103	.0095	.0087	.0080	.0073
2	.0577	.0536	.0498	.0463	.0430	.0400	.0371	.0344	.0320	.0296
3	.1425	.1342	.1264	.1189	.1118	.1052	.0988	.0928	.0871	.0818
4	.2719	.2592	.2469	.2351	.2237	.2127	.2022	.1920	.1823	.1730
5	.4298	.4141	.3988	.3837	.3690	.3547	.3406	.3270	.3137	.3007
6	.5902	.5742	.5582	.5423	.5265	.5108	.4953	.4799	.4647	.4497
7	.7301	.7160	.7017	.6873	.6728	.6581	.6433	.6285	.6136	.5987
8	.8367	.8259	.8148	.8033	.7916	.7796	.7673	.7548	.7420	.7291
9	.9090	.9016	.8939	.8858	.8774	.8686	.8596	.8502	.8405	.8305
10	.9531	.9486	.9437	.9386	.9332	.9274	.9214	.9151	.9084	.9015
11	.9776	.9750	.9723	.9693	.9661	.9627	.9591	.9552	.9510	.9467
12	.9900	.9887	.9873	.9857	.9840	.9821	.9801	.9779	.9755	.9730
13	.9958	.9952	.9945	.9937	.9929	.9920	.9909	.9898	.9885	.9872
14	.9984	.9981	.9978	.9974	.9970	.9966	.9961	.9956	.9950	.9943
15	.9994	.9993	.9992	.9990	.9988	.9986	.9984	.9982	.9979	.9976
16	.9998	.9997	.9997	.9996	.9996	.9995	.9994	.9993	.9992	.9990
17	.9999	.9999	.9999	.9999	.9998	.9998	.9998	.9997	.9997	.9996
18	1.000	1.000	1.000	1.000	.9999	.9999	.9999	.9999	.9999	.9999
19					1.000	1.000	1.000	1.000	1.000	1.000

Die Poisson-Zähldichte

n\λ	7.10	7.20	7.30	7.40	7.50	7.60	7.70	7.80	7.90	8.00
0	.0008	.0007	.0007	.0006	.0006	.0005	.0005	.0004	.0004	.0003
1	.0059	.0054	.0049	.0045	.0041	.0038	.0035	.0032	.0029	.0027
2	.0208	.0194	.0180	.0167	.0156	.0145	.0134	.0125	.0116	.0107
3	.0492	.0464	.0438	.0413	.0389	.0366	.0345	.0324	.0305	.0286
4	.0874	.0836	.0799	.0764	.0729	.0696	.0663	.0632	.0602	.0573
5	.1241	.1204	.1167	.1130	.1094	.1057	.1021	.0986	.0951	.0916
6	.1468	.1445	.1420	.1394	.1367	.1339	.1311	.1282	.1252	.1221
7	.1489	.1486	.1481	.1474	.1465	.1454	.1442	.1428	.1413	.1396
8	.1321	.1337	.1351	.1363	.1373	.1381	.1388	.1392	.1395	.1396
9	.1042	.1070	.1096	.1121	.1144	.1167	.1187	.1207	.1224	.1241
10	.0740	.0770	.0800	.0829	.0858	.0887	.0914	.0941	.0967	.0993
11	.0478	.0504	.0531	.0558	.0585	.0613	.0640	.0667	.0695	.0722
12	.0283	.0303	.0323	.0344	.0366	.0388	.0411	.0434	.0457	.0481
13	.0154	.0168	.0181	.0196	.0211	.0227	.0243	.0260	.0278	.0296
14	.0078	.0086	.0095	.0104	.0113	.0123	.0134	.0145	.0157	.0169
15	.0037	.0041	.0046	.0051	.0057	.0062	.0069	.0075	.0083	.0090
16	.0016	.0019	.0021	.0024	.0026	.0030	.0033	.0037	.0041	.0045
17	.0007	.0008	.0009	.0010	.0012	.0013	.0015	.0017	.0019	.0021
18	.0003	.0003	.0004	.0004	.0005	.0006	.0006	.0007	.0008	.0009
19	.0001	.0001	.0001	.0002	.0002	.0002	.0003	.0003	.0003	.0004
20	.0000	.0000	.0001	.0001	.0001	.0001	.0001	.0001	.0001	.0002
21	.0000	.0000	.0000	.0000	.0000	.0000	.0000	.0000	.0001	.0001

Die Poisson-Verteilung

n\λ	7.10	7.20	7.30	7.40	7.50	7.60	7.70	7.80	7.90	8.00
0	.0008	.0007	.0007	.0006	.0006	.0005	.0005	.0004	.0004	.0003
1	.0067	.0061	.0056	.0051	.0047	.0043	.0039	.0036	.0033	.0030
2	.0275	.0255	.0236	.0219	.0203	.0188	.0174	.0161	.0149	.0138
3	.0767	.0719	.0674	.0632	.0591	.0554	.0518	.0485	.0453	.0424
4	.1641	.1555	.1473	.1395	.1321	.1249	.1181	.1117	.1055	.0996
5	.2881	.2759	.2640	.2526	.2414	.2307	.2203	.2103	.2006	.1912
6	.4349	.4204	.4060	.3920	.3782	.3646	.3514	.3384	.3257	.3134
7	.5838	.5689	.5541	.5393	.5246	.5100	.4956	.4812	.4670	.4530
8	.7160	.7027	.6892	.6757	.6620	.6482	.6343	.6204	.6065	.5925
9	.8202	.8097	.7988	.7877	.7764	.7649	.7531	.7411	.7290	.7166
10	.8942	.8867	.8788	.8707	.8622	.8535	.8445	.8352	.8257	.8159
11	.9420	.9371	.9319	.9265	.9208	.9148	.9085	.9020	.8952	.8881
12	.9703	.9673	.9642	.9609	.9573	.9536	.9496	.9454	.9409	.9362
13	.9857	.9841	.9824	.9805	.9784	.9762	.9739	.9714	.9687	.9658
14	.9935	.9927	.9918	.9908	.9897	.9886	.9873	.9859	.9844	.9827
15	.9972	.9969	.9964	.9959	.9954	.9948	.9941	.9934	.9926	.9918
16	.9989	.9987	.9985	.9983	.9980	.9978	.9974	.9971	.9967	.9963
17	.9996	.9995	.9994	.9993	.9992	.9991	.9989	.9988	.9986	.9984
18	.9998	.9998	.9998	.9997	.9997	.9996	.9996	.9995	.9994	.9993
19	.9999	.9999	.9999	.9999	.9999	.9999	.9998	.9998	.9998	.9997
20	1.000	1.000	1.000	1.000	1.000	1.000	.9999	.9999	.9999	.9999
21							1.000	1.000	1.000	1.000

Die Poisson-Zähldichte

n\λ	8.10	8.20	8.30	8.40	8.50	8.60	8.70	8.80	8.90	9.00
0	.0003	.0003	.0002	.0002	.0002	.0002	.0002	.0002	.0001	.0001
1	.0025	.0023	.0021	.0019	.0017	.0016	.0014	.0013	.0012	.0011
2	.0100	.0092	.0086	.0079	.0074	.0068	.0063	.0058	.0054	.0050
3	.0269	.0252	.0237	.0222	.0208	.0195	.0183	.0171	.0160	.0150
4	.0544	.0517	.0491	.0466	.0443	.0420	.0398	.0377	.0357	.0337
5	.0882	.0849	.0816	.0784	.0752	.0722	.0692	.0663	.0635	.0607
6	.1191	.1160	.1128	.1097	.1066	.1034	.1003	.0972	.0941	.0911
7	.1378	.1358	.1338	.1317	.1294	.1271	.1247	.1222	.1197	.1171
8	.1395	.1392	.1388	.1382	.1375	.1366	.1356	.1344	.1332	.1318
9	.1255	.1269	.1280	.1290	.1299	.1306	.1311	.1315	.1317	.1318
10	.1017	.1040	.1063	.1084	.1104	.1123	.1140	.1157	.1172	.1186
11	.0749	.0775	.0802	.0828	.0853	.0878	.0902	.0925	.0948	.0970
12	.0505	.0530	.0555	.0579	.0604	.0629	.0654	.0679	.0703	.0728
13	.0315	.0334	.0354	.0374	.0395	.0416	.0438	.0459	.0481	.0504
14	.0182	.0196	.0210	.0225	.0240	.0256	.0272	.0289	.0306	.0324
15	.0098	.0107	.0116	.0126	.0136	.0147	.0158	.0169	.0182	.0194
16	.0050	.0055	.0060	.0066	.0072	.0079	.0086	.0093	.0101	.0109
17	.0024	.0026	.0029	.0033	.0036	.0040	.0044	.0048	.0053	.0058
18	.0011	.0012	.0014	.0015	.0017	.0019	.0021	.0024	.0026	.0029
19	.0005	.0005	.0006	.0007	.0008	.0009	.0010	.0011	.0012	.0014
20	.0002	.0002	.0002	.0003	.0003	.0004	.0004	.0005	.0005	.0006
21	.0001	.0001	.0001	.0001	.0001	.0002	.0002	.0002	.0002	.0003
22	.0000	.0000	.0000	.0000	.0001	.0001	.0001	.0001	.0001	.0001

Die Poisson-Verteilung

n\λ	8.10	8.20	8.30	8.40	8.50	8.60	8.70	8.80	8.90	9.00
0	.0003	.0003	.0002	.0002	.0002	.0002	.0002	.0002	.0001	.0001
1	.0028	.0025	.0023	.0021	.0019	.0018	.0016	.0015	.0014	.0012
2	.0127	.0118	.0109	.0100	.0093	.0086	.0079	.0073	.0068	.0062
3	.0396	.0370	.0346	.0323	.0301	.0281	.0262	.0244	.0228	.0212
4	.0940	.0887	.0837	.0789	.0744	.0701	.0660	.0621	.0584	.0550
5	.1822	.1736	.1653	.1573	.1496	.1422	.1352	.1284	.1219	.1157
6	.3013	.2896	.2781	.2670	.2562	.2457	.2355	.2256	.2160	.2068
7	.4391	.4254	.4119	.3987	.3856	.3728	.3602	.3478	.3357	.3239
8	.5786	.5647	.5507	.5369	.5231	.5094	.4958	.4823	.4689	.4557
9	.7041	.6915	.6788	.6659	.6530	.6400	.6269	.6137	.6006	.5874
10	.8058	.7956	.7850	.7743	.7634	.7522	.7409	.7294	.7178	.7060
11	.8807	.8731	.8652	.8571	.8487	.8400	.8311	.8220	.8126	.8030
12	.9313	.9261	.9207	.9150	.9091	.9029	.8965	.8898	.8829	.8758
13	.9628	.9595	.9561	.9524	.9486	.9445	.9403	.9358	.9311	.9261
14	.9810	.9791	.9771	.9749	.9726	.9701	.9675	.9647	.9617	.9585
15	.9908	.9898	.9887	.9875	.9862	.9848	.9832	.9816	.9798	.9780
16	.9958	.9953	.9947	.9941	.9934	.9926	.9918	.9909	.9899	.9889
17	.9982	.9979	.9977	.9973	.9970	.9966	.9962	.9957	.9952	.9947
18	.9992	.9991	.9990	.9989	.9987	.9985	.9983	.9981	.9978	.9976
19	.9997	.9997	.9996	.9995	.9995	.9994	.9993	.9992	.9991	.9989
20	.9999	.9999	.9998	.9998	.9998	.9998	.9997	.9997	.9996	.9996
21	1.000	1.000	.9999	.9999	.9999	.9999	.9999	.9999	.9998	.9998
22			1.000	1.000	1.000	1.000	1.000	1.000	.9999	.9999
23									1.000	1.000

Die Poisson-Zähldichte

n\λ	9.10	9.20	9.30	9.40	9.50	9.60	9.70	9.80	9.90	10.00
0	.0001	.0001	.0001	.0001	.0001	.0001	.0001	.0001	.0001	.0000
1	.0010	.0009	.0009	.0008	.0007	.0007	.0006	.0005	.0005	.0005
2	.0046	.0043	.0040	.0037	.0034	.0031	.0029	.0027	.0025	.0023
3	.0140	.0131	.0123	.0115	.0107	.0100	.0093	.0087	.0081	.0076
4	.0319	.0302	.0285	.0269	.0254	.0240	.0226	.0213	.0201	.0189
5	.0581	.0555	.0530	.0506	.0483	.0460	.0439	.0418	.0398	.0378
6	.0881	.0851	.0822	.0793	.0764	.0736	.0709	.0682	.0656	.0631
7	.1145	.1118	.1091	.1064	.1037	.1010	.0982	.0955	.0928	.0901
8	.1302	.1286	.1269	.1251	.1232	.1212	.1191	.1170	.1148	.1126
9	.1317	.1315	.1311	.1306	.1300	.1293	.1284	.1274	.1263	.1251
10	.1198	.1210	.1219	.1228	.1235	.1241	.1245	.1249	.1250	.1251
11	.0991	.1012	.1031	.1049	.1067	.1083	.1098	.1112	.1125	.1137
12	.0752	.0776	.0799	.0822	.0844	.0866	.0888	.0908	.0928	.0948
13	.0526	.0549	.0572	.0594	.0617	.0640	.0662	.0685	.0707	.0729
14	.0342	.0361	.0380	.0399	.0419	.0439	.0459	.0479	.0500	.0521
15	.0208	.0221	.0235	.0250	.0265	.0281	.0297	.0313	.0330	.0347
16	.0118	.0127	.0137	.0147	.0157	.0168	.0180	.0192	.0204	.0217
17	.0063	.0069	.0075	.0081	.0088	.0095	.0103	.0111	.0119	.0128
18	.0032	.0035	.0039	.0042	.0046	.0051	.0055	.0060	.0065	.0071
19	.0015	.0017	.0019	.0021	.0023	.0026	.0028	.0031	.0034	.0037
20	.0007	.0008	.0009	.0010	.0011	.0012	.0014	.0015	.0017	.0019
21	.0003	.0003	.0004	.0004	.0005	.0006	.0006	.0007	.0008	.0009
22	.0001	.0001	.0002	.0002	.0002	.0002	.0003	.0003	.0004	.0004
23	.0000	.0001	.0001	.0001	.0001	.0001	.0001	.0001	.0002	.0002
24	.0000	.0000	.0000	.0000	.0000	.0000	.0000	.0001	.0001	.0001

Die Poisson-Verteilung

n\λ	9.10	9.20	9.30	9.40	9.50	9.60	9.70	9.80	9.90	10.00
0	.0001	.0001	.0001	.0001	.0001	.0001	.0001	.0001	.0001	.0000
1	.0011	.0010	.0009	.0009	.0008	.0007	.0007	.0006	.0005	.0005
2	.0058	.0053	.0049	.0045	.0042	.0038	.0035	.0033	.0030	.0028
3	.0198	.0184	.0172	.0160	.0149	.0138	.0129	.0120	.0111	.0103
4	.0517	.0486	.0456	.0429	.0403	.0378	.0355	.0333	.0312	.0293
5	.1098	.1041	.0986	.0935	.0885	.0838	.0793	.0750	.0710	.0671
6	.1978	.1892	.1808	.1727	.1649	.1574	.1502	.1433	.1366	.1301
7	.3123	.3010	.2900	.2792	.2687	.2584	.2485	.2388	.2294	.2202
8	.4426	.4296	.4168	.4042	.3918	.3796	.3676	.3558	.3442	.3328
9	.5742	.5611	.5479	.5349	.5218	.5089	.4960	.4832	.4705	.4579
10	.6941	.6820	.6699	.6576	.6453	.6329	.6205	.6080	.5955	.5830
11	.7932	.7832	.7730	.7626	.7520	.7412	.7303	.7193	.7081	.6968
12	.8684	.8607	.8529	.8448	.8364	.8279	.8191	.8101	.8009	.7916
13	.9210	.9156	.9100	.9042	.8981	.8919	.8853	.8786	.8716	.8645
14	.9552	.9517	.9480	.9441	.9400	.9357	.9312	.9265	.9216	.9165
15	.9760	.9738	.9715	.9691	.9665	.9638	.9609	.9579	.9546	.9513
16	.9878	.9865	.9852	.9838	.9823	.9806	.9789	.9770	.9751	.9730
17	.9941	.9934	.9927	.9919	.9911	.9902	.9892	.9881	.9870	.9857
18	.9973	.9969	.9966	.9962	.9957	.9952	.9947	.9941	.9935	.9928
19	.9988	.9986	.9985	.9983	.9980	.9978	.9975	.9972	.9969	.9965
20	.9995	.9994	.9993	.9992	.9991	.9990	.9989	.9987	.9986	.9984
21	.9998	.9998	.9997	.9997	.9996	.9996	.9995	.9995	.9994	.9993
22	.9999	.9999	.9999	.9999	.9999	.9998	.9998	.9998	.9997	.9997
23	1.000	1.000	1.000	1.000	.9999	.9999	.9999	.9999	.9999	.9999
24					1.000	1.000	1.000	1.000	1.000	1.000

Die Poisson-Zähldichte

n\λ	11.	12.	13.	14.	15.	16.	17.	18.	19.	20.
0	.0000	.0000								
1	.0002	.0001	.0000	.0000						
2	.0010	.0004	.0002	.0001	.0000	.0000				
3	.0037	.0018	.0008	.0004	.0002	.0001	.0000	.0000		
4	.0102	.0053	.0027	.0013	.0006	.0003	.0001	.0001	.0000	.0000
5	.0224	.0127	.0070	.0037	.0019	.0010	.0005	.0002	.0001	.0001
6	.0411	.0255	.0152	.0087	.0048	.0026	.0014	.0007	.0004	.0002
7	.0646	.0437	.0281	.0174	.0104	.0060	.0034	.0019	.0010	.0005
8	.0888	.0655	.0457	.0304	.0194	.0120	.0072	.0042	.0024	.0013
9	.1085	.0874	.0661	.0473	.0324	.0213	.0135	.0083	.0050	.0029
10	.1194	.1048	.0859	.0663	.0486	.0341	.0230	.0150	.0095	.0058
11	.1194	.1144	.1015	.0844	.0663	.0496	.0355	.0245	.0164	.0106
12	.1094	.1144	.1099	.0984	.0829	.0661	.0504	.0368	.0259	.0176
13	.0926	.1056	.1099	.1060	.0956	.0814	.0658	.0509	.0378	.0271
14	.0728	.0905	.1021	.1060	.1024	.0930	.0800	.0655	.0514	.0387
15	.0534	.0724	.0885	.0989	.1024	.0992	.0906	.0786	.0650	.0516
16	.0367	.0543	.0719	.0866	.0960	.0992	.0963	.0884	.0772	.0646
17	.0237	.0383	.0550	.0713	.0847	.0934	.0963	.0936	.0863	.0760
18	.0145	.0255	.0397	.0554	.0706	.0830	.0909	.0936	.0911	.0844
19	.0084	.0161	.0272	.0409	.0557	.0699	.0814	.0887	.0911	.0888
20	.0046	.0097	.0177	.0286	.0418	.0559	.0692	.0798	.0866	.0888
21	.0024	.0055	.0109	.0191	.0299	.0426	.0560	.0684	.0783	.0846
22	.0012	.0030	.0065	.0121	.0204	.0310	.0433	.0560	.0676	.0769
23	.0006	.0016	.0037	.0074	.0133	.0216	.0320	.0438	.0559	.0669
24	.0003	.0008	.0020	.0043	.0083	.0144	.0226	.0328	.0442	.0557
25	.0001	.0004	.0010	.0024	.0050	.0092	.0154	.0237	.0336	.0446
26	.0000	.0002	.0005	.0013	.0029	.0057	.0101	.0164	.0246	.0343
27	.0000	.0001	.0002	.0007	.0016	.0034	.0063	.0109	.0173	.0254
28	.0000	.0000	.0001	.0003	.0009	.0019	.0038	.0070	.0117	.0181
29		.0000	.0001	.0002	.0004	.0011	.0023	.0044	.0077	.0125
30			.0000	.0001	.0002	.0006	.0013	.0026	.0049	.0083
31				.0000	.0001	.0003	.0007	.0015	.0030	.0054
32				.0000	.0001	.0001	.0004	.0009	.0018	.0034
33					.0000	.0001	.0002	.0005	.0010	.0020
34					.0000	.0000	.0001	.0002	.0006	.0012
35						.0000	.0000	.0001	.0003	.0007
36							.0000	.0001	.0002	.0004
37							.0000	.0000	.0001	.0002
38								.0000	.0000	.0001
39									.0000	.0001

Die Poisson-Verteilung

n\λ	11.	12.	13.	14.	15.	16.	17.	18.	19.	20.
0	.0000	.0000								
1	.0002	.0001	.0000	.0000						
2	.0012	.0005	.0002	.0001	.0000	.0000				
3	.0049	.0023	.0010	.0005	.0002	.0001	.0000	.0000		
4	.0151	.0076	.0037	.0018	.0009	.0004	.0002	.0001	.0000	.0000
5	.0375	.0203	.0107	.0055	.0028	.0014	.0007	.0003	.0001	.0001
6	.0786	.0458	.0259	.0142	.0076	.0040	.0021	.0010	.0005	.0003
7	.1432	.0895	.0540	.0316	.0180	.0100	.0054	.0029	.0015	.0008
8	.2320	.1550	.0998	.0621	.0374	.0220	.0126	.0071	.0039	.0021
9	.3405	.2424	.1658	.1094	.0698	.0433	.0261	.0154	.0088	.0050
10	.4599	.3472	.2517	.1757	.1185	.0774	.0491	.0304	.0183	.0108
11	.5793	.4616	.3532	.2600	.1847	.1270	.0847	.0549	.0347	.0214
12	.6887	.5760	.4631	.3585	.2676	.1931	.1350	.0917	.0606	.0390
13	.7813	.6815	.5730	.4644	.3632	.2745	.2009	.1426	.0984	.0661
14	.8540	.7720	.6751	.5704	.4656	.3675	.2808	.2081	.1497	.1049
15	.9074	.8444	.7636	.6694	.5681	.4667	.3714	.2867	.2148	.1565
16	.9441	.8987	.8355	.7559	.6641	.5660	.4677	.3750	.2920	.2211
17	.9678	.9370	.8905	.8272	.7489	.6593	.5640	.4686	.3784	.2970
18	.9823	.9626	.9302	.8826	.8195	.7423	.6550	.5622	.4695	.3814
19	.9907	.9787	.9573	.9235	.8752	.8122	.7363	.6509	.5606	.4703
20	.9953	.9884	.9750	.9521	.9170	.8682	.8055	.7307	.6472	.5591
21	.9977	.9939	.9859	.9712	.9469	.9108	.8615	.7991	.7255	.6437
22	.9990	.9969	.9924	.9833	.9673	.9418	.9047	.8551	.7931	.7206
23	.9995	.9985	.9960	.9907	.9805	.9633	.9367	.8989	.8490	.7875
24	.9998	.9993	.9980	.9950	.9888	.9777	.9593	.9317	.8932	.8432
25	.9999	.9997	.9990	.9974	.9938	.9869	.9747	.9554	.9269	.8878
26	1.000	.9999	.9995	.9987	.9967	.9925	.9848	.9718	.9514	.9221
27		.9999	.9998	.9994	.9983	.9959	.9912	.9827	.9687	.9475
28		1.000	.9999	.9997	.9991	.9978	.9950	.9897	.9805	.9657
29			1.000	.9999	.9996	.9989	.9973	.9941	.9881	.9782
30				.9999	.9998	.9994	.9985	.9967	.9930	.9865
31				1.000	.9999	.9997	.9992	.9982	.9960	.9919
32					1.000	.9999	.9996	.9990	.9978	.9953
33						.9999	.9998	.9995	.9988	.9973
34						1.000	.9999	.9997	.9994	.9985
35							1.000	.9999	.9997	.9992
36								.9999	.9998	.9996
37								1.000	.9999	.9998
38									1.000	.9999
39										.9999

Tafel 3

Die Normalverteilung $\Phi(x)$

x	.00	.01	.02	.03	.04	.05	.06	.07	.08	.09
-3.00	.0013	.0013	.0013	.0012	.0012	.0011	.0011	.0011	.0010	.0010
-2.90	.0019	.0018	.0018	.0017	.0016	.0016	.0015	.0015	.0014	.0014
-2.80	.0026	.0025	.0024	.0023	.0023	.0022	.0021	.0021	.0020	.0019
-2.70	.0035	.0034	.0033	.0032	.0031	.0030	.0029	.0028	.0027	.0026
-2.60	.0047	.0045	.0044	.0043	.0041	.0040	.0039	.0038	.0037	.0036
-2.50	.0062	.0060	.0059	.0057	.0055	.0054	.0052	.0051	.0049	.0048
-2.40	.0082	.0080	.0078	.0075	.0073	.0071	.0069	.0068	.0066	.0064
-2.30	.0107	.0104	.0102	.0099	.0096	.0094	.0091	.0089	.0087	.0084
-2.20	.0139	.0136	.0132	.0129	.0125	.0122	.0119	.0116	.0113	.0110
-2.10	.0179	.0174	.0170	.0166	.0162	.0158	.0154	.0150	.0146	.0143
-2.00	.0228	.0222	.0217	.0212	.0207	.0202	.0197	.0192	.0188	.0183
-1.90	.0287	.0281	.0274	.0268	.0262	.0256	.0250	.0244	.0239	.0233
-1.80	.0359	.0351	.0344	.0336	.0329	.0322	.0314	.0307	.0301	.0294
-1.70	.0446	.0436	.0427	.0418	.0409	.0401	.0392	.0384	.0375	.0367
-1.60	.0548	.0537	.0526	.0516	.0505	.0495	.0485	.0475	.0465	.0455
-1.50	.0668	.0655	.0643	.0630	.0618	.0606	.0594	.0582	.0571	.0559
-1.40	.0808	.0793	.0778	.0764	.0749	.0735	.0721	.0708	.0694	.0681
-1.30	.0968	.0951	.0934	.0918	.0901	.0885	.0869	.0853	.0838	.0823
-1.20	.1151	.1131	.1112	.1093	.1075	.1056	.1038	.1020	.1003	.0985
-1.10	.1357	.1335	.1314	.1292	.1271	.1251	.1230	.1210	.1190	.1170
-1.00	.1587	.1562	.1539	.1515	.1492	.1469	.1446	.1423	.1401	.1379
-.90	.1841	.1814	.1788	.1762	.1736	.1711	.1685	.1660	.1635	.1611
-.80	.2119	.2090	.2061	.2033	.2005	.1977	.1949	.1922	.1894	.1867
-.70	.2420	.2389	.2358	.2327	.2296	.2266	.2236	.2206	.2177	.2148
-.60	.2743	.2709	.2676	.2643	.2611	.2578	.2546	.2514	.2483	.2451
-.50	.3085	.3050	.3015	.2981	.2946	.2912	.2877	.2843	.2810	.2776
-.40	.3446	.3409	.3372	.3336	.3300	.3264	.3228	.3192	.3156	.3121
-.30	.3821	.3783	.3745	.3707	.3669	.3632	.3594	.3557	.3520	.3483
-.20	.4207	.4168	.4129	.4090	.4052	.4013	.3974	.3936	.3897	.3859
-.10	.4602	.4562	.4522	.4483	.4443	.4404	.4364	.4325	.4286	.4247
.00	.5000	.4960	.4920	.4880	.4840	.4801	.4761	.4721	.4681	.4641
x	.00	.01	.02	.03	.04	.05	.06	.07	.08	.09

Die Normalverteilung $\Phi(x)$

x	.00	.01	.02	.03	.04	.05	.06	.07	.08	.09
.00	.5000	.5040	.5080	.5120	.5160	.5199	.5239	.5279	.5319	.5359
.10	.5398	.5438	.5478	.5517	.5557	.5596	.5636	.5675	.5714	.5753
.20	.5793	.5832	.5871	.5910	.5948	.5987	.6026	.6064	.6103	.6141
.30	.6179	.6217	.6255	.6293	.6331	.6368	.6406	.6443	.6480	.6517
.40	.6554	.6591	.6628	.6664	.6700	.6736	.6772	.6808	.6844	.6879
.50	.6915	.6950	.6985	.7019	.7054	.7088	.7123	.7157	.7190	.7224
.60	.7257	.7291	.7324	.7357	.7389	.7422	.7454	.7486	.7517	.7549
.70	.7580	.7611	.7642	.7673	.7704	.7734	.7764	.7794	.7823	.7852
.80	.7881	.7910	.7939	.7967	.7995	.8023	.8051	.8078	.8106	.8133
.90	.8159	.8186	.8212	.8238	.8264	.8289	.8315	.8340	.8365	.8389
1.00	.8413	.8438	.8461	.8485	.8508	.8531	.8554	.8577	.8599	.8621
1.10	.8643	.8665	.8686	.8708	.8729	.8749	.8770	.8790	.8810	.8830
1.20	.8849	.8869	.8888	.8907	.8925	.8944	.8962	.8980	.8997	.9015
1.30	.9032	.9049	.9066	.9082	.9099	.9115	.9131	.9147	.9162	.9177
1.40	.9192	.9207	.9222	.9236	.9251	.9265	.9279	.9292	.9306	.9319
1.50	.9332	.9345	.9357	.9370	.9382	.9394	.9406	.9418	.9429	.9441
1.60	.9452	.9463	.9474	.9484	.9495	.9505	.9515	.9525	.9535	.9545
1.70	.9554	.9564	.9573	.9582	.9591	.9599	.9608	.9616	.9625	.9633
1.80	.9641	.9649	.9656	.9664	.9671	.9678	.9686	.9693	.9699	.9706
1.90	.9713	.9719	.9726	.9732	.9738	.9744	.9750	.9756	.9761	.9767
2.00	.9772	.9778	.9783	.9788	.9793	.9798	.9803	.9808	.9812	.9817
2.10	.9821	.9826	.9830	.9834	.9838	.9842	.9846	.9850	.9854	.9857
2.20	.9861	.9864	.9868	.9871	.9875	.9878	.9881	.9884	.9887	.9890
2.30	.9893	.9896	.9898	.9901	.9904	.9906	.9909	.9911	.9913	.9916
2.40	.9918	.9920	.9922	.9925	.9927	.9929	.9931	.9932	.9934	.9936
2.50	.9938	.9940	.9941	.9943	.9945	.9946	.9948	.9949	.9951	.9952
2.60	.9953	.9955	.9956	.9957	.9959	.9960	.9961	.9962	.9963	.9964
2.70	.9965	.9966	.9967	.9968	.9969	.9970	.9971	.9972	.9973	.9974
2.80	.9974	.9975	.9976	.9977	.9977	.9978	.9979	.9979	.9980	.9981
2.90	.9981	.9982	.9982	.9983	.9984	.9984	.9985	.9985	.9986	.9986
3.00	.9987	.9987	.9987	.9988	.9988	.9989	.9989	.9989	.9990	.9990
x	.00	.01	.02	.03	.04	.05	.06	.07	.08	.09

Tafel 4 Die Umkehrfunktion der Normalverteilung $\Phi(x)$

$\Phi(x)\backslash$	.0000	.0010	.0020	.0030	.0040	.0050	.0060	.0070	.0080	.0090
.5000	.0000	.0025	.0050	.0075	.0100	.0125	.0150	.0175	.0201	.0226
.5100	.0251	.0276	.0301	.0326	.0351	.0376	.0401	.0426	.0451	.0476
.5200	.0502	.0527	.0552	.0577	.0602	.0627	.0652	.0677	.0702	.0728
.5300	.0753	.0778	.0803	.0828	.0853	.0878	.0904	.0929	.0954	.0979
.5400	.1004	.1030	.1055	.1080	.1105	.1130	.1156	.1181	.1206	.1231
.5500	.1257	.1282	.1307	.1332	.1358	.1383	.1408	.1434	.1459	.1484
.5600	.1510	.1535	.1560	.1586	.1611	.1637	.1662	.1687	.1713	.1738
.5700	.1764	.1789	.1815	.1840	.1866	.1891	.1917	.1942	.1968	.1993
.5800	.2019	.2045	.2070	.2096	.2121	.2147	.2173	.2198	.2224	.2250
.5900	.2275	.2301	.2327	.2353	.2378	.2404	.2430	.2456	.2482	.2508
.6000	.2533	.2559	.2585	.2611	.2637	.2663	.2689	.2715	.2741	.2767
.6100	.2793	.2819	.2845	.2871	.2898	.2924	.2950	.2976	.3002	.3029
.6200	.3055	.3081	.3107	.3134	.3160	.3186	.3213	.3239	.3266	.3292
.6300	.3319	.3345	.3372	.3398	.3425	.3451	.3478	.3505	.3531	.3558
.6400	.3585	.3611	.3638	.3665	.3692	.3719	.3745	.3772	.3799	.3826
.6500	.3853	.3880	.3907	.3934	.3961	.3989	.4016	.4043	.4070	.4097
.6600	.4125	.4152	.4179	.4207	.4234	.4261	.4289	.4316	.4344	.4372
.6700	.4399	.4427	.4454	.4482	.4510	.4538	.4565	.4593	.4621	.4649
.6800	.4677	.4705	.4733	.4761	.4789	.4817	.4845	.4874	.4902	.4930
.6900	.4959	.4987	.5015	.5044	.5072	.5101	.5129	.5158	.5187	.5215
.7000	.5244	.5273	.5302	.5330	.5359	.5388	.5417	.5446	.5476	.5505
.7100	.5534	.5563	.5592	.5622	.5651	.5681	.5710	.5740	.5769	.5799
.7200	.5828	.5858	.5888	.5918	.5948	.5978	.6008	.6038	.6068	.6098
.7300	.6128	.6158	.6189	.6219	.6250	.6280	.6311	.6341	.6372	.6403
.7400	.6433	.6464	.6495	.6526	.6557	.6588	.6620	.6651	.6682	.6713
.7500	.6745	.6776	.6808	.6840	.6871	.6903	.6935	.6967	.6999	.7031
.7600	.7063	.7095	.7128	.7160	.7192	.7225	.7257	.7290	.7323	.7356
.7700	.7388	.7421	.7454	.7488	.7521	.7554	.7588	.7621	.7655	.7688
.7800	.7722	.7756	.7790	.7824	.7858	.7892	.7926	.7961	.7995	.8030
.7900	.8064	.8099	.8134	.8169	.8204	.8239	.8274	.8310	.8345	.8381
.8000	.8416	.8452	.8488	.8524	.8560	.8596	.8633	.8669	.8705	.8742
.8100	.8779	.8816	.8853	.8890	.8927	.8965	.9002	.9040	.9078	.9116
.8200	.9154	.9192	.9230	.9269	.9307	.9346	.9385	.9424	.9463	.9502
.8300	.9542	.9581	.9621	.9661	.9701	.9741	.9782	.9822	.9863	.9904
.8400	.9945	.9986	1.0027	1.0069	1.0110	1.0152	1.0194	1.0237	1.0279	1.0322
.8500	1.0364	1.0407	1.0450	1.0494	1.0537	1.0581	1.0625	1.0669	1.0714	1.0758
.8600	1.0803	1.0848	1.0893	1.0939	1.0985	1.1031	1.1077	1.1123	1.1170	1.1217
.8700	1.1264	1.1311	1.1359	1.1407	1.1455	1.1503	1.1552	1.1601	1.1650	1.1700
.8800	1.1750	1.1800	1.1850	1.1901	1.1952	1.2004	1.2055	1.2107	1.2160	1.2212
.8900	1.2265	1.2319	1.2372	1.2426	1.2481	1.2536	1.2591	1.2646	1.2702	1.2759
.9000	1.2816	1.2873	1.2930	1.2988	1.3047	1.3106	1.3165	1.3225	1.3285	1.3346
.9100	1.3408	1.3469	1.3532	1.3595	1.3658	1.3722	1.3787	1.3852	1.3917	1.3984
.9200	1.4051	1.4118	1.4187	1.4255	1.4325	1.4395	1.4466	1.4538	1.4611	1.4684
.9300	1.4758	1.4833	1.4909	1.4985	1.5063	1.5141	1.5220	1.5301	1.5382	1.5464
.9400	1.5548	1.5632	1.5718	1.5805	1.5893	1.5982	1.6072	1.6164	1.6258	1.6352
.9500	1.6449	1.6546	1.6646	1.6747	1.6849	1.6954	1.7060	1.7169	1.7279	1.7392
.9600	1.7507	1.7624	1.7744	1.7866	1.7991	1.8119	1.8250	1.8384	1.8522	1.8663
.9700	1.8808	1.8957	1.9110	1.9268	1.9431	1.9600	1.9774	1.9954	2.0141	2.0335
.9800	2.0537	2.0749	2.0969	2.1201	2.1444	2.1701	2.1973	2.2262	2.2571	2.2904
.9900	2.3263	2.3656	2.4089	2.4573	2.5121	2.5758	2.6521	2.7478	2.8782	3.0902
$\Phi(x)/$	.0000	.0010	.0020	.0030	.0040	.0050	.0060	.0070	.0080	.0090

Tafel 5

Die Umkehrfunktion von Students t-Verteilung, einzelne %-Werte

F \ %	.55	.60	.65	.70	.75	.80	.85
1	.158	.325	.509	.726	1.000	1.376	1.963
2	.142	.289	.445	.617	.816	1.061	1.386
3	.137	.277	.424	.584	.765	.978	1.250
4	.134	.271	.414	.569	.741	.941	1.190
5	.132	.267	.408	.559	.727	.920	1.156
6	.131	.265	.404	.553	.718	.906	1.134
7	.130	.263	.402	.549	.711	.896	1.119
8	.130	.262	.399	.546	.706	.889	1.108
9	.129	.261	.398	.543	.703	.883	1.100
10	.129	.260	.397	.542	.700	.879	1.093
11	.129	.260	.396	.540	.697	.876	1.088
12	.128	.259	.395	.539	.695	.873	1.083
13	.128	.259	.394	.538	.694	.870	1.079
14	.128	.258	.393	.537	.692	.868	1.076
15	.128	.258	.393	.536	.691	.866	1.074
16	.128	.258	.392	.535	.690	.865	1.071
17	.128	.257	.392	.534	.689	.863	1.069
18	.127	.257	.392	.534	.688	.862	1.067
19	.127	.257	.391	.533	.688	.861	1.066
20	.127	.257	.391	.533	.687	.860	1.064
21	.127	.257	.391	.532	.686	.859	1.063
22	.127	.256	.390	.532	.686	.858	1.061
23	.127	.256	.390	.532	.685	.858	1.060
24	.127	.256	.390	.531	.685	.857	1.059
25	.127	.256	.390	.531	.684	.856	1.058
26	.127	.256	.390	.531	.684	.856	1.058
27	.127	.256	.389	.531	.684	.855	1.057
28	.127	.256	.389	.530	.683	.855	1.056
29	.127	.256	.389	.530	.683	.854	1.055
30	.127	.256	.389	.530	.683	.854	1.055
F / %	.55	.60	.65	.70	.75	.80	.85

Die Umkehrfunktion von Students t-Verteilung, einzelne %-Werte

F \ %	.90	.95	.975	.99	.995	.9975	.9995
1	3.078	6.314	12.706	31.819	63.655	127.317	636.568
2	1.886	2.920	4.303	6.965	9.925	14.089	31.598
3	1.638	2.339	3.176	4.538	5.840	7.453	12.924
4	1.533	2.132	2.776	3.741	4.601	5.596	8.610
5	1.476	2.015	2.571	3.365	4.026	4.769	6.867
6	1.440	1.943	2.447	3.143	3.707	4.317	5.956
7	1.415	1.895	2.365	2.998	3.499	4.029	5.404
8	1.397	1.860	2.306	2.896	3.355	3.833	5.041
9	1.383	1.833	2.262	2.821	3.250	3.690	4.781
10	1.372	1.812	2.228	2.764	3.169	3.581	4.587
11	1.363	1.796	2.201	2.718	3.106	3.497	4.437
12	1.356	1.782	2.179	2.681	3.055	3.428	4.318
13	1.350	1.771	2.160	2.650	3.012	3.372	4.221
14	1.345	1.761	2.145	2.624	2.977	3.326	4.140
15	1.341	1.753	2.131	2.602	2.947	3.286	4.073
16	1.337	1.746	2.120	2.583	2.921	3.252	4.015
17	1.333	1.740	2.110	2.567	2.898	3.222	3.965
18	1.330	1.734	2.101	2.552	2.878	3.197	3.922
19	1.328	1.729	2.093	2.539	2.861	3.174	3.883
20	1.325	1.725	2.086	2.528	2.845	3.153	3.849
21	1.323	1.721	2.080	2.518	2.831	3.135	3.819
22	1.321	1.717	2.074	2.508	2.819	3.119	3.792
23	1.319	1.714	2.069	2.500	2.807	3.104	3.768
24	1.318	1.711	2.064	2.492	2.797	3.091	3.745
25	1.316	1.708	2.060	2.485	2.787	3.078	3.725
26	1.315	1.706	2.056	2.479	2.779	3.067	3.707
27	1.314	1.703	2.052	2.473	2.771	3.057	3.690
28	1.313	1.701	2.048	2.467	2.763	3.047	3.674
29	1.311	1.699	2.045	2.462	2.756	3.038	3.659
30	1.310	1.697	2.042	2.457	2.750	3.030	3.646
F / %	.90	.95	.975	.99	.995	.9975	.9995

Tafel 6

Die Umkehrfunktion der Chi-Quadrat-Verteilung, einzelne %-Werte

F\%	.005	.01	.025	.05	.10	.20	.50
1	.000	.000	.001	.004	.016	.064	.455
2	.010	.020	.051	.103	.211	.446	1.386
3	.072	.115	.216	.352	.584	1.005	2.366
4	.207	.297	.484	.711	1.064	1.649	3.357
5	.412	.554	.831	1.145	1.610	2.343	4.351
6	.676	.872	1.237	1.635	2.204	3.070	5.348
7	.989	1.239	1.690	2.167	2.833	3.822	6.346
8	1.344	1.646	2.180	2.733	3.490	4.594	7.344
9	1.735	2.088	2.700	3.325	4.168	5.380	8.343
10	2.156	2.558	3.247	3.940	4.865	6.179	9.342
11	2.603	3.053	3.816	4.575	5.578	6.989	10.341
12	3.074	3.571	4.404	5.226	6.304	7.807	11.340
13	3.565	4.107	5.009	5.892	7.042	8.634	12.340
14	4.075	4.660	5.629	6.571	7.790	9.467	13.339
15	4.601	5.229	6.262	7.261	8.547	10.307	14.339
16	5.142	5.812	6.908	7.962	9.312	11.152	15.339
17	5.697	6.408	7.564	8.672	10.085	12.002	16.338
18	6.265	7.015	8.231	9.390	10.865	12.857	17.338
19	6.844	7.633	8.907	10.117	11.651	13.716	18.338
20	7.434	8.260	9.591	10.851	12.443	14.578	19.337
21	8.034	8.897	10.283	11.591	13.240	15.445	20.337
22	8.643	9.542	10.982	12.338	14.041	16.314	21.337
23	9.260	10.196	11.689	13.091	14.848	17.186	22.337
24	9.886	10.856	12.401	13.848	15.659	18.062	23.337
25	10.520	11.524	13.120	14.611	16.473	18.940	24.337
26	11.160	12.198	13.844	15.379	17.292	19.820	25.336
27	11.808	12.879	14.573	16.151	18.114	20.703	26.336
28	12.461	13.565	15.308	16.928	18.939	21.588	27.336
29	13.121	14.256	16.047	17.708	19.768	22.475	28.336
30	13.787	14.953	16.791	18.493	20.599	23.364	29.336
31	14.458	15.655	17.539	19.281	21.434	24.255	30.336
32	15.134	16.362	18.291	20.072	22.271	25.148	31.336
33	15.815	17.074	19.047	20.867	23.110	26.042	32.336
34	16.501	17.789	19.806	21.664	23.952	26.938	33.336
35	17.192	18.509	20.569	22.465	24.797	27.836	34.336
36	17.887	19.233	21.336	23.269	25.643	28.735	35.336
37	18.586	19.960	22.106	24.075	26.492	29.635	36.335
38	19.289	20.691	22.878	24.884	27.343	30.537	37.335
39	19.996	21.426	23.654	25.695	28.196	31.441	38.335
40	20.707	22.164	24.433	26.509	29.051	32.345	39.335
41	21.421	22.906	25.215	27.326	29.907	33.251	40.335
42	22.138	23.650	25.999	28.144	30.765	34.157	41.335
43	22.859	24.398	26.785	28.965	31.625	35.065	42.335
44	23.584	25.148	27.575	29.787	32.487	35.974	43.335
45	24.311	25.901	28.366	30.612	33.350	36.884	44.335
46	25.041	26.657	29.160	31.439	34.215	37.795	45.335
47	25.775	27.416	29.956	32.268	35.081	38.708	46.335
48	26.511	28.177	30.754	33.098	35.949	39.620	47.335
49	27.249	28.941	31.555	33.930	36.818	40.534	48.335
50	27.991	29.707	32.357	34.764	37.689	41.449	49.335
60	35.535	37.485	40.482	43.188	46.459	50.641	59.335

Die Umkehrfunktion der Chi-Quadrat-Verteilung, einzelne %-Werte

F\%	.70	.80	.90	.95	.975	.99	.995
1	1.074	1.642	2.706	3.841	5.024	6.635	7.879
2	2.408	3.219	4.605	5.991	7.378	9.210	10.597
3	3.665	4.642	6.251	7.815	9.348	11.345	12.838
4	4.878	5.989	7.779	9.488	11.143	13.277	14.860
5	6.064	7.289	9.236	11.070	12.833	15.086	16.750
6	7.231	8.558	10.645	12.592	14.449	16.812	18.548
7	8.383	9.803	12.017	14.067	16.013	18.475	20.278
8	9.524	11.030	13.362	15.507	17.535	20.090	21.955
9	10.656	12.242	14.684	16.919	19.023	21.666	23.589
10	11.781	13.442	15.987	18.307	20.483	23.209	25.188
11	12.899	14.631	17.275	19.675	21.920	24.725	26.757
12	14.011	15.812	18.549	21.026	23.337	26.217	28.300
13	15.119	16.985	19.812	22.362	24.736	27.688	29.819
14	16.222	18.151	21.064	23.685	26.119	29.141	31.319
15	17.322	19.311	22.307	24.996	27.488	30.578	32.801
16	18.418	20.465	23.542	26.296	28.845	32.000	34.267
17	19.511	21.615	24.769	27.587	30.191	33.409	35.718
18	20.601	22.760	25.989	28.869	31.526	34.805	37.156
19	21.689	23.900	27.204	30.144	32.852	36.191	38.582
20	22.775	25.037	28.412	31.410	34.170	37.566	39.997
21	23.858	26.171	29.615	32.671	35.479	38.932	41.401
22	24.939	27.301	30.813	33.924	36.781	40.289	42.796
23	26.018	28.429	32.007	35.172	38.076	41.638	44.181
24	27.096	29.553	33.196	36.415	39.364	42.980	45.559
25	28.172	30.675	34.382	37.652	40.646	44.314	46.928
26	29.246	31.795	35.563	38.885	41.923	45.642	48.290
27	30.319	32.912	36.741	40.113	43.195	46.963	49.645
28	31.391	34.027	37.916	41.337	44.461	48.278	50.993
29	32.461	35.139	39.087	42.557	45.722	49.588	52.336
30	33.530	36.250	40.256	43.773	46.979	50.892	53.672
31	34.598	37.359	41.422	44.985	48.232	52.191	55.003
32	35.665	38.466	42.585	46.194	49.480	53.486	56.328
33	36.731	39.572	43.745	47.400	50.725	54.776	57.648
34	37.795	40.676	44.903	48.602	51.966	56.061	58.964
35	38.859	41.778	46.059	49.802	53.203	57.342	60.275
36	39.922	42.879	47.212	50.998	54.437	58.619	61.581
37	40.984	43.978	48.363	52.192	55.668	59.893	62.883
38	42.045	45.076	49.513	53.384	56.896	61.162	64.181
39	43.105	46.173	50.660	54.572	58.120	62.428	65.476
40	44.165	47.269	51.805	55.758	59.342	63.691	66.766
41	45.224	48.363	52.949	56.942	60.561	64.950	68.053
42	46.282	49.456	54.090	58.124	61.777	66.206	69.336
43	47.339	50.548	55.230	59.304	62.990	67.459	70.616
44	48.396	51.639	56.369	60.481	64.201	68.710	71.893
45	49.452	52.729	57.505	61.656	65.410	69.957	73.166
46	50.507	53.818	58.641	62.830	66.617	71.201	74.437
47	51.562	54.906	59.774	64.001	67.821	72.443	75.704
48	52.616	55.993	60.907	65.171	69.023	73.683	76.969
49	53.670	57.079	62.038	66.339	70.222	74.920	78.231
50	54.723	58.164	63.167	67.505	71.420	76.154	79.490
60	65.226	68.972	74.397	79.082	83.298	88.379	91.952

Namens- und Sachverzeichnis

www.ingramcontent.com/pod-product-compliance
Lightning Source LLC
LaVergne TN
LVHW081332011026
849161LV00013BB/2902